WebGIS系列丛书

WebGIS原理及开发

——基于开源框架的WebGIS技术

主　编 | 张发勇　张　清　韩　宁

副主编 | 毛　飞　叶玉强　于国华　许荔娜　周　琪
罗　津　刘袁缘　任利民　包金坤　余国宏

電子工業出版社

Publishing House of Electronics Industry

北京 · BEIJING

内 容 简 介

本书主要介绍WebGIS的开发基础和方法，以OpenLayers技术为开发框架，详细介绍了空间数据处理与存储、GeoServer地图发布、地图服务访问、OpenLayers组件与开发入门，以及多源数据加载、图形绘制、OGC服务、WebGIS三维开发基础，并给出了典型的项目应用开发案例。本书内容由浅入深，配以丰富的开发示例，能够迅速提高读者开发WebGIS的技术水平和动手能力。

本书适合作为高等学校地理信息系统相关专业的教材或教学参考书，也可供从事相关领域的工作人员参考。

本书配有PPT教学课件，并提供了相应案例的源代码，读者可登录华信教育资源网（www.hxedu.com.cn）免费注册后下载。

图书在版编目（CIP）数据

WebGIS原理及开发：基于开源框架的WebGIS技术 / 张发勇，张清，韩宁主编. —北京：电子工业出版社，2024.1

（WebGIS系列丛书）

ISBN 978-7-121-46820-9

Ⅰ. ①W… Ⅱ. ①张… ②张… ③韩… Ⅲ. ①地理信息系统－应用软件 Ⅳ. ①P208

中国国家版本馆CIP数据核字（2023）第233019号

审图号：GS京（2023）2593号

责任编辑：田宏峰
印　　刷：天津千鹤文化传播有限公司
装　　订：天津千鹤文化传播有限公司
出版发行：电子工业出版社
　　　　　北京市海淀区万寿路173信箱　邮编 100036
开　　本：787×1 092　1/16　印张：19.75　字数：502千字
版　　次：2024年1月第1版
印　　次：2024年1月第1次印刷
定　　价：79.00元

凡所购买电子工业出版社图书有缺损问题，请向购买书店调换。若书店售缺，请与本社发行部联系，联系及邮购电话：（010）88254888，88258888。

质量投诉请发邮件至zlts@phei.com.cn，盗版侵权举报请发邮件至dbqq@phei.com.cn。

本书咨询联系方式：tianhf@phei.com.cn。

前　言

互联网的广泛应用使 WebGIS 由 GIS 的一个普通分支迅速成为 GIS 领域最有活力、最具前景的发展方向。特别是近些年来，随着计算机、互联网等相关领域的飞速发展，WebGIS 的发展也日新月异。WebGIS 的概念、内涵、结构、功能、应用模型、开发技术、标准体系等一直处于不断更新中。

本书以介绍基本概念、基本原理、基本技术为导向，系统地介绍了 WebGIS 的基础技术与开发方法，旨在授人以渔，通过开源 GIS 与开发方法引领读者全面掌握 WebGIS 开发方法。本书首先对 WebGIS 基本概念进行阐述，由浅入深地依次介绍了 WebGIS 的基础技术、地图学基础、Web 服务、地图发布；然后按照 WebGIS 客户端开发主线逐层展开，分别介绍了 OpenLayers 入门、OpenLayers 多源数据汇聚、OpenLayers 进阶；最后介绍了移动 GIS、三维 WebGIS，并通过典型案例深入到应用实践之中。

本书由张发勇、张清、韩宁主编，由张发勇统稿并提出全书的结构与框架体系。各章执笔人分别为：第 1 章张发勇和罗津，第 2 章韩宁、周琪和刘袁缘，第 3 章张发勇，第 4 章叶玉强，第 5 章毛飞，第 6 章、第 7 章和第 8 章张清，第 9 章于国华，第 10 章韩宁，第 11 章许荔娜，第 12 章张发勇、任利民和余国宏。

本书在编写过程中，得到了李才仙老师的帮助，以及电子工业出版社田宏峰编辑的大力支持，在此表示衷心的感谢。

由于篇幅有限，本书不可能对 WebGIS 的每一项技术都进行深入分析，更不可能对每一类应用都进行详细介绍，在内容上难免会挂一漏万。由于作者水平，在认识深度上难免浅薄，甚至出现偏颇，敬请读者批评指正。

编者

2023 年 10 月

目　　录

入门篇

提高篇

入门篇

第 1 章 WebGIS 概述

互联网改变了人类社会的方方面面，也改变了地理信息系统（GIS）。互联网与 GIS 的融合产生了网络地理信息系统（WebGIS）这一新兴领域。WebGIS 自 1993 年出现后得到了迅速发展，其独特的用途和魅力成为人们使用互联网的主要吸引力之一。不管人们是否意识到，现在绝大多数的互联网用户都已经使用过 WebGIS，有的是简单的 Web 地图，有的是更专业的应用。例如，我们足不出户就可以舒适地坐在家里上网欣赏世界各地的名胜古迹，高清晰的影像让人们身临其境，叹为观止；在旅游前，我们上网查找宾馆、饭店和商店，规划行程，在线地图让我们对陌生的城市了如指掌；用手机签到、与朋友约会、看大众点评、享特价消费，实惠又时尚；在交通堵塞时，汽车的实时路况地图帮我们“另辟蹊径”，即便身处他乡，依然能自由行驶；旅游归来后，我们在微博、旅游网站等网页里加入电子地图，标注自己的旅游路线，展示自己的照片和各地的风光，与全世界的朋友分享……

政府部门利用在线地图报警和预警，可以使公众更快、更准确地获知传染病的传播途径，以及地震、飓风和洪水等灾害的位置，及时制定应对措施。通过有线网络和无线网络，应急办公室能够对来自水利局、交通局、环境保护局、煤气公司以及事故现场的信息进行实时的聚合分析，为应急指挥提供全方位的支持。通过市政府提供的地图标注服务功能，市民在家中就可以表达对某区某街道的规划意见，通过上网就实现参政议政，帮助政府提高规划水平。公共事业服务公司能把紧急维修单派发给离事故发生地最近的员工，通过移动地图可以指挥距离事故发生地最近的员工快速到达事故发生地点，指导他们关闭相关阀门，准确挖掘地面并维修管道。不管大公司还是小企业，即使没有自己的 GIS 技术团队，也可通过 WebGIS 进行商务分析，找到最好的商店位置，了解潜在客户的消费习惯并向他们发送有针对性的促销信息……

以上这些例子就是 WebGIS 的典型应用。互联网所产生的巨大冲击力及广泛的连通性，使 GIS 获益匪浅，让 GIS 走出了办公室和实验室，走入千家万户的计算机里，到达亿万大众的手机里，让地理信息广泛应用于政府、企业、教育和科研等领域，深入到我们日常生活的方方面面。

1.1 Web 的发展

1.1.1 互联网和移动网

互联网的发明是人类文明发展史上的重要里程碑，它铺设了一条信息高速公路，改变了人们的生活方式和工作方式，让人类社会步入了一个前所未有的信息化时代。在介绍 WebGIS 之前，让我们先了解一下互联网、移动网和 GIS 的出现和演变。

在 20 世纪 60 年代，美国国防高级研究计划局（Defense Advanced Research Projects Agency，DARPA）启动了一个网络研究项目——阿帕网（ARPANet），其目的是建立一个分布式的计算机网络，即使其中的一些节点不能工作或被核武器摧毁时，依然能够进行信息交换。1969 年，阿帕网项目组成功地连接了美国西部四所大学（斯坦福大学、加利福尼亚大学圣芭芭拉分校、加利福尼亚大学洛杉矶分校和犹他州立大学）的计算机，这标志着互联网的诞生。阿帕网就是今天互联网的前身。随后，阿帕网由军用转为民用，一些政府部门、大学和研究机构的计算机逐步加入该网络中，到 1975 年年底阿帕网中的计算机数量达到 57 台，到 1989 年年底达到 10 万台。

20 世纪 90 年代以前，互联网并不像今天这样流行，因为当时互联网上的内容和所能提供的服务有限，主要有电子邮件、新闻讨论组（不同于今天基于万维网的论坛）、文件传输和远程登录。当时的互联网使用复杂、内容也不像现在这样丰富多彩，所以其用户基本上都是研究机构和政府部门的专业人员。

1989 年，欧洲粒子物理研究所的科学家蒂姆•伯纳斯•李（Tim Berners-Lee）极大地改变了互联网的使用方式。当时他在寻求一种简单的方法来与同事分享和交换文件。1989 年，他在一个项目建议书中描述了万维网的设想；1990 年，他编写了第一个网页以实现他的设想。在这个研究中，他发明了 HTTP、HTML 和 URL，把自己的发明命名为万维网，开发了世界上第一个 Web 服务器和 Web 浏览器，因而被称为“万维网之父”（如图 1.1 所示）。

图 1.1 “万维网之父”——蒂姆•伯纳斯•李（图片来自网络）

万维网使互联网变得充满乐趣且方便易用，它彻底改变了我们的工作和生活方式，使计算机的主要角色从计算扩展到日常交流和娱乐。此后，万维网迅速扩展，互联网中的计算机数量、网站数量、资源类型和用户数量呈指数级增长。人们越来越习惯于网上冲浪，而不必再花钱订阅报刊；电子邮件具有“光的速度”，瞬间可到达天涯海角，特快专递不可与之同日而语；我们每天都发送几十封国内国际电子邮件，而不必再奔波到邮局；利用淘宝、京东等网上购物和拍卖网站，我们足不出户就可以货比三家，找到最好的交易；利用抖音和快手等社交网站，可以方便地找到老朋友，结交新朋友；利用微信和微博，可以随时了解天下的大事小情或朋友的所思所想；对于很多人来说，视频网站具有丰富的内容和个性化的频道，比电视节目更具吸引力；即时通信软件拉近了您与远在天涯的家人的距离，听其声、见其人，随时聊天而不用再担心电话费用；使用免费的在线影集，您可以与全世界的朋友分享数以千计的照片，而不必再冲洗和邮递照片；人们不必再查阅厚厚的电话簿，鼠标轻轻点一下，就能够在网上找到所需要的商家信息；通过视频会议，人们可以舒舒服服地坐在办公室中见客户、谈生意，而不必再起早摸黑地去赶飞机、追火车，免去了很多出差的费用和旅途的辛苦。今天，万维网已经成为现代社会中不可或缺的部分，很多人，特别是那些随着万维网一起长大的年轻人，甚至无法想象没有万维网的生活会是什么样子。

在很多人的认识中，互联网和万维网是同义词，但实际上它们有所不同。互联网是一个把分布在全世界的、数以百万计的计算机等设备连接起来的巨大的计算机网络。互联网上的计算机可以通过一系列的协议与其他计算机交流，这些协议包括 HTTP、SMTP、FTP、IRC、IM、Telnet、P2P 等。万维网是互联网上的众多网站和超文本文件的集合，它主要通过超文本传输协议（HTTP）把各种超文本文件链接起来。虽然 HTTP 只是互联网协议中的一个，但它所聚集起来的丰富内容和所能支持的用户交互活动，是互联网最主要的吸引力，因此万维网也被称为互联网的“门面”。

近年来，iPhone 和 iPad 以其让人着迷的用户体验而风靡全球，引领智能手机和平板电脑的发展潮流，智能手机及平板电脑如雨后春笋般迅速普及，移动用户的数量不断壮大。根据人民网研究院于 2022 年 6 月 29 日发布的《中国移动互联网发展报告（2022）》显示，截至 2021 年年底，全球上网人口达到 49 亿，大约占全球人口的 63%（注：分布不均衡，一些人具有多部手机和平板电脑）。无线保真（Wi-Fi）技术、4G 和 5G 蜂窝移动通信技术也得到了迅猛发展，越来越多的用户订购了手机宽带网，推动了互联网和万维网的爆炸式增长。展望未来，无线网络将比有线网络更庞大，让人们能够随时随地享受到上网的自由和乐趣。

1.1.2　从 Web 站点发展为 Web 服务

随着 Web 技术、组件技术、分布式系统等的发展，在 21 世纪初出现了 Web 服务技术，并逐渐引起人们的注意，成为分布式异构 GIS 进行互操作集成的首选技术。

在 Web 应用的不断发展过程中，人们发现 Web 应用和传统桌面应用（如企业内部管理系统、办公自动化系统等）之间存在着“鸿沟”，人们不得不重复地将数据在 Web 应用和传统桌面应用之间转换，这成了阻碍 Web 应用进一步发展的一个巨大障碍。

从 1998 年开始发展的 XML 技术及其相关技术已证明可以解决这个问题，而随后蓬勃发展的 Web 服务技术则正是针对这问题的最佳（在当时看来）解决方案。Web 服务的主要目标就是在现有的各种异构平台的基础上构筑一个通用的、与平台和语言无关的技术层，各种不同平台之上的应用依靠这个技术层来进行彼此的链接和集成。Web 服务与传统 Web 应用技术的差异在于：传统 Web 应用技术解决的问题是如何让人们使用 Web 应用所提供的服务，而 Web 服务则要解决的问题是如何让计算机系统来使用 Web 应用所提供的服务。

将 Web 服务应用于 GIS，可以使传统的 GIS 实现从独立的 C/S 架构或 B/S 架构到基于 Web 服务体系的跨越。

从开放地理空间信息联盟（Open Geospatial Consortium，OGC）制定的规范名称中也可以看出 GIS 向 Web 服务的发展趋势，从 *Web Feature Server Implementation Specification*（OGC 01-065）到 *Web Feature Service Implementation Specification*（OGC 04-094），原先用 Server，后来用 Service，这实际上体现了从传统的 WebGIS 向 Web 服务的转变（如图 1.2 所示）。

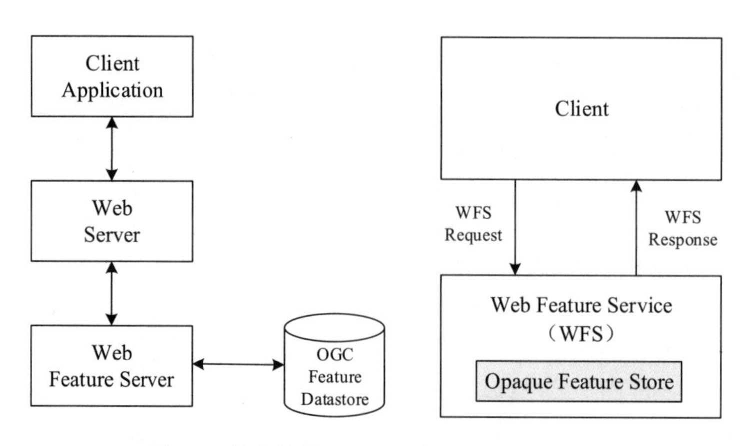

图 1.2 从传统的 WebGIS 向 Web 服务的转变

1.1.3 从 SOAP 发展为 REST

在 Web 服务发展的初期，XML 格式消息得到了广泛的应用。XML 格式消息的第一个主要用途是应用于 XML 远程过程调用（XML-Remote Procedure Call，XML-RPC）协议。在 XML-RPC 协议中，客户端发送的特定消息中必须包括名称、运行服务的程序，以及输入参数。

为了标准化，跨平台又产生了基于简单对象访问协议（Simple Object Access Protocol，SOAP）的消息通信模型。SOAP 在 XML-RPC 协议的基础上，使用标准的 XML 描述了 RPC 的请求信息（URI、类、方法、参数、返回值）。XML-RPC 协议只能使用有限的数据类型和一些简单的数据结构，SOAP 能支持更多的数据类型和数据结构。SOAP 的优点是跨语言，非常适合异步通信和针对松耦合的 C/S 架构，缺点是必须在运行时做很多检查。

随着时间的推移和 SOAP 的推广应用，人们很快发现其实已经存在一个最开放、最为通用的应用协议，那就是 HTTP。虽然使用 SOAP 的确让进程间通信变得简单易用，但并不是每个厂商都愿意升级自己的系统来支持 SOAP，而且 SOAP 的解析也不是支持所有编程语言的。HTTP 正好完美地解决了这个问题，因此可以设计一种使用 HTTP 来完成服务端与客户端通信的方法，于是 REST（Representational State Transfer）应运而生。REST 采用简单的 URL 来代替一个对象，其优点是轻量、可读性较好且不需要其他类库的支持，其缺点是 URL 可能很长且不容易阅读。

1.1.4 从 Web1.0 到 Web2.0、Web3.0

1991 年 8 月，第一个静态页面诞生了，这是由蒂姆·伯纳斯·李发布的，想要告诉人们什么是万维网。从静态页面到 Ajax 技术，从 Server Side Render 到 React Server Components，历史的车轮滚滚向前，一个又一个技术在诞生和沉寂。

1994 年，万维网联盟成立，超文本标记语言正式确立为网页标准语言，我们的旅途从此开始。

1. Web1.0

Web1.0 时代是一个群雄并起、逐鹿网络的时代，虽然各个网站采用的手段和方法并不相同，但第一代互联网有诸多共同的特征，主要表现在技术创新的主导模式、基于点击流量的盈利模式、门户合流、清晰的主营兼营产业结构、动态网站。在 Web1.0 上做出巨大贡献的公司有 Netscape、Yahoo 和 Google。Netscape 研发出了第一个大规模商用的浏览器，Yahoo 提出了互联网黄页，而 Google 后来居上，推出了大受欢迎的搜索服务。

Web1.0 的特征如下：

（1）Web1.0 基本采用的是技术创新主导模式，信息技术的变革和使用对于网站的发展起到了关键性的作用。新浪以技术平台起家，搜狐以搜索技术起家，腾讯以即时通信技术起家，盛大以网络游戏起家，这些网站在创始阶段的技术痕迹相当之重。

（2）Web1.0 的盈利都基于一个共同点——巨大的点击流量。无论早期融资还是后期获利，Web1.1 时代的网站依托的都是为数众多的用户和点击率，以点击率为基础开展增值服务，受众群众的基础决定了盈利的水平和速度，充分地体现了互联网的“眼球经济”色彩。

（3）Web1.0 的发展出现了向综合门户合流的现象，早期的新浪、搜狐与网易等，继续坚持了专业门户网站的道路，而腾讯、MSN、谷歌等网络新贵，都纷纷走向了门户网络，尤其是对于新闻信息，有着极大的、共同的兴趣。这一情况的出现，在于门户网站本身的盈利空间更加广阔，盈利方式更加多元化，占据网站平台，可以更加有效地实现增值，并延伸到主营业务之外的各类服务。

（4）Web1.0 在合流的同时，还形成了主营与兼营结合的清晰产业结构。新浪以新闻+广告为主，网易拓展游戏，搜狐延伸门户，各家以主营作为突破口，以兼营作为补充点，形成多元发展方式。

（5）在 Web1.0 时代，动态网站已经广泛应用，如论坛等。

2．Web2.0

Web2.0 既是指相对于 Web1.0 的新时代，也是指由用户主导生成内容的互联网产品模式。

从科技发展与社会变革的大视野来看，Web2.0 可以说是信息技术发展引发网络革命所带来的面向未来、以人为本的创新 2.0 模式在互联网领域的典型体现。Web2.0 更注重用户的交互作用，用户既是网站内容的浏览者，也是网站内容的制造者。所谓网站内容的制造者，是指互联网上的每个用户不仅仅是互联网的读者，同时也是互联网的作者；不仅在互联网上“冲浪”，同时也是“波浪”制造者；在模式上由单纯的“读”向“写”以及“共同建设”发展；由被动地接收互联网信息向主动创造互联网信息发展，从而更加人性化。

Web2.0 模式下的互联网应用具有以下显著特点：

（1）用户分享。在 Web2.0 模式下，用户可以不受时间和地域的限制分享各种信息，既可以得到自己需要的信息，也可以发布自己的信息。

（2）信息聚合。信息在网络上不断积累，不会丢失。

（3）以兴趣为聚合点的社群。在 Web2.0 模式下，聚集的是对某个或者某些问题感兴趣的群体，可以说，在无形中已经产生了细分市场。

（4）开放的平台、活跃的用户。平台对于用户来说是开放的，而且用户因为兴趣而保持比较高的忠诚度，他们会积极参与其中。

3．Web3.0

Web3.0 是由业内人员提出的概念，网站内的信息可以直接和其他网站相关信息进行交互，能通过第三方信息平台同时对多家网站的信息进行整合使用；用户在互联网上拥有自己的数据，并能在不同的网站上使用；完全基于 Web，用浏览器即可实现复杂系统程序才能实现的系统功能；用户数据经过审计后，可同步为网络数据。

Web3.0 包含多层含义，例如，用来概括互联网发展过程中某一阶段可能出现的各种不同的方向和特征，包括将互联网本身转化为一个泛型数据库；跨浏览器、超浏览器的内容投递和请求机制；人工智能技术的运用；语义网；地理映射网；运用三维技术搭建的网站甚至虚拟世界或网络公国等。

Web3.0 和 Web2.0 一样，仍然不是技术的创新，而是思想的创新，进而指导技术的发展和应用。Web3.0 之后将催生新的“王国”，这个“王国”不再以地域和疆界进行划分，而是以兴趣、语言、主题、职业、专业进行聚集和管理的“王国”。

1.2 GIS 简介和发展历程

1.2.1 GIS 简介

通常，世界上发生的事情都与一个地点相关联。知道某事某物在哪里和它们为什么在那里，这些对于人们做出正确的决定是至关重要的。GIS 是一门处理与地理位置有关问题的，能够对地理数据进行采集、存储、管理、分析、表达和共享，帮助人们做出正确决策的技术和科学。

GIS 的出现比互联网更早些。1967 年，罗杰•汤姆林森（如图 1.3 所示）为加拿大联邦政府林业和农业发展部开发了世界上第一个可操作的 GIS，称为“加拿大地理信息系统”，用于加拿大的土地利用详查、统计和规划。罗杰•汤姆林森（Roger Tomlinson）开发了 GIS，并致力于推动 GIS 方法论的发展，被称为“地理信息系统之父”。

图 1.3 罗杰•汤姆林森（来自网络）

尽管 GIS 通常用于编制地图，但它的功能远不限于此。GIS 具有强大的分析功能，能将很多看似无关的数据以它们共同的地理位置为基础关联起来，并进行综合分析，将那些在电子表格或统计软件包中隐藏的或不容易显示的关系、规律和趋势挖掘出来，以支持人们做出科学决策。GIS 可以把现实世界抽象成一系列的空间数据层，如土地利用、高程、图像、街区、道路和商业客户等（GIS 地理数据层模型如图 1.4 所示），GIS 可以通过多种方法把这些图层组合起来，绘制出多种专题地图，并对这些图层进行更进一步的分析，从中提取大量有用的信息，解决诸如下面的问题。

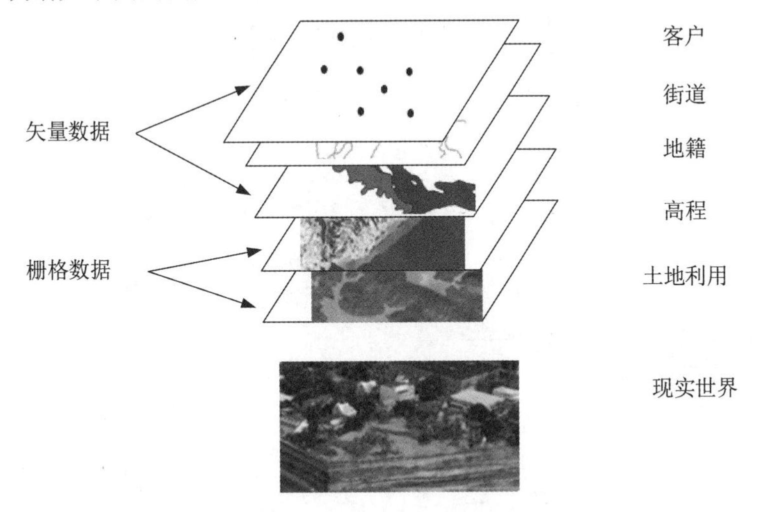

图 1.4　GIS 地理数据层模型

1．如果有一场洪水，哪些区域比较危险？

（1）分析方法：可以利用缓冲区分析进行粗略的估计（如距离河边 50 m），或者用三维立体表面模型进行更准确的分析，还可以结合降水和洪水过程的信息，建立更精确的洪水淹没模型，考虑自然降水量和洪峰过程，动态模拟淹没范围和淹没过程。

（2）应用：政府部门可以根据上面的信息制定有关的政策、进行区域规划和应急管理。例如，哪些区域的洪水危险系数较高，不宜开发为居民区？如果洪水将要暴发，需要优先疏散哪些地方的居民？疏散到哪里？

GIS 把现实世界抽象成系列的地理数据层，每一层代表一个专题。这些数据层可以用二维或三维的地图形式显示出来，用于地理分析和模拟，来解决现实世界的问题。

2．哪些客户可能会受到影响？

（1）分析方法：利用 GIS 的叠加分析功能，保险公司可以对上述洪水淹没区与其客户分布图层进行叠加，从而来确定哪些客户的房子遭受水灾的可能性较大。

（2）应用：保险公司能够对不同地区的用户制定不同的收费标准，也能够预先计算出洪水暴发后可能的理赔总额，以计算投资风险。

3．如果洪灾发生，应如何应对？

（1）分析方法：通过 GIS 技术可以找到两岸地势较低、人烟稀少的地方作为泄洪区，找出最佳的决堤地点。

（2）应用：政府可以做好预案，紧急救援人员能预先做好准备，以减少损失，挽救生命。

上面只是 GIS 应用的一个简单例子。自 GIS 产生以来，GIS 行业已经建立了有关数据管理、可视化和空间分析的理论基础，并研发出了丰富的产品，使 GIS 在城市规划、国土管理、环境保护、市场分析、公共安全和生态系统模拟等多个领域中发挥了重要作用。在这些应用中，GIS 的作用远远超出了制图范畴，其丰富的分析功能帮助人们利用空间思维模式，发现事物的隐含关系、空间分布规律和演变趋势，做出智慧的决策。GIS 把地理分析引入所有与地理空间因素相关的设计过程中，为地理规划和决策创造出了一套系统的方法论和工具集，能够帮助人们了解、分析和解决当前世界上的诸多问题。过去几十年中，GIS 的发展和运用使很多领域受益匪浅。万维网的出现更是给 GIS 提供了更广阔的舞台，让 GIS 走向更多行业，走进千家万户。

GIS 地理分析及应用如图 1.5 所示。

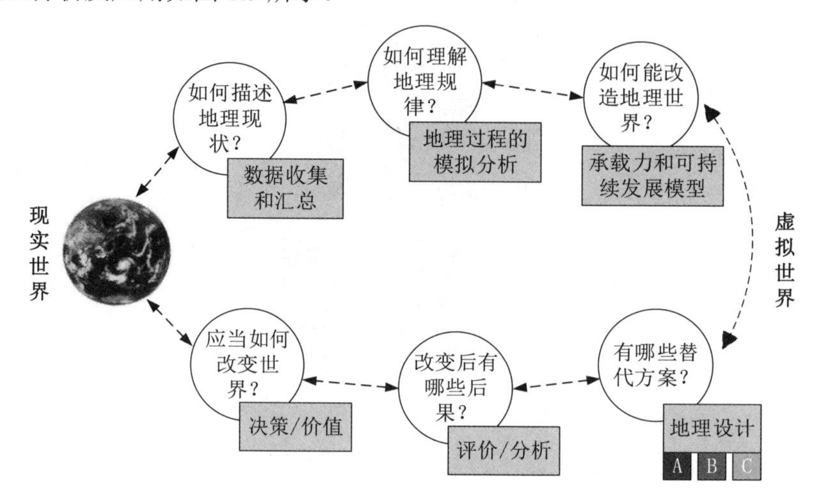

图 1.5 GIS 地理分析及应用

1.2.2 GIS 发展历程

从某种意义上讲，GIS 是计算机和信息技术在地理科学中运用发展的产物，因此 GIS 不仅受其自身应用和需求的推动，同时也受计算机和信息技术的推动。

20 世纪 60 年代末，世界上第一个 GIS——“加拿大地理信息系统”诞生。该系统主要用于自然资源的管理和规划。随后，美国哈佛大学研制出 SYMAP 系统。GIS 日益引起各国政府和科学家的高度重视，得到了迅速发展。GIS 的发展经历了 20 世纪 70 年代的大量试验开发阶段，20 世纪 80 年代的商业开发和运作阶段，以及 20 世纪 90 年代的用户为主导的阶段。在 GIS 的发展初期，只有地理研究、地质调查、土地森林管理、人口调查等专业部门及其研究人员感兴趣。目前，GIS 已深入政府管理、城市规划、地学研究、资源开发利用、测绘和军事等多个领域。GIS 已远远不是地理学界或测绘学领域的概念，已成为人们采集、管理、分析空间数据，共享全球信息资源，为政府管理提供决策，科学研究，以及实施可持续发展战略的工具和手段。GIS 的内涵也从狭义的 GIS 扩展到更广泛的空间信息系统（Spatial Information System），并逐渐形成地理信息科学（GeoInformatics）。

从 20 世纪 60 年代以来，计算模式的发展经历了从单机计算、集中计算到 C/S 架构、B/S 架构等不同阶段，现在正处于以 Web 服务（Web Service）为主要特征的面向服务的计算模式。

就技术层面而言，GIS 的发展也经历了四代（如图 1.6 所示）。从 GIS 中引入的网络技术来看，第一代 GIS（20 世纪 60 年代至 80 年代中期）以单机单用户为平台，以系统为中心；第二代 GIS（20 世纪 80 年代中期至 90 年代中期）开始引入网络，实现了多机多用户；第三代 GIS（20 世纪 90 年代中期至 21 世纪初）引入了互联网技术，开始向以数据为中心的方向过渡，实现了较低层次的（浏览型或简单查询型）B/S 架构；第四代 GIS（21 世纪初至今）引入了 Web 服务、云计算、大数据、物联网、人工智能 AI 等技术，实现了面向服务的较高层次的 WebGIS。

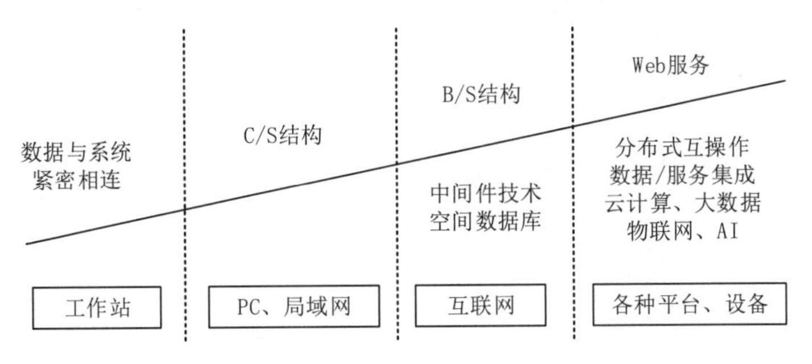

图 1.6 GIS 的发展历程

1.3 WebGIS 的起源和概念

互联网、万维网与传统学科的融合促使了许多新领域的诞生，WebGIS 便是其中之一。自 WebGIS 诞生以来，其发展越来越迅速，在很大程度上已经改变了地理信息的传输、共享、可视化等各个环节，是 GIS 发展史上的重要里程碑。

1.3.1 WebGIS 的起源

1993 年，施乐公司帕洛阿尔托研究中心（Palo Alto Research Center，PARC）开发了首个基于 Web 的地图浏览器（如图 1.7 所示），这标志着 WebGIS 的诞生。该研究中心在研究基于 Web 的人机交互时，开发了交互式的地图网站，该网站提供了简单的地图缩放、图层选择和地图投影转换等功能。用户可以用 Web 浏览器（如当时的 Netscape）来浏览地图网页，单击页面上的放大、缩小等功能链接，Web 浏览器就会向 Web 服务器发出一个基于 HTTP 的请求，Web 服务器则根据收到的请求进行相应的地图操作，制作出一幅新的地图，并将它传回到 Web 浏览器，Web 浏览器就会接收并显示这个新地图。这个网站首创了在 Web 浏览器中运行 GIS 的方法，展示了用户不必在本地安装 GIS 数据和软件，就可以在任何有互联网的地方使用 GIS，这个优势是传统的桌面 GIS 无法比拟的。

GIS 界认识到了 WebGIS 的上述优点，迅速采用了这种方法，开发了许多 WebGIS 应用。例如：

（1）1994 年，加拿大国家地图信息服务网发布了加拿大第一个在线国家地图集。它是一个交互式的地图网站，可以让公众选择一些数据层，如道路、河流、行政边界和生态分区等，服务器可以选择合适的符号制作出用户所需要的地图。公众可以在家里查询在线地图，而不必亲自到政府办公室来申请地图。

（2）1995 年，加利福尼亚大学圣芭芭拉分校等机构开发了亚历山大数字图书馆（Alexandria Digital Liberary，ADL），美国地质调查局（USGS）研发了全美地理数据仓库。

这两个网站允许用户按关键词或按地区来查询自己所需要的地图、影像或其他地理信息，是早期地理信息共享门户网站的例子。

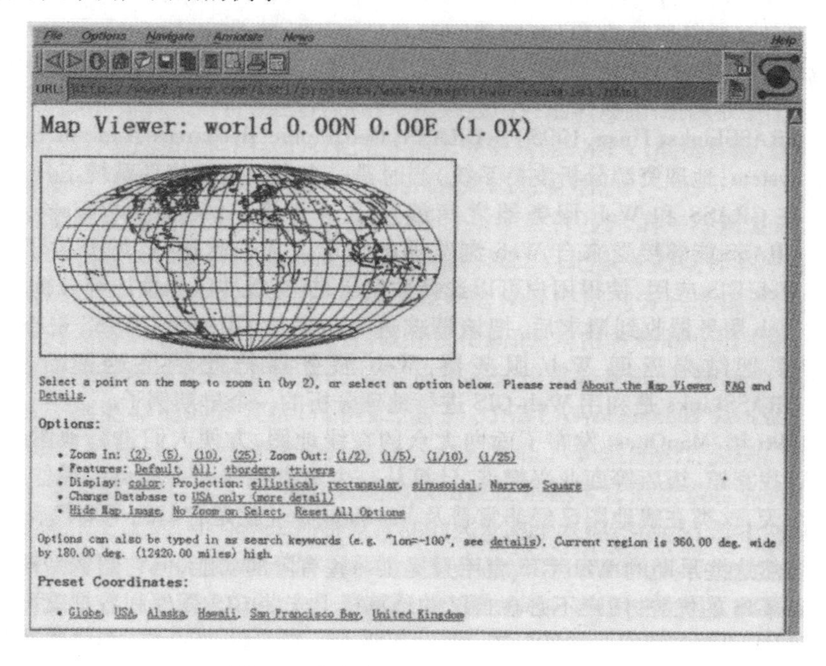

图 1.7　首个基于 Web 的地图浏览器

（3）1995 年，美国人口普查局发布了 TIGER（集成拓扑的地理编码和参考格式）制图服务，把数据量巨大的全国人口信息做成在线地图，供公众使用。公众可以查询州、县和市的人口信息，如种族、教育、收入和年龄等，在 Web 浏览器中绘制与查看自己所需要的专题图。

1995 年，加利福尼亚大学伯克利分校的博士研究生 Suren Huse 研发了 GRASSLinks。GRASS 当时是一个桌面 GIS，Suren Huse 在 GRASS 和 Web 服务器之间编写了一个接口，即 GRASSLinks，使得 GRASS 能够接收来自 Web 浏览器的请求。基于 GRASSLinks 开发的 WebGIS 应用，可以让用户发送图层选择、缓冲区提交和叠加分析等请求，Web 服务器收到请求后，会把该请求进一步发给 GRASS；GRASS 进行分析后把结果返回 Web 服务器，Web 服务器把此结果返回给用户。GRASSLinks 是利用 WebGIS 进行地理分析的一个早期例子。

（4）1996 年，MapQuest 发布了面向大众的在线地图，方便人们进行地图浏览，寻找宾馆、饭店等商业兴趣点（POI），计算从一个地点到另一个地点的最佳路径。今天，这类在线地图已经非常普及，而 MapQuest 就是它们的早期代表。

虽然这些早期的 WebGIS 应用只提供一些有限的功能，但它们清楚地展示了 WebGIS 优势：用户不必在自己的计算机上安装 GIS 软件和数据就可以在任何地方上网使用 GIS。1996 年，商业 WebGIS 软件相继出现，在这些软件的基础上，美国地质调查局、环境保护署、住房和城市发展部、土地管理局，以及许多其他国家的政府、企业和科研等机构，开发出了 WebGIS 在很多领域的应用。

（5）2000 年以后，我国 WebGIS 技术和应用越来越多，经过多年的发展和实践，政府部门和科研机构的 WebGIS（如天地图、地质云等）、商业机构的 WebGIS（如高德地图、百度地图等）和个人爱好者开发的 WebGIS 逐渐成熟起来。

1.3.2　WebGIS 的概念

WebGIS 早期被认为是运行在 Web 浏览器中的 GIS，但这个定义并不完整。广义而言，WebGIS 是使用了 Web 技术的各种 GIS。狭义而言，WebGIS 是通过 Web 技术来连接其组成部分的 GIS。WebGIS 是一种分布式系统，它至少需要一台服务器和一个客户端，这个客户端不限于 Web 浏览器，也可以是桌面应用程序或移动应用程序。WebGIS 的基本结构如图 1.8 所示。

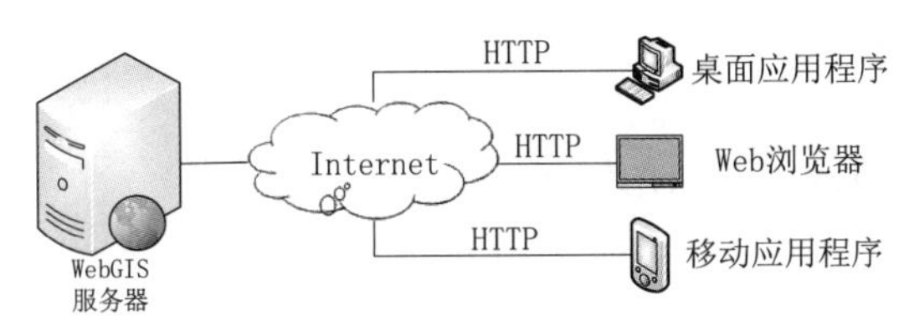

图 1.8　WebGIS 基本结构

理解 WebGIS 的概念需要注意以下几点：

（1）HTTP。在众多的 Web 技术中，HTTP 是服务器和客户端进行通信时的主要协议。

（2）最简单的 WebGIS 是分布式两层体系结构，包括一台服务器和一个或多个客户端。WebGIS 不仅包括客户端，还包括该客户端所依赖的服务器，该服务器可能是互联网上的某台服务器或某个云计算中心。有时服务器和客户端可以都装在同一台计算机里，但从逻辑上讲，它们是两个独立的单元。

（3）单个 WebGIS 通常采用分布式三层体系结构，包括数据层、逻辑层（或中间层）和客户端（或表现层）。随着地理聚合方法的流行，一个 WebGIS 经常利用另外一个或多个 WebGIS 的服务，从而形成一个 n（n>3）层结构。

（4）WebGIS 和桌面 GIS 正在不断地相互渗透。一方面，WebGIS 依靠桌面 GIS 来创建数据和地图等基础资源；另一方面，桌面 GIS 也在不断扩展，逐渐加入了 WebGIS 的功能。例如，ArcMap 这一传统的桌面 GIS 也加入了 WebGIS 的功能，可以作为 WebGIS 的客户端；用户可以在 ArcMap 中使用 ArcGIS Online、美国地质调查局、微软必应地图或其他机构所提供的底图，而不必自己去购买和安装这些底图数据。

WebGIS 与互联网地理信息系统（Internet GIS）的概念很接近。严格来说，两者还有着细微的差别，互联网支持很多种服务，而万维网只是其中的一种，因此 Internet GIS 比 WebGIS 涵盖的范围更广。但实际上，万维网是 Internet 中最吸引人和最常用的服务，因此 WebGIS 是 Internet GIS 的主要形式，两者基本等同。WebGIS 与其他 GIS 的关系如图 1.9 所示。

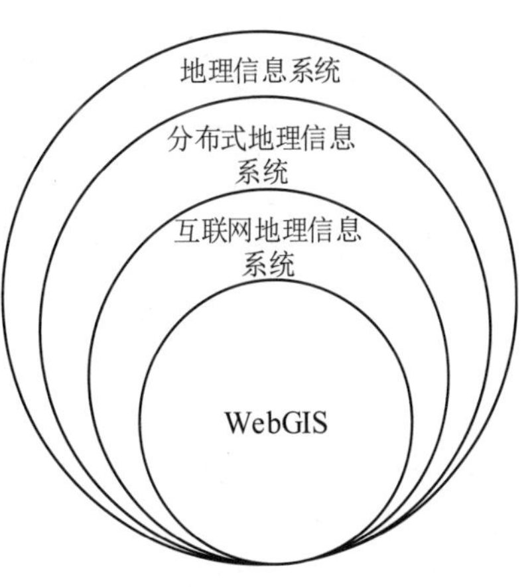

图 1.9　WebGIS 与其他 GIS 关系

地理空间网络（GeoWeb 或 Geospatial Web）是另一个与 WebGIS 相关的术语。GeoWeb 有多种理解。一种理解是指地理空间信息和抽象信息（即非地理信息，如网页、图片、视频和新闻）的结合。该定义和地理标记

（GeoTagging）和地理解析（GeoParsing）关系密切。另外 GeoWeb 也经常被用来泛指 WebGIS。

GIS 通常由硬件、软件、数据和用户组成，这些组成部分之间的距离不断增加和进一步分离，这种现象是很有趣的。20 世纪 60、70 年代，这些组成部分通常安装在一台计算机上。到 80 年代和 90 年代早期，这些组成部分往往被安装在同一个局域网的不同计算机上，它们可能在一个建筑的不同房间里或在多个建筑物里，形成分布式 GIS。在 WebGIS 中，这些组成部分进一步分离，客户端和服务器可以天各一方。随着 Web 服务和聚合等技术的出现，一个客户端可以使用一台服务器的数据和另一台服务器的分析功能，这使得 GIS 的各组成部分更进一步地被分离了。

1.4 WebGIS 的功能和应用

WebGIS 具有丰富的功能，可以用于很多行业。但目前的 WebGIS 应用潜力还远没有被挖掘出来，这意味着 WebGIS 蕴藏着很多机遇。

1.4.1 WebGIS 的功能

从理论上讲，WebGIS 可以实现 GIS 的全部功能，可以在互联网上实现地理信息的收集、存储、编辑、处理、管理、分析、共享和可视化等。现阶段应用较多的主要功能包括以下几个方面。

（1）地图查询：在线地图是 WebGIS 最常见的形式和最常用的功能，可以说是 WebGIS 的门面。地球上的每个地物都有属性数据，可以进行空间查询（如这里是什么）和属性查询（如书店在哪里）。

（2）数据采集：专业人员和业余用户都可以利用互联网来采集地理信息，利用移动客户端将野外采集或验证后的数据传输到办公室中的服务器和数据库，提高数据的现势性。近年来，自发式地理信息，即非专业人员自发贡献的地理信息，大都是通过 Web 来采集的。

（3）地理信息传播：WebGIS 是一个传播地理信息的理想平台，政府机关、学术机构和商业部门长期使用这个平台共享空间信息。从早期的空间数据仓库、地理信息一站式门户网站，到目前的行业地理信息网站（如地质云、天地图）等，它们都允许用户搜索和接入数据，共享地理信息服务，促进各部门的合作，帮助用户充分利用现有的数据资源，避免数据的重新采集，这既降低了费用，又提高了效率。

（4）地理空间分析：WebGIS 不仅是电子地图，它还提供许多空间分析功能，特别是那些贴近人们日常生活的重要功能。例如，量算地物的距离和面积、寻找最佳的驾车或公交路线、查找地址或地名的位置、利用邻近分析来查找最近的商店。政府、企业和科研机构也可利用 WebGIS 进行一些专业的空间分析。例如，利用化学物品泄漏扩散模型来计算出可能受影响的区域，并利用叠加分析来确定需要疏散的街区；在商业零售方面，选址模型可以帮助企业分析在哪里开设商店能产生最大的利润；在低碳和绿色能源方面，太阳辐射模型可以帮助公众估算在自己的房顶上安装太阳能面板所能产生的能量；基于已有案发地点的分布，公安部门能制作热度图，让公众知道哪里是高危险区，提醒公众注意安全；有些最佳路径分析还做了进一步深化，不仅考虑了起点和终点的距离与沿途道路的限速，还考虑了接送所要求的时间窗口、沿途的交通堵塞和桥梁限高等。这些应用说明了 WebGIS 功能可以针对现实世界中的实际需求进行量身定制，为用户提供具有针对性的服务，解决实际问题。

1.4.2　WebGIS 的应用

WebGIS 可以应用在与地理有关的各行各业中，具有降低费用、提高效率和扩大影响等功能。本节简要介绍几种常见 WebGIS 应用类型，本书的其他章节提供了更详细的应用案例。

1. WebGIS 作为新的商业模式和新的商品

WebGIS 不仅创建了一些新的商业模式，而且重塑了许多已有的商业模式。

WebGIS 所带来的显著的商业模式是基于地理位置的广告服务，这种模式被谷歌、微软和百度地图等采用，这些公司针对用户所搜索的关键字和位置来显示广告赞助商的商品和服务。这种广告发布方式比传统的电视和广播等广告模式更精确，有更高的回报率。从广告赞助商的角度来看，这种按点击量来付费的模式能让广告赞助商更好地了解广告的实际效果，更好地控制在广告上的投资。众所周知，这种商业模式已经为商业公司带来了巨大的财富。

通过软件即服务的商业模式，WebGIS 本身也能作为商品来销售。例如，在线商业分析（Business Analyst Online，BAO）就是一种基于 WebGIS 的商品。BAO 基于大量且详细的人口和消费等商业数据，利用商业分析模型，帮助用户进行贸易区分析、商店选址和寻找潜在客户群的分布。BAO 按使用量收费，用户也可以按年来订购。采用这种软件即服务的商业模式，让很多中小型企业也能用得起 GIS，它们不需要购买自己的 GIS 硬件、软件和数据库就能进行自己所需要的商业分析，从而得到图文并茂的商业报告，并以此制定商业决策。

许多企业都在使用 WebGIS 进行战略规划、市场营销、客户服务和日常管理，以期提高效率，取得竞争优势。从前，只有少数拥有桌面 GIS 和 GIS 专业人员的大型企业才能进行 GIS 分析。现在，越来越多的企业，包括很多小型企业，都能使用 GIS。WebGIS 的用户界面易于使用，它可以直接由管理人员、普通员工和客户直接操作。几乎所有的商业网站都有诸如“商店查找”或“分店查找”网页，以地图的方式显示自己的位置，帮助顾客迅速查到要去的商店并能取得行车路线或公交路线。自来水公司能整合 WebGIS 和客户关系管理（Customer Relationship Management，CRM）数据库，把那些抱怨家里水压不足的客户标注在地图上，分析管线可能出现问题的地方，找到需要维修的地点和需要关闭的阀门，把这些信息和地图发送到外业维修人员的手机上，以尽快解决这些问题，从而获得较好的客户满意度。中国邮政利用 WebGIS 来实时跟踪车辆、监控车辆状态，为邮政物流提供位置服务和路径分析服务，缩短物流时间，降低运输成本。

2. WebGIS 作为电子政务的一种强大而具有亲和力的工具

电子政务一词于 20 世纪 90 年代初被提出，许多国家通过立法、监管和财政激励等手段积极推动电子政务的发展。很多政府事务都与位置相关，地理位置也就成为政府业务的基本框架，这使得 WebGIS 成为电子政务的重要组成部分。由于能够提供易于理解的在线地图，WebGIS 成为一种极具亲和力的沟通渠道。凭借其具有的分析能力，WebGIS 能够为决策者提供广泛的地理智能和辅助决策方案。许多已经长期使用桌面 GIS 的政府部门也正转向使用 WebGIS，以便充分利用 WebGIS 在交流和协作方面的优势。

WebGIS 为公共信息服务提供了诸多便利，可以增加公众知情权，从而提高政府工作的透明度。例如，地质云是中国地质调查局主持研发的一套综合性地质信息服务系统，其首页如图 1.10 所示。地质云面向社会大众、地质调查技术人员、地学科研机构、政府部门，提供了丰富的地质信息服务。2021 年 6 月，地质云 3.0 在中国地质调查局正式宣布上线服务。地质云 3.0 面向地质调查技术人员，提供了云环境下智能地质调查工作平台，创新了地质调查工作新模式；面向地质调查管理人员，提供了云环境下“一站式”综合业务管理和大数据支持下辅助决策支持，实现了地质调查项目、人事、财务、装备等的“一站式”服务；面向各类地质调查专业人员，提供了基础地质、矿产地质、水工环地质、海洋地质等多种专业数据共享服务；面向社会大众，提供了多种地质信息产品服务。

图 1.10 地质云首页

3. WebGIS 作为数字化科研的基础平台

现代科研往往涉及海量数据和密集计算，网格计算通常被认为数字化科研的主要平台，但网格计算需要复杂的中间件，有较高的学习门槛，大多数研究人员很少有机会直接使用网格计算。WebGIS 和云计算为数字化科研提供了计算能力强大、数据丰富、成本低廉、容易使用的基础设施。

目前，WebGIS 已经日益成为一个巨大的分布式数据库、强大的计算平台和一个协同实验室。直接连接 WebGIS 的传感器和实时数据都在不断地增多，越来越多的机构把它们的地图服务、空间分析服务发布到了“云”中。根据自己的科研需求、采用聚合技术，科学家们可以把这些丰富的资源整合起来，支撑自己的研究。WebGIS 入门容易、成效明显，已经成为数字科研的新平台。

4. WebGIS 成为人们日常生活中的重要工具

“六何”法［英文中所说的 5 个“W”和 1 个“H”，即何人（Who）、何事（What）、何时（When）、何地（Where）、为何（Why）和如何（How）］是人们日常生活中所遇到的基本问题，其中“何地”是重要的一个方面。人们经常会遇到诸如到哪里吃饭、到哪里入住、到哪里购物、如何从这里到那里等问题，这些问题都与 GIS 有关。传统上，教育界认为，一个人在社会上生存需要学会三项基本技能，即“3R”［读（Read）、写（Write）和算术（Arithmetic）］。近年来，空间认知能力被认为是继“3R”之后的第 4 个“R”，即第 4 项基本能力。而 WebGIS，特别是在线地图和手机地图，是人们了解自己生活空间和获得空间认知能力的重要手段。

1.5 WebGIS 的优点、挑战和发展机遇

1.5.1　WebGIS 的优点

互联网和万维网赋予了人们选择时间的自由度（互联网和万维网通常都是 7×24 小时开放的），也使人们摆脱了距离的羁绊，它们本身所具有的全球性、低成本、高效性和开放性等特点也赋予了 WebGIS 很多优点。

（1）传播的广远性：对开发者来说，您可以向全世界展示您的 WebGIS；对使用者来说，您可以坐在家里通过浏览器或其他软件来使用全世界的 WebGIS（被防火墙或其他安全措施隔绝的系统除外）。WebGIS 的传播具有全球性。

（2）用户的众多性：一般来说，一个传统的桌面 GIS 在某段时间内只能供一个用户使用，而 WebGIS 能支持多个用户，甚至是成千上万的用户同时使用。这是 WebGIS 的一个优势，同时也要求 WebGIS 具有较高的性能和扩展能力。

（3）较好的跨平台性：WebGIS 的主要客户端是 Web 浏览器，而大多数操作系统都集成了 Web 浏览器，因此对于桌面应用，基于 Web 浏览器的 WebGIS 有较好的跨平台性。但需要注意的是，当前由于移动平台操作系统的多样性和各个平台所提供的编程接口不同，移动 GIS 的跨平台性相对较差。

（4）平均费用的低廉性：对于一个机构而言，它不必为每个用户购买一套桌面 GIS，可以构建一个 WebGIS，供多个用户分享。这样，平均费用往往比前者低廉。对最终用户来说，大量的电子地图网站、政府部门提供的公共信息服务地图网站等 WebGIS 服务都是免费的。

（5）对最终用户的易用性：桌面 GIS 的主要用户是那些经过多年培训和有多年经验的专业人员，而 WebGIS 的用户往往是非 GIS 专业人员和广大的网民。这些大众化的用户没有受过专业的培训，他们需要 WebGIS 简单易用，像傻瓜相机一样，同时又要有好的用户体验。他们的期望甚至是“如果我不知道怎么使用你的网站，那就是你的错”。这就要求 WebGIS 的开发者注重人性化的操作界面设计，以降低使用的复杂性。

（6）更新的统一性：如果一个桌面 GIS 有了新的版本或数据，则需要在每台计算机上安装。WebGIS 则不同，管理员只需要对服务器进行更新，那么用户下次使用 WebGIS 时，客户端大都会自动更新，得到最新的程序和数据。因此，在很多情况下，WebGIS 能降低系统维护的复杂性，非常适合那些对时效性要求较高的应用，如应急管理等。

（7）应用的广泛性：针对人们五花八门的需求，政府机关、商业机构和一些爱好者开发出了各种各样的 WebGIS，如传染病的分布、各地环境污染源的分布、餐馆书店的位置、网络交友、照片和视频地图、新闻位置图、旅游图集，甚至公共洗手间的分布图等。WebGIS 助长了“新地理学”的发展。“新地理学”是指非专业用户因个人或公共目的使用地理学科技和工具，这一现象突破了专家与非专家之间的传统障碍，促进了公众的参与和 GIS 的社会化。

以上特点为 WebGIS 增添了很多优势，同时也对 WebGIS 的开发提出了相应的要求，如用户要求 WebGIS 具有稳定性和伸缩性。有些 WebGIS 在只有一个用户时运行很快，而有 3 个用户时就会变慢，有 5 个用户时就会死机，这就不能很好地支撑多用户同时使用 WebGIS。对最终用户的易用性要求开发者要注意界面的人性化设计，顾及非 GIS 专业人员的操作能力和使用习惯。

1.5.2 WebGIS 的挑战

GIS 技术经过几十年的发展，已经逐步进入了 IT 主流，WebGIS 的发展更进一步拓展了其应用领域，使其能够在更广泛的领域为更多的用户提供空间信息服务。但从 WebGIS 的应用现状可以看出，WebGIS 技术远未成熟，仍面临着一系列的技术瓶颈和挑战。

1. 传输速率瓶颈和可视化问题

由于互联网的网络带宽及硬件设备限制，海量的空间信息数据的传输速率已经不能满足用户的服务需求，再加上 WebGIS 要处理大量的图形、图像、三维数据，使得访问 WebGIS 的速度越来越慢，已经构成了 WebGIS 体系模型的技术瓶颈。在现有的网络带宽和硬件设备条件下，如何建立快速的响应和传输机制，如何向用户提供多样化的、直观易懂的图形用户界面，动态地、客户化地表现地理空间数据成为 WebGIS 发展的难题。

2. 网络虚拟地理环境的渲染问题

在 WebGIS 中结合三维可视化、VR 与 AR 等技术，以及游戏引擎技术，才能完全再现地理环境的真实情况，把所有的地理资源、管理对象都置于一个真实的三维虚拟地理环境中，真正做到管理意义上的“所见即所得”。WebGIS 首先面临的是三维模型在网络上渲染速度慢的问题。三维模型在网络上的渲染需要大量的计算资源，如果网络带宽不足或者服务器性能不够强大，就会导致渲染速度慢，用户体验不佳。网络上渲染的图像质量受网络带宽和服务器性能的限制，可能会出现模糊、失真等问题。其次面临的是兼容性问题。不同的浏览器和操作系统对于三维模型的支持程度不同，可能会导致渲染效果不一致或者无法正常显示。最后面临的是成本问题。在网络上渲染三维模型需要购买服务器和计算资源，成本较高，对于个人用户和小型企业来说可能不太现实。如何通过 Web 按协作方式进行三维模型的设计、展示、渲染和发布，从而进一步提高生产效率并降低成本成为 WebGIS 发展的难题。

3. 三维模型渲染的数据安全问题

基于 Web 的现实世界三维模型渲染数据需要上传到服务器中进行处理，这就存在数据泄露的风险。如果服务器的安全性不够高，就可能导致三维模型数据泄露或者被篡改。在网络上渲染三维模型时，用户需要下载渲染软件，这就存在恶意软件的风险。如果用户下载的软件存在恶意代码，就可能导致用户计算机被感染，造成数据泄露、系统崩溃等问题。三维模型在网络上渲染时，可能会涉及版权问题。如果用户上传的三维模型侵犯了他人的版权，就可能引起法律纠纷。

1.5.3 WebGIS 的发展机遇

目前，WebGIS 在大众化市场和专业化市场都有大量的空白领域有待人们去探索和开发，而且这两类市场可以相互补充。大众在线地图和手机应用为广大用户提供了地理可视化和常用的分析功能，展现了 WebGIS 的巨大商业价值和广泛的应用前景。随着空间认知能力的增长和对 WebGIS 潜能认识的加深，人们会逐步提出一些更深入的与地理空间有关的问题。这些问题往往需要专业 WebGIS 来解决，从而产生了新的专业需求，为专业化市场带来新的机遇。

GIS 专业人员在开拓 WebGIS 的潜能方面具有重要的作用。GIS 专业人员肩负着提供权威地理信息、设计高质量的可视化工具、构建专业的分析模型、使 WebGIS 成为本单位业务系统的有机组成部分、构建地理信息共享平台等任务。就教育工作而言，WebGIS 是一种新的、容易使用的和有趣的教学工具，它能够培养学生从区域和全球的角度思考问题，有助于提高他们的空间思维能力和解决现实世界实际问题的能力。今天的学生可能就是明天的决策者、GIS 设计师和 GIS 用户，培养他们的空间认知能力意义重大，可以影响未来社会很多决策的制定。

19 世纪是铁路的世纪，20 世纪是公路的世纪，21 世纪是信息高速公路的世纪。随着万维网的继续壮大和普及，GIS 的应用和影响将继续扩大，WebGIS 将继续迅猛发展，渗透到人们工作和生活的方方面面，为人类社会的发展做出巨大贡献。

1.6 常用的 GIS 软件

按 GIS 软件的性质可将其分为商业软件和开源软件，按应用类型可将其分为桌面端、服务器端、云端、移动端、Web 端、数据库软件、工具软件等软件。表 1.1 列出了常见的 GIS 软件。

表 1.1　常见的 GIS 软件

类　型	开源软件	商业软件
桌面端	QGIS、uDig、GRASS	SuperMap iDesktop、MapGIS、ZGIS Desktop Pro、GeoStar、ArcGIS Desktop
Web 端	QGIS、OpenLayers、OpenScales、Worldkit、Leaflet、Cesium	ArcGIS Online、SuperMap Online、SuperMap iClient、MapGIS、ZGIS 浏览器端
移动端	—	SuperMap iMobile、MapGIS、ZGIS 移动端
云端	—	SuperMap iPortal、MapGIS、ZGIS 云端
服务器端	GeoServer、MapServer、GeoDjango	ArcGIS Server、ZGIS Server、SuperMap iServer
GIS 数据库软件	PostGIS/PostgreSQL、MySQL Spatial	Oracle Spatial、达梦数据库、人大金仓
GIS 工具	JTS、GEOS（几何拓扑操作库）、Shapely、GDAL/OGR（栅格矢量数据操作库）、Proj4（地图投影库）、Turf	Coord 坐标系转换工具、CAD 坐标站点工具、Shape 数据格式转换工具

下面简要介绍几种常用的 GIS 软件。

1．QGIS

QGIS 是基于 Qt、使用 C++开发的一个用户界面友好、跨平台的开源版桌面端地理信息系统，可运行在 Linux、UNIX、Mac OS X 和 Windows 等操作系统中。QGIS 支持四种类型的 GIS 图层，分别是矢量数据图层、栅格数据图层、PostGIS 数据图层和 WMS（Web Map

Service）数据图层。QGIS 继承了其他的开源 GIS 软件包，如 PostGIS、GRASS 和 MapServer 等，可以向用户提供丰富的功能。用户也可以通过 Python 编写的插件来扩展 QGIS 的功能。

2. ArcGIS

ArcGIS 是 ESRI 推出的一个由共享 GIS 组件组成的可伸缩的平台，无论桌面端、服务器端，还是 Web 端，都可以为个人用户、群体用户提供 GIS 的功能。ArcGIS 包含了一系列 GIS 框架，如 ArcGIS Desktop、ArcGIS Engine、ArcSDE、ArcIMS、ArcGIS Server、ArcPad、ArcGIS Online 等。

3. SuperMAP

SuperMAP 是北京超图软件股份有限公司研发的一款国产化的 GIS 软件，是数字中国、企业数字化、数字孪生、智慧城市的重要技术底座。SuperMap GIS 11i（2022）包含云 GIS 服务器、边缘 GIS、服务器端 GIS 等多种软件产品，提供离线部署和在线服务（SuperMap Online）两种交付方式。

4. ZGIS

ZGIS 是武汉智博创享科技股份有限公司研发的一款国产化自主知识产权的专业 GIS 平台，可帮助用户打造一套全新的系统开发模式，提供快速开发和定制企业级的应用系统及解决方案，广泛应用于地质矿产、环保、市政、管网、数字乡村、智慧城市等领域。ZGIS 平台针对不同的用户终端和部署方式提供了多个平台产品，如 ZGIS Desktop（桌面端平台产品）、ZGIS Web（浏览器端平台产品）、ZGIS Mobile（移动端平台产品）、ZGIS Server（服务器端平台产品）、ZGIS 3D（三维 GIS 平台产品）、ZGIS 云端产品、ZGIS CIM 平台产品，以及结合行业应用的 ZGIS 应用平台系列软件，如智慧地质应用平台、智慧环保应用平台、智慧管网应用平台、智慧市政应用平台、智慧城市应用平台等。

ZGIS 专注于行业应用及解决方案，能够为用户提供强大的集成开发框架、丰富多样的功能插件、完整的业务数据模型、精美的软件界面，通过“框架集成插件，插件聚合数据，数据嵌入界面”的方式可便捷地搭建和定制应用系统，降低 GIS 应用系统的开发门槛，减少人力、财力、物力等资源投入，真正做到让用户花费较少的投资，就能取得所期望的效果和回报。

5. MapGIS

MapGIS 是武汉中地数码科技有限公司开发的、应用于地质、国土等领域的国产化 GIS 软件，采用面向服务的设计思想、分布式多层体系结构，实现面向空间实体及其关系的数据组织、高效海量空间数据的存储与索引、大尺度多维动态空间信息数据库、三维实体建模和分析，具有 TB 级空间数据处理能力、可以支持局域网和广域网环境下空间数据的分布式计算、支持分布式空间信息分发与共享、网络化空间信息服务。

6. OpenLayers

OpenLayers 是一个用于开发 WebGIS 客户端的完全免费的开源 JavaScript 包，为互联网客户端提供强大的地图展示功能，包括地图数据显示与相关操作，并具有灵活的扩展机制。目前 OpenLayers 已经成为一个拥有众多开发者和社区的成熟、流行的框架。OpenLayers 支持的地图来源包括谷歌地图、OSM、必应地图、MapBox 等。OpenLayers 可以将以 OGC 服务形式发布的地图数据加载到基于浏览器的 OpenLayers 客户端中进行显示，包括 GeoJSON、TopoJSON、KML、GML、Mapbox 地图矢量切片和其他格式的矢量数据等；支持 WebGL 和 HTML5 的最新功能，可构建轻量级的应用；支持简单的 CSS 样式化地图控件应用，可无缝对接不同级别的 API 或使用第三方库来定制和扩展功能。

在操作方面，OpenLayers 除了可以在浏览器中帮助开发者实现地图浏览的基本操作，如放大、缩小、平移等常用操作，还可以进行输入面、输入线、选择要素、叠加图层等不同的操作，甚至可以对已有的 OpenLayers 操作和数据支持类型进行扩充，为其赋予更多的功能。同时，在 OpenLayers 提供的类库中，Prototype.js 中的部分组件可以为地图浏览操作的客户端增加 Ajax 效果。

7．GeoServer

GeoServer 是 OGC 服务器规范的 J2EE 实现。利用 GeoServer，用户可以方便地发布地图数据，对地图数据进行更新、删除、插入等操作，比较容易地在用户之间迅速共享地理空间信息。GeoServer 兼容 WMS 和 WFS 特性；支持 PostgreSQL、Shapefile、ArcSDE、Oracle、VPF、MySQL、MapInfo 等软件；支持上百种投影；能够将网络地图输出为 JPEG、GIF、PNG、SVG、KML 等格式；能够运行在任何基于 J2EE/Servlet 容器上；嵌入了 MapBuilder，支持 Ajax 的地图客户端 OpenLayers。

GeoServer 可以利用 WMS 把数据作为地图/图像（Maps/Images）来发布，也可以直接利用 WFS 来发布实际的数据，同时也提供了修改、删除和新增等功能。

8．MapServer

MapServer 是一个基于胖服务器/瘦客户端模式的实时地图发布系统，客户端发送数据请求时，服务器实时地处理空间数据，并将生成的数据发送给客户端。MapServer 的核心部分是采用 C 语言编写的地图操作模块，MapServer 本身又依赖于一些开源的或免费的库，如 Shapelib、FreeType、Proj.4、GDAL/OGR。MapServer 利用 GEOS、GDAL/OGR 对多种矢量和栅格数据提供了支持，通过 Proj.4 共享库可以实时地进行投影变换；另外，MapServer 还集成了 PostGIS 和开源数据库 PostgreSQL，可对地理空间数据进行存储和 SQL 查询，并且遵守 OGC 制定的 WMS、WFS、WCS、WMS、SLD、GML 和 Filter Encoding 等一系列规范。

9．PostGIS/PostgreSQL

PostGIS 是一个开源程序，是对象关系型数据库系统 PostgreSQL 的一个扩展，它为对象关系型数据库 PostgreSQL 提供了存储空间地理数据的支持，是目前开源空间信息软件领域中性能最优秀的数据库软件之一。构建在 PostgreSQL 上的空间对象扩展模块 PostGIS，使 PostgreSQL 成为一个真正的大型空间数据库。PostGIS 相当于 Oracle 的 Spatial，提供了丰富的空间信息服务功能，如空间对象、空间索引、空间操作函数和空间操作符，能够进行空间数据管理、测量与几何拓扑分析。PostGIS 遵守 OGC 规范，提供了 OGC 要求的基本要素类（点、线、面、多点、多线、多面等）的 SQL 实现参考。

第 2 章 WebGIS 基础技术

本章主要介绍 WebGIS 基础技术，包括计算机网络基础，TCP/IP 协议，HTTP、HTTPS、WebSocket 协议，WebGIS 架构，Web 服务器，以及 Web 实现方式，并对 Ajax、HTML、CSS、JS、JSON、XML 进行了简要介绍。

2.1 计算机网络基础

2.1.1 计算机网络概述

计算机网络也称计算机通信网，通常的定义是：一些相互连接、以共享资源为目的、自治的计算机集合。从逻辑功能上看，计算机网络是以传输信息为目的，用通信线路将多台计算机连接起来的计算机系统的集合；从用户角度看，计算机网络是一个能自动管理的网络操作系统，由它调用完成用户所需资源。比较通用的定义是：计算机网络是利用通信线路将地理上分散的、具有独立功能的计算机系统和通信设备按不同的形式连接起来，以功能完善的网络软件及协议实现资源共享和信息传输的系统。从整体上来说，计算机网络就是把分布在不同区域的计算机与专门的外部设备通过通信线路连接成一个规模大、功能强的系统，从而使众多的计算机可以方便地互相传递信息，共享硬件、软件、数据信息等资源。

为了使不同厂家生产的计算机能够相互通信，以便在更大的范围内建立计算机网络，国际标准化组织（ISO）在 1978 年提出了开放系统互联（OSI）参考模型（见图 2.1），即著名的 OSI/RM 模型。OSI 参考模型将计算机网络体系结构划分为七层，自下而上依次为物理层、数据链路层、网络层、传输层、会话层、表示层、应用层。其中第四层完成数据传输服务，上面三层面向用户。

（1）物理层（Physical Layer）。物理层为上层提供了一个传输数据的可靠传输介质，确保原始数据可在各种传输介质上传输。物理层有两个重要设备，即中继器和集线器。

（2）数据链路层（Data Link Layer）。数据链路层在物理层的基础上向网络层提供服务，将源自网络层的数据可靠地传输到相邻节点的网络层。为达到这一目的，数据链路必须解决一系列相应的问题：如何将数据组合成数据块，在数据链路层中称这种数据块为帧，帧是数据链路层的传输单位；如何控制帧在物理信道上的传输，包括如何处理传输差错，如何调节发送速率，使发送方与接收方相匹配，以及如何在两个网络实体之间建立、维持和释放数据链路，使数据链路层在不可靠的传输介质上提供可靠的传输服务。数据链路层的作用包括：物理地址寻址、数据的成帧、流量控制、数据的检错、重发等。

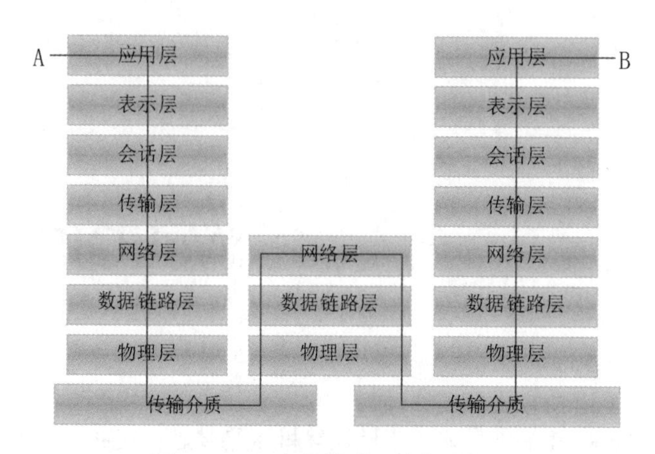

图 2.1 OSI 参考模型及通信示意图

有关数据链路层的重点知识包括：

① 数据链路层为网络层提供可靠的数据传输。

② 基本数据单位为帧。

③ 主要的协议包括以太网协议。

④ 两个重要设备：网桥和交换机。

（3）网络层（Network Layer）。网络层实现了两个端系统之间的数据透明传输，具体功能包括寻址，路由选择，连接的建立、保持和终止等。网络层提供的服务使传输层不需要了解网络中的数据传输技术和数据交换技术。

网络层中涉及众多的协议，其中包括 TCP/IP 的核心协议——IP 协议。IP 协议非常简单，仅仅提供不可靠、无连接的传输服务。IP 协议的主要功能包括无连接数据报传输、数据报路由选择和差错控制。与 IP 协议配套使用、实现其功能的还有地址解析协议（Address Resolution Protocol，ARP）、逆地址解析协议（Reverse Address Resolution Protocol，RARP）、互联网控制报文协议（Internet Control Message Protocol，ICMP）、互联网组管理协议（Internet Group Management Protocol，IGMP）。有关网络层的重点知识包括：

① 网络层负责子网间数据报的路由选择。此外，网络层还可以实现拥塞控制、网际互联等功能。

② 基本数据单位为数据报。

③ 主要的协议包括 IP、ICMP、ARP、RARP。

④ 重要的设备：路由器。

（4）传输层（Transport Layer）。传输层是第一个端到端的层次，即主机到主机的层次。传输层负责将上层数据分段并提供端到端的、可靠的或不可靠的传输。此外，传输层还要处理端到端的差错控制和流量控制问题。

传输层的任务是根据通信子网的特性，最佳地利用网络资源，为两个端系统的会话层提供建立、维护和取消传输连接的服务，负责端到端的数据传输。在传输层中，数据传输的协议数据单元称为数据段或数据报。

网络层负责根据网络地址将源节点发送的数据传输到目的节点，传输层负责将数据传输到相应的端口。

有关网络层的重点知识包括：

① 传输层负责将上层数据分段并提供端到端的、可靠的或不可靠的传输，以及端到端的差错控制和流量控制问题。

② 主要的协议包括 TCP、UDP。

③ 重要的设备：网关。

（5）会话层（Session Layer）。会话层管理主机之间的会话进程，即负责建立、管理、终止进程之间的会话。会话层可以通过在数据中插入校验点来实现数据的同步。

（6）表示层（Presentation Layer）。表示层对上层数据或信息进行变换，以保证一个主机的应用层信息可以被另一个主机的应用程序理解。表示层的数据转换包括数据加密、压缩、格式转换等。

（7）应用层（Application Layer）。为操作系统或网络应用程序提供访问 Web 服务的接口。

会话层、表示层和应用层的重点知识包括：

- 数据传输的基本单位为数据报
- 主要的协议包括 FTP、Telnet、DNS、SMTP、POP3、HTTP。

2.1.2　计算机网络的分类

按照不同的分类标准，计算机网络可分为多种类型。

（1）按是否涉密可分为涉密网和非涉密网。按照一定的应用目标和规则存储、处理、传输国家机密信息的系统或者网络称为涉密信息系统或者涉密网；不允许存储、处理、传输国家机密信息的系统或者网络统称为非涉密信息系统或者非涉密网。

（2）按覆盖区域的不同可分为广域网（WAN）、城域网（MAN）和局域网（LAN）。广域网、城域网和局域网有许多不同的分类方法，主要取决于网络覆盖范围的大小。一般而言，单位网络或覆盖区域小于 10 km 的网络称为局域网，通常采用有线方式连接，局域网结构简单、布线容易。覆盖范围局限在一座城市内或者覆盖范围在 10～100 km 的网络称为城域网；覆盖一省、数省、全国、跨国界、跨洲界，甚至全球范围的网络统称为广域网，广域网的传输速率较低，结构较复杂。但随着广域网技术的发展，广域网的传输速率正在不断提高，目前通过光纤介质，传输速率可达到兆比特每秒，甚至更高。

（3）按应用目标的不同可分为内部网和外部网。与公共网络物理隔离、独立封闭运行的、用于党政机关、企事业单位内部事务信息存储、处理、传输的网络称为内部网或者专网；以协议的方式接入公共网络，用于信息传播、Web 服务、资源共享、商务活动等的网络称为外部网。

就党政机关而言，用于存储、处理、传输涉及国家机密政务信息的网络称为电子政务内网；用于对外信息公开、舆论宣传、政务服务、公民参政议政的网络称为电子政务外网。

（4）按传输介质的不同可分为有线网、无线网、光纤网、卫星网。常用的网络连接介质有双绞线、光纤、Wi-Fi 和卫星，如图 2.2 所示。随着通信技术、信息技术和网络技术的发展，不同网络正在快速融合，特别是电信网、电视网和互联网，三网融合后，有线传输介质和无线传输介质在网络中被广泛交互使用，已经很难用有线网还是无线网来定义一个网络了。

（5）按交换方式的不同可分为线路交换网络、报文交换网络和分组交换网络。线路交换网络最早出现在电话系统中，早期的计算机网络就是采用该方式来传输数据的，数字信号转换为模拟信号后才能在线路上传输。

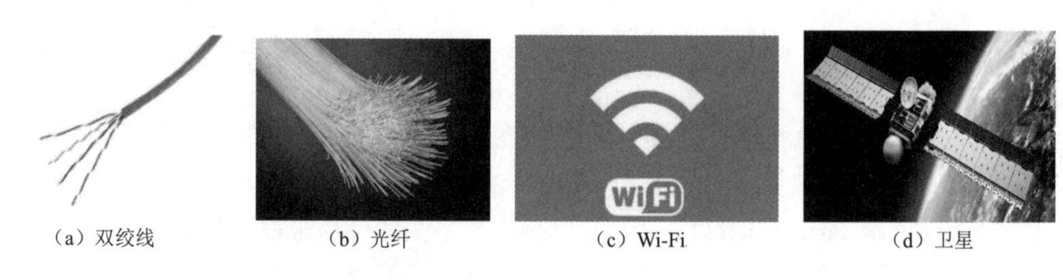

（a）双绞线 （b）光纤 （c）Wi-Fi （d）卫星

图 2.2 双绞线、光纤、Wi-Fi 和卫星

报文交换网络是一种数字化网络。当通信开始时，源节点发出的报文被存储在交换器中，交换器根据报文的目的地址选择合适的路径发送报文，这种方式称为存储-转发方式。

分组交换网络也采用报文传输，但它不是以不定长的报文作为传输基本单位的，而是将一个长报文划分为许多定长的报文分组，以分组作为传输基本单位。这不仅简化了对计算机存储器的管理，也加速了信息在网络中的传输速率。由于分组交换优于线路交换和报文交换，具有许多优点，因此已成为计算机网络的主流。

（6）按拓扑结构的不同可分为星状网络、树状网络、总线状网络、环状网络和网状网络。在星状拓扑结构（见图 2.3）中，网络的各节点通过点到点的方式连接到一个中央节点（又称为中央转接站，一般是集线器或交换机），由中央节点向目的节点传输信息，在星状网中，任何两个节点要进行通信都必须经过中央节点。

环状拓扑结构（见图 2.4）是一个像环一样的闭合链路，它由许多中继器和通过中继器连接到链路上的节点连接而成。在环状网络中，所有的通信共享一条物理通道，该通道连接了网络中所有的节点。

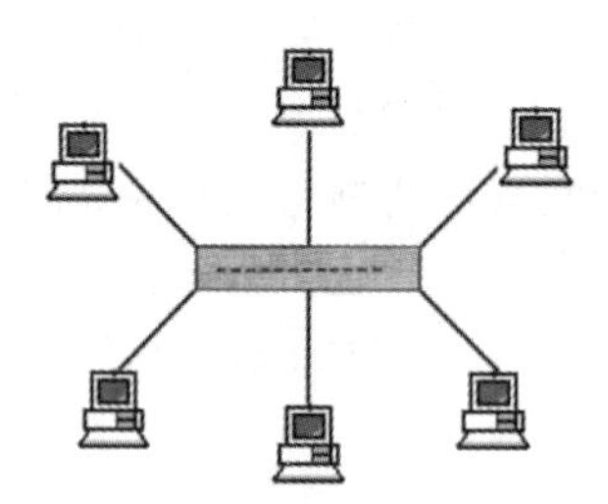

图 2.3 星状拓扑结构

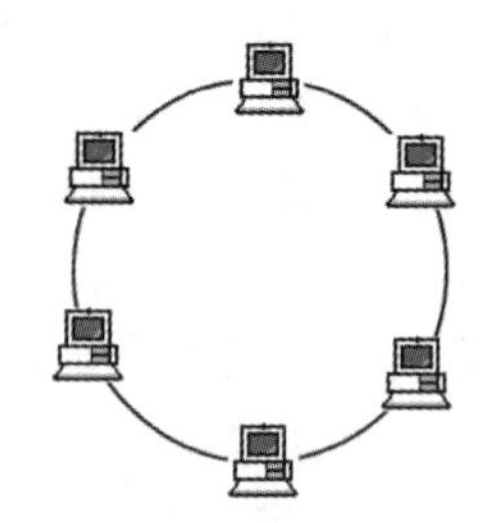

图 2.4 环状拓扑结构

总线状拓扑结构（见图 2.5）是指将网络中的各个节点用一根总线（如同轴电缆）挂接起来，实现计算机网络的功能。使用总线状拓扑需要确保端用户使用传输介质发送数据时不能出现冲突。

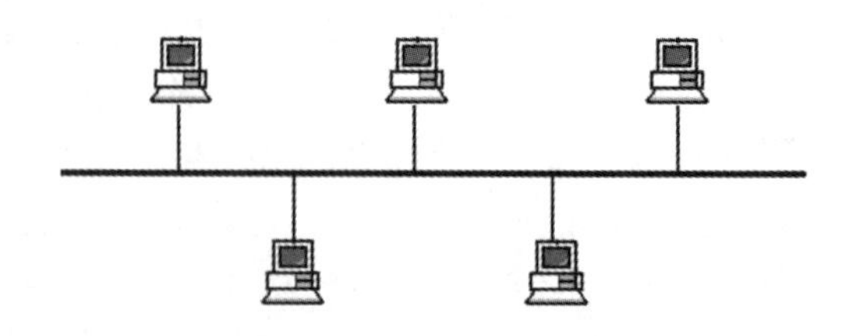

图 2.5 总线状拓扑结构

树状拓扑结构（见图 2.6）是从总线状拓扑结构演变而来的，该结构的形状像一棵倒置的树，顶端是树根，树根以下带分支，每个分支还可再带子分支，一般一个分支和节点的故

障不会影响另一分支和节点的工作，任何一个节点发送的信息都可以传遍整个网络。树状拓扑结构具有较强的可折叠性，非常适用于构建网络主干，还能够有效地保护布线投资。

网状拓扑结构（见图 2.7）是指各节点通过传输介质连接起来，并且每一个节点至少与其他两个节点相连。

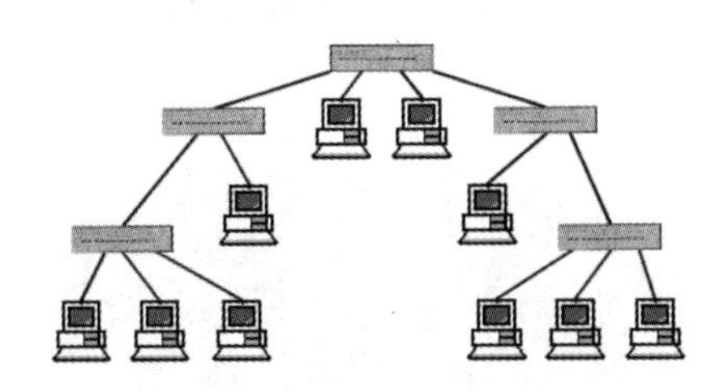

图 2.6　树状拓扑结构

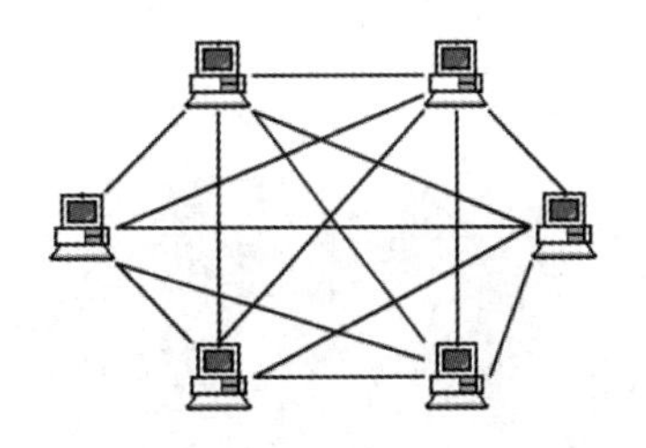

图 2.7　网状拓扑结构

2.1.3　基本的网络互联设备

为了在更大范围内实现相互通信和资源共享，网络互联成为一种信息快速传输的最好方式。网络在互联时，必须解决如下问题：在物理上如何把两种网络连接起来、一种网络如何与另一种网络实现互访与通信、如何解决两个网络之间的协议差别、如何处理传输速率与带宽的差别等。为了解决这些问题，就需要具有协调转换机制的部件，如中继器、网桥、路由器、接入设备和网关等。基本的网络互联设备如表 2.1 所示。

表 2.1　基本的网络互联设备

互联设备	工作层次	主要功能
中继器	物理层	对接收到的信号进行再生和发送，起到增加传输距离的作用。对高层协议来说中继器是透明的，中继器的使用个数有限
集线器	物理层	多端口中继器
网桥	数据链路层	根据帧的物理地址对其在网络间进行转发，可缓解网络通信的繁忙度，提高效率。网桥具有存储和转发功能，可使其用于连接使用不同 MAC 协议的两个局域网，不同的局域网连接在一起可形成混合的网络环境
二层交换机	数据链路层	传统的交换机，多端口网桥
三层交换机	网络层	带路由功能的二层交换机
路由器	网络层	通过逻辑地址在网络之间转发信息，可实现异构网络之间的互联互通，只能连接使用相同网络协议的子网
多层交换机	高层（第 4～7 层）	带协议转换的交换机
网关	高层（第 4～7 层）	最复杂的网络互联设备，用于连接网络层以上的采用不同协议的子网

1．中继器（Repeater）

中继器（见图 2.8）是最简单的网络互联设备，主要完成物理层的功能，负责在两个节点的物理层上按位传输信息，完成信号的复制、调整和放大等功能，以此来增加传输距离。中继器可以理解为简单的信号放大器，信号在传输的过程中会衰减，中继器的作用就是将信号放大，使信号能传输更远的距离。

2．集线器（Hub）

集线器（见图 2.9）是中继器的一种形式。集线器能够提供多端口服务，也称为多端口中继器。集线器工作在 OSI 参考模型中的物理层，把每个输入端口的信号放大后再转发出去。集线器可以实现多台计算机之间的互联，因为它有很多的端口，所以每个端口都能连一台计算机。

图 2.8　中继器

图 2.9　集线器

3．网桥（Bridge）

网桥（见图 2.10）是连接两个局域网的桥梁。网桥是工作在数据链路层的设备，其作用是扩展网络和通信手段，在各种传输介质中转发数据信号，增大传输距离；还可以有选择性地将现有地址的信号从一种传输介质发送到另一种传输介质，并能有效地限制两种传输介质系统中无关紧要的通信。网桥可以看成"低层的路由器"。

4．交换机（Switch）

交换机（见图 2.11）工作在数据链路层或网络层，可以理解为"高级的网桥"。交换机和网桥的不同之处在于，交换机常常用来连接独立的计算机，而网桥连接的对象是局域网，所以交换机的端口比网桥多。简单来说，交换机是使用硬件来完成信息的过滤、学习和转发过程的。交换机的速度比集线器快，这是由于交换机能分辨数据帧中的源地址（MAC 地址）和目的地址，使数据帧直接由源地址到达目的地址。交换机还可以把网络拆解成网络分支，分割网络数据流，隔离分支中发生的故障，减少每个网络分支的数据流量，提高整个网络的效率。

图 2.10　网桥

图 2.11　交换机

5．路由器（Router）

路由器（见图 2.12）工作在网络层，其主要工作是为经过路由器的 IP 数据报寻找一条最佳传输路径，并将该数据报有效地传输到目的节点。与在物理上划分网段的交换机不同，路由器使用专门的软件协议从逻辑上对整个网络进行划分。例如，TCP/IP 网络中的 IP 地址是与硬件地址无关的“逻辑”地址。目前，TCP/IP 网络是通过路由器连接起来的，互联网就是成千上万个 IP 子网通过路由器连接起来的国际性网络。

图 2.12　路由器

6．网关（Gateway）

网关又称为网间连接器、协议转换器，通过字面意思可将网关看成网络的关口。从技术角度来解释，网关就是连接两个不同网络的接口，如局域网中的共享上网服务器就是局域网和广域网的接口。

网关在网络层以上实现网络的互联，是最复杂的网络互联设备，仅用于两个高层协议不同的网络互联。网关既可以用于广域网的互联，也可以用于局域网的互联。在不同通信协议、数据格式、语言或体系结构的两种网络之间，网关是一个翻译器。与网桥只是简单地传输数据不同，网关会对接收到的数据重新打包，以满足目的系统的需求。

2.2 TCP/IP 协议

TCP/IP 协议是互联网最基本的协议，是互联网的基础，由网络层的 IP 协议和传输层的 TCP 协议组成。TCP 协议负责发现传输的问题，一旦有问题就发出信号，要求重新传输，直到所有数据都被安全正确地传输到目的节点为止。IP 协议的作用就是为互联网中每台联网设备规定一个地址。

网络层（IP 协议属于网络层协议）接收底层（网络接口层，如以太网设备驱动程序）发来的数据报，并把该数据报发送到更高层——传输层（TCP 或 UDP 属于传输层协议），网络层把从传输层接收到的数据传输到底层。IP 数据报是不可靠的，因为 IP 协议并没有做任何事情来确认数据报是否按顺序发送的或者有没有被破坏，IP 数据报中包含了发送该数据包的主机地址（源地址）和接收它的主机地址（目的地址）。

TCP 协议是面向连接的通信协议，通过三次握手建立连接，通信完成后要拆除连接。由于 TCP 协议是面向连接的，所以只能用于端到端的通信。TCP 协议提供的是一种可靠的数据流服务，采用带重传的确认技术来实现传输的可靠性。TCP 协议还采用滑动窗口的方式进行流量控制，所谓窗口，表示实际的接收能力，用于限制发送方的发送速率。

2.2.1　TCP/IP 模型

常见的 TCP/IP 模型有四层和五层之分，它们和 OSI 参考模型的对应关系如图 2.13 所示。

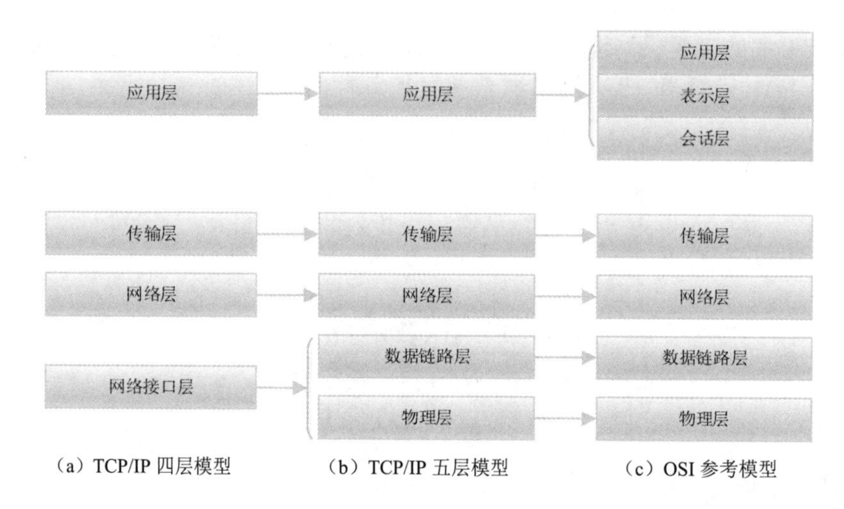

图 2.13 TCP/IP 四层模型、TCP/IP 五层模型以及它们与 OSI 参考模型的对应关系

TCP/IP 四层模型包括应用层、传输层、网络层和网络接口层（即主机-网络层）。

（1）应用层。应用层对应于 OSI 参考模型的高层（第 5～7 层），为用户提供了各种服务，如 FTP、Telnet、DNS、SMTP 等。

（2）传输层。传输层对应于 OSI 参考模型的传输层，为应用层提供端到端的通信功能，保证了数据报的传输顺序及数据的完整性。该层有两个主要的协议，即 TCP 和 UDP。TCP 协议提供的是一种可靠的、通过三次握手来建立连接的数据传输服务；UDP 协议提供的是不保证可靠的（并不是不可靠）、无连接的数据传输服务。

（3）网络层（网际互联层）。网络层对应于 OSI 参考模型的网络层，主要解决主机到主机的通信问题。网络层包含的协议涉及数据报在整个网络上的逻辑传输，可以重新赋予主机一个 IP 地址来完成对主机的寻址，还负责数据报在多种网络中的路由。网络层有三个主要协议，即 IP、IGMP 和 ICMP。IP 协议是网络层最重要的协议，它提供的是一个可靠、无连接的数据传输服务。

（4）网络接口层（主机-网络层）。网络接口层与 OSI 参考模型中的物理层和数据链路层相对应，负责监视数据在主机和网络之间的交换。事实上，TCP/IP 模型本身并未定义网络接口层的协议，参与互联的各网络使用自己的物理层和数据链路层协议与 TCP/IP 模型的网络接口层进行连接。

2.2.2 IP 地址的原理

1. IP 地址的概念

互联网中的每台计算机和其他设备都有唯一的地址，即 IP 地址。正是因为这种唯一的地址，才保证了用户在联网的计算机上进行操作时，能够高效且方便地从千千万万台计算机中选出自己所需的对象。

IP 地址就像我们的家庭住址一样，如果你要给一个人写信，就要知道这个人的地址，这样邮递员才能把信送到。计算机发送信息就好比邮递员，它必须知道唯一的“家庭地址”才能把信送到“家”。不过我们的家庭地址是用文字来表示的，互联网中的计算机地址是用二进制数表示的。

2．IPv4 地址

IPv4 地址的概念是在 20 世纪 80 年代初期提出的，即使现在有了 IPv6 地址，IPv4 地址仍然是互联网用户使用最广泛的地址。通常，IPv4 地址是一个 32 位的二进制数，被分割为 4 个 8 位二进制数（也就是 4 B）表示的字段。IPv4 地址用点分十进制整数表示成“*a.b.c.d*”的形式，其中 *a*、*b*、*c*、*d* 是 0～255 之间的十进制整数。

例如，32 位的二进制数表示的 IP 地址“01100100.00000100.00000101.00000110”，对应的十进制数表示的 IP 地址是“100.4.5.6”。

3．IPv4 地址的分类

IPv4 地址由两部分组成，即网络地址（网络号）和主机地址（主机号），即

IPv4 地址：：={<网络号>，<主机号>}

网络号表示属于互联网的逻辑网络，主机号表示网络中的具体主机。根据网络号和主机号可将 IPv4 地址分为 A、B、C 三类常规地址，以及 D、E 两类特殊地址，如图 2.14 所示。

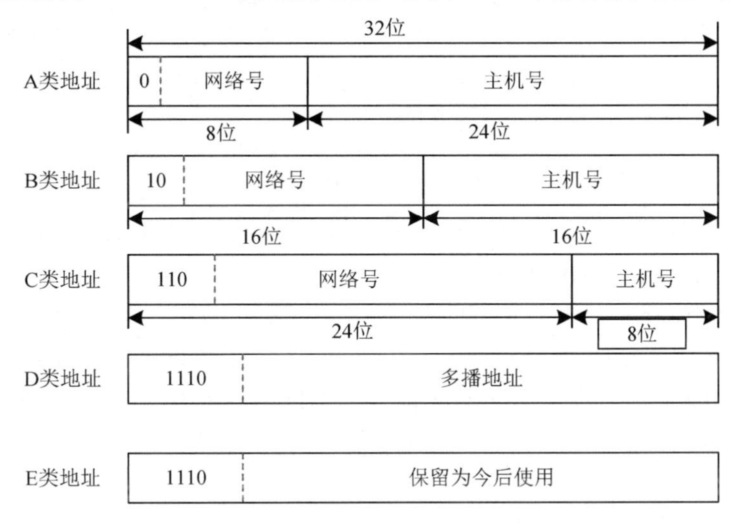

图 2.14　IPv4 地址的分类

IPv4 地址可大致分为以下五类：

（1）A 类地址。IPv4 地址的范围为 1.0.0.1～127.255.255.254，一般用于大型网络。对于 A 类地址来说，第一个字段表示网络号，其后三个字段表示主机号，因此 A 类地址可分配的网络数非常少，只有 126 个；每个网络可以分配的主机数非常多，有 16777214 个。

（2）B 类地址。IPv4 地址的范围为 128.0.0.1～191.255.255.254，一般用于中等规模网络。B 类地址的前两个字段表示网络号，后两个字段表示主机号。B 类地址可以分配 16384 个网络，每个网络可以分配 65534 个主机。

（3）C 类地址。IPv4 地址的范围为 192.0.0.1～223.255.255.254，一般用于小型网络。C 类地址中前三个字段表示网络号，最后一个字段表示主机号，因此其可以分配的网络数为 2097152 个，每个网络可以分配 254 台主机。

（4）D 类地址。IPv4 地址的范围为 224.0.0.0～239.255.255.255。D 类地址为组播地址，一般用于多路广播用户。

（5）E 类地址。IPv4 地址的范围为 240.0.0.0～255.255.255.255。E 类为保留地址，留待

特殊用途。

除了上面提到的 IPv4 地址，还有一些特殊的 IPv4 地址，如 0.0.0.0 对应当前主机，255.255.255.255 是当前子网的广播地址，127.0.0.1～127.255.255.255.255 都是用来做回路测试的，127.0.0.1 也可以代表本机 IP 地址。

4. IPv6 地址

IPv4 采用 32 位的地址长度，有大约 43 亿个地址。2011 年，互联网编号分配机构（Internet Assigned Numbers Authority，IANA）分发了 IPv4 地址空间的最后一块。2015 年，IANA 正式宣布美国已用完 IPv4 地址。IPv6 地址并不是一种全新的技术，它是 IP 协议的最新版本，旨在替换 IPv4 地址。

IPv6 地址采用十六进制数表示，共 128 位，由 64 位的网络号和 64 位主机号组成。其中，64 位的网络号又分为 48 位的全球网络标识符和 16 位的本地子网标识符，如图 2.15 所示。

图 2.15 IPv6 地址组成

IPv6 地址最终的显示结果分为 8 组，每组 16 位，每组表示 4 个十六进制数，各组之间用“:”号隔开，如“0:0:0:0:0:0:0:0”。

在 IPv6 地址中，有时会出现连续的几组 0，为了简化书写，这些 0 可以用“::”代替，但一个地址中只能出现一次“::”。例如，IPv6 地址“1080:0:0:0:8:800:200C:417A”，可以写成“1080::8:800:200C:417A”；IPv6 地址“FF01:0:0:101:0:0:1:101”，可以写成“FF01::101:0:0:1:101”或“FF01:0:0:101::1:101”；IPv6 地址“0:0:0:0:0:0:0:1”可以写成“::1”。

在某些情况下，IPv4 地址需要包含在 IPv6 地址中，这时 IPv6 地址的最后两组用现在习惯使用的 IPv4 地址的十进制表示法，前 6 组用 IPv6 表示。例如，将 IPv4 地址“61.1.133.1”包含在 IPv6 地址中，可以写成“0:0:0:0:0:0:61.1.133.1”或者“::61.1.133.1”。

5. IPv6 地址的特点

（1）更大的地址空间。IPv6 地址长度为 128 位（16 B），即有 $2^{128}-1$（3.4E+38）个地址，IPv6 地址空间是 IPv4 地址空间的 2^{96} 倍。

（2）简化的报头和灵活的扩展性。IPv6 对数据报头做了简化，将其基本报头长度固定为 40 B，减少了处理器开销并节省了网络带宽。此外，IPv6 定义了多种扩展报头，使得 IPv6 极其灵活，能够对多种应用提供强大的支持，同时也为以后支持新应用提供了可能。

（3）层次化的地址结构。IPv6 地址空间按照不同的地址前缀来划分，采用层次化的地址结构，利于骨干网路由器对数据报进行快速转发。IPv6 定义了 3 种不同的地址类型：单点传输地址、多点传输地址和任意点传输地址。

（4）即插即用的联网方式。IPv6 地址允许主机发现自身地址并自动完成地址更改，这种机制既不需要用户花精力进行地址设定，又可以减轻网络管理者的负担。IPv6 地址有两种自动设定功能，一种是和 IPv4 地址自动设定功能相同的全状态自动设定功能；另一种是无状态自动设定功能。

（5）网络层的认证与加密。IP 安全协议（IPSec）是 IPv4 的一个可选扩展协议，是 IPv6 的必要组成部分，主要功能是在网络层对数据分组提供加密和鉴别等安全服务。IPSec 提供了认证和加密两种安全机制。

认证机制：使 IP 通信的数据接收方能够确认数据发送方的真实身份，以及数据在传输过程中是否遭到改动。

加密机制：通过对数据进行编码来保证数据的机密性，防止数据在传输过程中被他人截获而失密。

（6）服务质量的满足。服务质量（QoS）通常是指通信网络在承载业务时为业务提供的品质保证。基于 IPv4 的网络在设计之初，只有一种简单的服务质量，即采用尽最大努力传输。随着网络上多媒体业务的增加（如 IP 电话、VOD、电视会议），这些业务对传输时延和时延抖动有严格的要求，因此对服务质量的要求也就越来越高。

IPv6 数据报包含一个 8 位的业务流和一个 20 位的流标签，允许发送业务流的源节点和转发业务流的路由器在数据报上添加标记，中间节点在接收到数据报后，通过验证它的流标签，就可以判断该数据报属于哪个流，就可以知道数据报的 QoS 需求，并进行快速的转发。

（7）对移动通信的支持更好。移动通信与互联网的结合是网络发展的大趋势之一。移动互联网已成为我们日常生活的一部分，改变着我们生活的方方面面。IPv6 为用户提供了可移动的 IP 数据服务，让用户可以在世界各地都使用同样的 IPv6 地址，非常适合无线上网。

2.2.3　IP 端口

IP 地址解决了在网络通信时网络中的主机定位问题，但数据报在传输到目的主机时，主机上的进程可能会有很多，这就需要端口号来标识不同的进程。在网络通信中，IP 地址用于标识主机网络地址，端口号用于标识主机中发送数据、接收数据的进程。简单来说，端口号用于定位主机中的进程。

类似我们在发送快递时，不仅需要指定收货地址（IP 地址），还需要指定收货人（端口号）。端口号的范围是 0～65535，在网络通信中，进程可以通过绑定一个端口号来发送和接收数据，因此两个不同的进程不能绑定同一个端口号，但一个进程可以绑定多个端口号。

端口可分为 3 大类。

1．公认端口（Well Known Ports）

公认端口号的范围是 0～1023，用于“紧密”绑定一些服务。通常，公认端口的通信明确表明了某种服务的协议。例如：

22 端口：预留给 SSH 服务器绑定 SSH 协议。

21 端口：预留给 FTP 服务器绑定 FTP。

23 端口：预留给 Telnet 服务器绑定 Telnet 协议。

80 端口：预留给 HTTP 服务器绑定 HTTP。

443 端口：预留给 HTTPS 服务器绑定 HTTPS。

2．注册端口（Registered Ports）

注册端口号的范围是 1024～49151，用于“松散”绑定一些服务。也就是说，很多服务都可以绑定到这些端口，但这些端口也可以用于其他目的。

3．动态和/或私有端口（Dynamic and/or Private Ports）

动态和/或私有端口号的范围是 49152～65535。理论上讲，不应为服务分配这些端口。实际上系统通常是从 1024 开始分配动态端口号的，但也有例外，如 SUN 系统的 RPC 端口号是 32768 开始的。

2.2.4 域名系统

IP 地址对于计算机来说容易记忆和识别，但对于人来说却难以记忆。域名系统（Domain Name System，DNS）的作用是将人们可以记忆的主机名与计算机可以记忆的 IP 地址关联在一起，通过一个域名对应多个 IP 地址，可以实现 DNS 的负载均衡。

1．域名分类

域名可分为不同级别，包括顶级域名、二级域名等，由两个或两个以上的词构成，中间由点号分隔开，最右边的词称为顶级域名。例如，在域名“www.whzbcx.com.cn”中，“.cn”表示顶级域名，“.com”表示二级域名，“whzbcx”表示三级域名，“www”表示主机名。

顶级域名又分为两类：一是国家顶级域名，如今 200 多个国家都按照 ISO 3166 中的国家代码（Country Code）分配了顶级域名。国家顶级域名由两个字母组成，如.cn、.uk、.de 和.jp。常用的国家顶级域名如表 2.2 所示。

表 2.2 常用的国家顶级域名

国家名称	国家域名	国家名称	国家域名
美国	.us	西班牙	.es
中国	.cn	意大利	.it
英国	.uk	日本	.jp
法国	.fr	俄罗斯	.ru
德国	.de	瑞典	.se
加拿大	.ca	挪威	.no
澳大利亚	.au	韩国	.kr

二是国际顶级域名，如.com、.net、.org。常用的国际顶级域名如表 2.3 所示。

表 2.3 常用的国际顶级域名

国际顶级域名	说明
.com	商业组织（Commercial Organization）、公司
.org	非营利组织
.gov	政府部门
.edu	教育机构
.net	Web 服务商
.int	国际组织

二级域名是指顶级域名之下的域名。在国际顶级域名下，二级域名是指域名注册人的网

上名称，例如 IBM、Microsoft 等；在国家顶级域名下，二级域名是指注册企业类别的符号，如 com、edu、gov、net 等。我国的二级域名又分为类别域名和行政区域名两类。类别域名共 6 个，包括 ac（用于科研机构）、com、edu、gov、net、org；行政区域名共 34 个，分别对应我国各省、自治区和直辖市。

三级域名用字母（如 A～Z、a～z）、数字（0～9）和连接符（-）组成，各级域名之间用实点（.）连接，三级域名的长度不能超过 20 个字符。

2. 域名解析

域名系统是为了方便记忆而专门建立的一套地址转换系统。要访问一台服务器，最终还必须通过 IP 地址来实现。域名解析就是指将域名重新转换为 IP 地址的过程，需要由专门的域名服务器来完成。域名服务器分布在互联网的各子网中，每个域名服务器负责管理连接到本子网的所有主机，并为其提供服务。

当一个主机域名转换为 IP 地址时，就需要调用域名解析函数，域名解析函数将待转换的域名放在 DNS 请求中，以 UDP 报文方式发给本地的域名服务器。本地的域名服务器查到域名后，将对应的 IP 地址放在返回的应答报文中。同时，域名服务器还必须具有连接其他服务器的信息，以便在不能解析域名时转发域名。若域名服务器不能响应该请求，则域名服务器就暂时变成 DNS 中的另一个客户，向根域名服务器发出域名解析请求，根域名服务器查找下面所有的二级域名的域名服务器，以此类推，一直向下解析，直到查询到所请求的域名为止。域名解析的过程如图 2.16 所示。

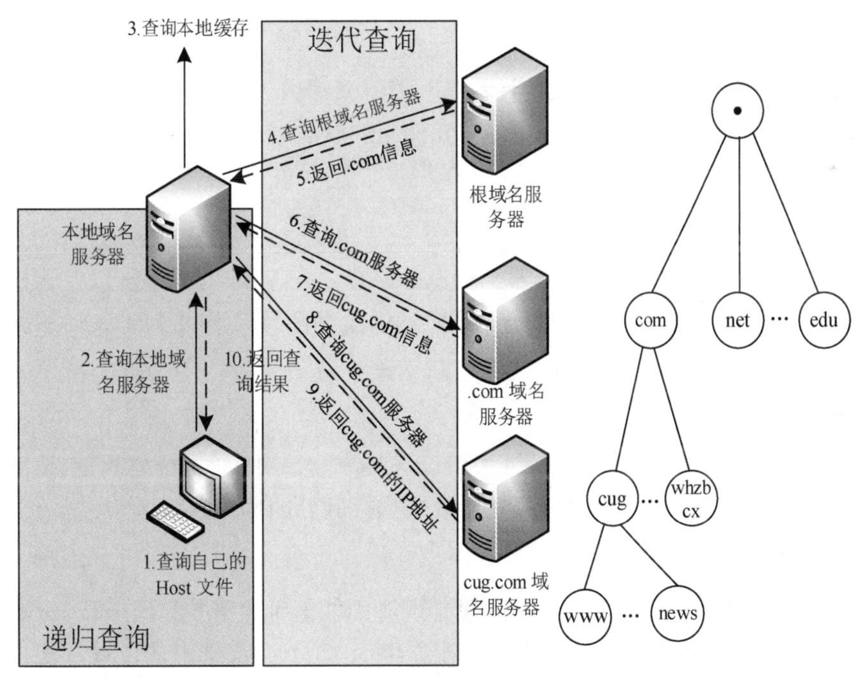

图 2.16 域名解析的过程

2.2.5 URL

互联网上的每一个网页都具有唯一的名称标识，通常称为统一资源定位符（Uniform

Resource Locator，URL）。URL 是互联网上标准资源地址，即网址。

URL 由三部分组成：资源类型、存放资源的主机域名、资源文件名。

URL 的一般语法格式为：

```
协议://IP 地址（域名）:端口号/路径?参数#信息片段
```

例如，http://www.whzbcx.com:80/path，其中 http 为传输协议；www.whzbcx.com 为域名；/path 为路径。为了形象地理解 URL，可以将协议看成要使用的邮政服务，将域名看成城市或者城镇，将端口号看成邮政编码，将路径看成收件人所在的大楼，将参数看成额外的信息，如大楼所在单元，将信息片段看成描述信息，如收件人。

一个 URL 由不同的部分组成，其中一些是必需的，而另一些是可选的。让我们以下面的 URL 为例看看其中最重要的组成部分：

http://www.whzbcx.com/news/shownews.php?id=94#DocLoc

1．协议

http 是协议，表示浏览器必须使用哪种协议，通常是 HTTP 或是 HTTP 的安全版，即 HTTPS，也支持其他协议，如 FTP 等。

2．域名

www.whzbcx.com 是域名，表示正在请求哪个 Web 服务器，也可以直接使用 IP 地址，但由于 IP 地址的可读性较差，因此很少在公共网络上使用。

3．端口号

80 是端口号，表示用于访问 Web 服务器上的资源端口。Web 服务器使用 HTTP 的标准端口（HTTP 使用的默认端口号为 80，HTTPS 使用的默认端口号为 443，默认端口号可以省略不写）来授予其资源的访问权限。

4．路径

/news/shownews.php 是 Web 服务器上资源的路径。在 Web 的早期阶段，这样的路径表示 Web 服务器上的物理文件位置。现在，路径是由没有任何物理实体的 Web 服务器处理而形成的。

5．参数

? id=94 是提供给 Web 服务器的额外参数。这些参数是用&符号分隔的键-值对列表。在返回资源之前，Web 服务器可以使用这些参数来执行额外的操作。

6．信息片段

#DocLoc 是资源的信息片段。信息片段是资源中的一种“书签”，告诉浏览器显示位于该位置的内容。例如，在 HTML 文档上，浏览器将滚动到定义锚点的位置；在视频或音频文档上，浏览器将尝试转到锚点表示的时间。需要注意的是，#后面的部分（也称为片段标识符）是不会被发送到请求的服务器上的。

2.3 HTTP、HTTPS、WebSocket

2.3.1　HTTP

HTTP 是互联网上应用最为广泛的协议之一，所有的 WWW 文件都遵守这个协议。

1. HTTP 的主要特点

（1）支持客户端/服务器模式。

（2）简单快速：当客户端向服务器请求服务时，只需要传输请求的方法和路径。常用的请求方法有 GET、POST、HEAD、PUT、DELETE 等，每种方法都规定了客户端与服务器的通信类型。由于 HTTP 比较简单，使得 HTTP 服务器的程序规模很小，因而通信速率很快。

（3）灵活：HTTP 允许传输任意类型的数据。传输的数据类型由 Content-Type 加以标记。

（4）无连接：无连接的含义是限制每次连接只处理一个请求。服务器处理完客户端的请求并收到客户端的应答后，就断开连接，采用这种方式可以节省传输时间。通过设置 Keep-Alive 模式，可以保持 TCP 连接，这样可避免在客户端向服务器发送后续请求时重新建立连接。

（5）无状态：HTTP 是无状态协议。无状态是指协议对事务处理而言是没有记忆能力的。缺少状态意味着当后续处理需要前面的信息时，必须重传信息，这样可能会导致每次连接的数据传输量增大。

（6）明文传输：HTTP 不支持加密处理，所以在安全性方面存在隐患。目前解决安全问题的方法是使用 HTTPS。

2. HTTP 请求

HTTP 常用于请求和响应的过程。Request 表示用户通过浏览器向服务器发起请求，Response 表示服务器对用户请求的资源数据进行响应。HTTP 请求和响应过程如图 2.17 所示。

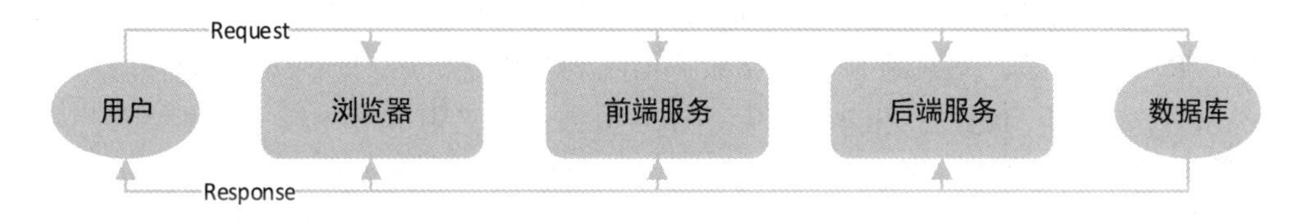

图 2.17　HTTP 请求和响应过程

根据 HTTP，HTTP 请求可以使用多种请求方法。HTTP 1.0 定义了 3 种请求方法，即 GET、POST 和 HEAD；HTTP 1.1 新增了 6 种请求方法，即 OPTIONS、PUT、PATCH、DELETE、TRACE 和 CONNECT。

（1）GET 方法：获取资源，本质上是发送一个请求来取得服务器上的资源，资源通过一组 HTTP 头和呈现数据（如 HTML 文本、图片或视频等）返回给客户端。GET 方法不会包含呈现数据，即 GET 方法只用从向服务器获取资源，而 GET 方法本身不应该携带任何呈现数据。

（2）POST 方法：传输实体文本，向指定资源提交数据处理请求（如提交表单或者上传文件）。数据包含在 POST 方法的请求体中，POST 方法可能会建立新的资源或修改已有的资源。

在 HTTP 中，POST 与 GET 的区别如下：

① GET 方法从服务器上获取数据，POST 方法向服务器传送数据。

② GET 方法把参数队列添加到提交表单 Action 属性所指向的 URL 中，值和表单内的各个字段一一对应，在 URL 中可以看到。

③ GET 方法传输的数据量较小，不能大于 2 KB；POST 方法传输的数据量较大，在默认情况下是不受限制的。

④ 根据 HTTP，GET 方法用于获取信息，是安全的和幂等的。所谓安全，意味着该操作用于获取信息而非修改信息，不会影响资源的状态；幂等意味着对同一 URL 的多个请求，应该返回相同的结果。

（3）HEAD 方法：用于获得资源的首部（报头），类似于 GET 方法，只不过返回的响应中没有具体的内容。要想判断某个资源是否存在，通常使用 GET 方法，但使用 HEAD 方法的意义更加明确。

（4）OPTIONS 方法：询问支持的方法，客户端询问服务器可以提交哪些请求方法，用于获取当前 URL 所支持的方法。若请求成功，则会在 HTTP 头中包含一个名为“Allow”的头，表示所支持的方法，如“GET，POST”。在实际中很少使用 OPTIONS 方法。

（5）PUT 方法：传输文件，从客户端向服务器传输的数据可以取代指定的文档内容，即指定上传资源存放路径。该方法比较少用，HTML 表单也不支持该方法。从本质上来讲，PUT 方法和 POST 方法极为相似，都是用来向服务器发送数据的，但它们之间有一个重要区别，即 PUT 方法通常指定了资源的存放位置，POST 方法则没有指定，POST 方法中的数据存放位置由服务器决定。

（6）PATCH 方法：局部更新文件，是对 PUT 方法的补充，用来对已知资源进行局部更新。该方法极少使用。

（7）DELETE 方法：删除资源，请求服务器删除指定的资源。例如，Amazon 的 S3 云服务就是使用 DELETE 方法来删除资源的。该方法很少使用。

（8）TRACE 方法：追踪路径，回显服务器收到的请求，客户端可以对请求消息的传输路径进行追踪。通过 TRACE 方法，可以让 Web 服务器将之前的请求通信返回给客户端。该方法主要用于测试或诊断，极少使用。

（9）CONNECT：用于建立隧道（Tunnel）连接，HTTP 1.1 将该方法预留给能够将连接改为隧道方式的代理服务器。CONNECT 方法可在与代理服务器通信时建立隧道，利用隧道协议进行 TCP 通信，即使用安全套接层（Secure Socket Layer，SSL）和传输层安全（Transport Layer Security，TLS）协议对数据加密后经隧道传输。该方法极少使用。

2.3.2 HTTPS

HTTPS 是一种通过计算机网络进行安全通信的传输协议，使用 HTTP 传输数据，使用 SSL 和 TLS 协议对数据进行加密。HTTPS 的主要作用是对服务器的身份进行认证，同时保护数据的隐私性与完整性。

HTTPS 之所以是安全的通信协议，是因为它在 HTTP 中加入了 SSL。该协议可提供三层防护：

（1）加密：对交换数据进行加密，避免他人窥视。这意味着用户在与网站进行数据传输时，第三方是无法跟踪及窃取其中的数据的。

（2）数据完整性：保证数据的完整性。在数据传输期间，第三方无法通过任何工具检测或篡改已受保护的数据。

（3）身份验证：用户可对网站的真实性进行验证，帮助用户验证网站的真实身份，免受中间的攻击或误入钓鱼网站，建立用户对网站真实性的信任。

HTTPS 和 HTTP 的区别如下：

（1）传输数据的安全性不同。HTTP 是超文本传输协议，数据是明文传输的，一旦攻击者截取了 Web 浏览器和服务器之间传输的数据，就可以直接读懂其中的信息。HTTPS 是具有安全性的传输协议，可对 Web 浏览器和服务器之间传输的数据进行加密，确保数据传输的安全性。

（2）连接方式不同。HTTP 的连接很简单，是无状态的。HTTPS 是由 SSL+HTTP 构建的可进行加密传输、身份认证的协议。

（3）端口号不同。HTTP 使用的默认端口号是 80。HTTPS 使用的默认端口号是 443。

（4）证书申请方式不同。HTTP 无须申请证书。HTTPS 需要到 CA（证书颁发机构）申请证书，但免费证书往往很少，需要交费。

2.3.3 WebSocket

HTTP 是一种无状态、无连接、单向的应用层协议，采用的是请求/响应模型。通信请求只能由客户端发起，服务器对请求做出应答处理。HTTP 无法实现服务器主动向客户端发送信息。这种单向请求的特点，注定了如果服务器有连续的状态变化，客户端很难获知服务器的状态变化。大多数 Web 应用程序将通过频繁的异步请求来实现轮询，但轮询的效率低，非常浪费资源。

针对 HTTP 存在的问题，WebSocket 协议应运而生。WebSocket 协议允许客户端和服务器之间进行全双工通信，以便任意一端都可以通过建立的连接将数据发送到对端。WebSocket 协议在建立连接后可以一直保持连接状态，相比于轮询方式的不停建立连接，显然效率得到了很大的提高。HTTP/HTTPS 与 WebSocket 协议的通信过程对比如图 2.18 所示。

WebSocket 协议的特点如下：

（1）能够保持连接状态。与 HTTP/HTTPS 不同的是，WebSocket 协议是一种有状态的协议，在建立连接后，通信可以省略部分状态信息；而 HTTP 需要每个请求都携带状态信息（如身份认证等）。

（2）能够更好地支持二进制数据。WebSocket 协议定义了二进制的数据帧，相对于 HTTP，WebSocket 协议可以更轻松地处理二进制数据。

（3）支持用户扩展。WebSocket 协议支持用户扩展，用户可以扩展该协议，实现部分自定义的子协议，如部分浏览器支持压缩等。

（4）有更好的压缩效果。相对于 HTTP 的压缩，WebSocket 协议在适当扩展后，可以沿用之前数据的上下文，在传输类似的数据时，可以显著地提高压缩率。现在的 Web 应用一般会采用 WebSocket 协议来改善用户体验，如消息订阅、协同办公、语音/视频聊天、三维模型、任务提醒等。

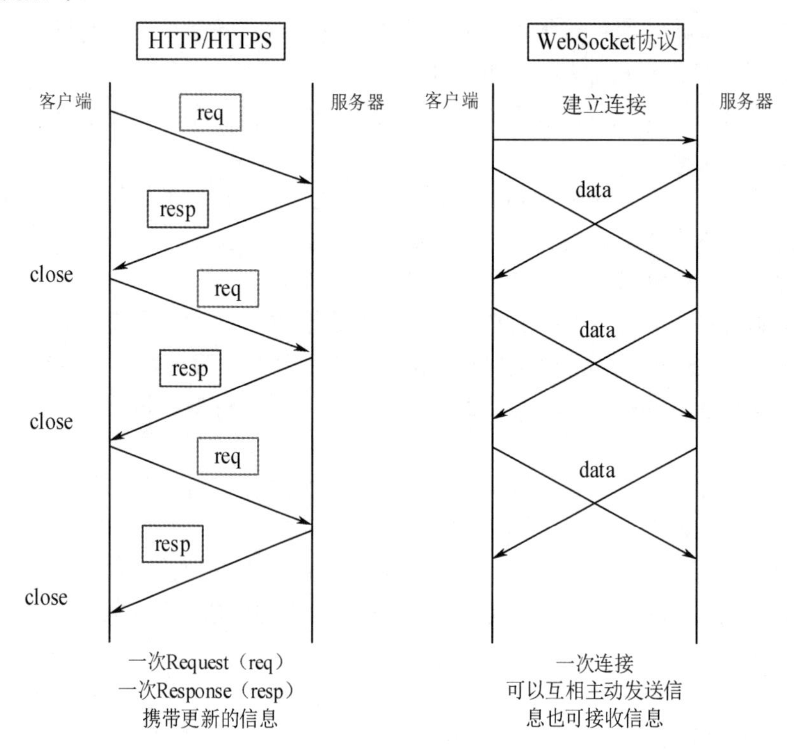

图 2.18　HTTP/HTTPS 与 WebSocket 协议的通信过程对比

2.4 WebGIS 的体系结构

WebGIS 的体系结构可以看成全程管理系统设计和演化的组件、关系、法则与指导方针等的组合模式，其外在反映是系统的层次结构和功能实现方式。随着网络技术和计算机技术的发展，WebGIS 的体系结构经历了集中式体系结构、分布式两层体系结构、分布式三层体系结构和分布式多层体系结构。

1. 集中式体系结构

集中式体系结构使用的是终端/工作站模式，所有的计算、数据处理工作都工作站（服务器）完成，终端仅为用户操作计算机的界面，用来显示数据处理结果，终端用户不能对数据进行操作，得到的图形是静态的，不能进行放大、漫游和分析等操作。如今这一模式因为不能满足用户需求而被淘汰了。

2. 分布式两层体系结构

分布式两层体系结构采用客户端/服务器模式，客户端和服务器通过网络协议进行通信。根据网络负载的分配策略，客户端/服务器模式可以分为胖客户端/瘦服务器（基于客户端）和胖服务器/瘦客户端（基于服务器）两种形式。采用胖客户端/瘦服务器形式的 WebGIS，其大部分功能是在客户端实现的，客户端向服务器发出数据和 GIS 数据处理工具请求，服务器根据请求将数据和数据处理工具一并发送给客户端，客户端根据用户操作完成数据处理和分析。采用胖服务器/瘦客户端形式的 GIS，其绝大多数功能是在服务器实现的，客户端向服务器发送数据处理请求，服务器接收请求后对数据进行处理，并将处理结果返回客户端，客户端按适当的方式显示处理结果。一般来说，胖客户端/瘦服务器对客户端的处理能力要求较高，用户需要对数据处理过程进行控制，当处理需求和处理能力之间发生矛盾时，执行效率会大大降低；胖服务器/瘦客户端形式适用于广域网，对服务器的 GIS 分析功能有较高要求，但是当遇到多用户并发访问，需要频繁地进行数据传输时，系统的执行效率会受到带宽和网络流量的制约。因此，有人提出将两种形式的优点结合在一起构成混合模式。

分布式两层体系结构可根据实际情况合理分配负载。按照逻辑关系，一个复杂的应用程序可以分为表示逻辑、业务逻辑和数据逻辑。如何均衡这些逻辑关系的分配是 WebGIS 体系结构面对的主要问题。一般来讲，服务器实现数据逻辑，负责应用程序访问数据的安全性、完整性，以及数据库的存取和管理；表示逻辑和业务逻辑负责应用计算工作，由服务器和客户端共同完成。

3. 分布式三层体系结构

分布式三层体系结构在客户端和服务器之间增加了一个中间层（Web 服务层），将表示逻辑、业务逻辑和数据逻辑分开，使得数据服务器和客户端变得更“单纯”，较好地实现了逻辑的负载平衡。在分布式三层体系结构中，客户端承载表示逻辑，中间层承载业务逻辑，数据服务器承载数据逻辑。该体系结构屏蔽了客户端和服务器的直接连接，由中间层接收客户端的请求，然后寻找相应的数据库以及处理程序，并将处理器的处理将结果返回到客户端。这种体系结构实现了客户端与服务器的透明连接，无论客户端以何种方式提出请求，Web 服务层均可调用相应的程序和数据提供服务。

总体来说，分布式三层体系结构结合了前面两种体系结构的优点，有效地实现了负载平衡，分布式三层体系结构的优点是明显的，但其结构复杂、构造难度较大，选择哪种体系结构要视具体情况而定。

WebGIS 中常用的分布式三层体系结构（见图 2.19）主要包括数据层、逻辑层（即中间层）和表现层。数据层是底层，提供空间数据与业务数据等基础数据支撑；中间层一般包括提供基础 GIS 服务的 GIS 服务器，以及提供应用服务的业务逻辑服务器（Web 服务器），其中 GIS 服务器可以是专业的 GIS 开发平台或开源 GIS 项目，也可以是简单的大众化应用地图服务器，主要作用是为表现层提供地图数据服务和功能服务资源；最上层为表现层，可基于 HTML5、ES6、WebGL、WebSocket、React、AngularJS、Vue.js 等 Web 技术栈，使用各类 WebGIS API 进行开发，与 GIS 服务器或 Web 服务器交互，满足具体 Web 应用的需求。

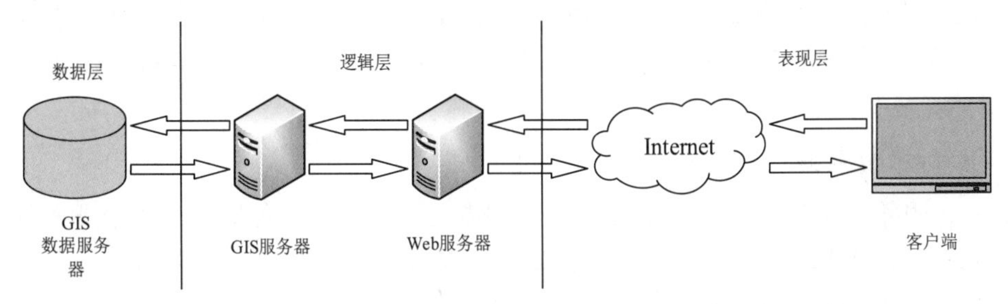

图 2.19　WebGIS 中常用的分布式三层体系结构

数据层：一般通过地理信息数据库和业务数据库进行数据的存储。地理信息数据库用于存储地理信息数据，包含矢量、地名地址、专题及切片数据，而业务数据库用于存储前端网站或者行业应用的关系型数据。

逻辑层：由 GIS 服务器和 Web 服务器组成，GIS 服务器用于提供 WMS、WTMS、WFS 和 WCS 等 GIS 服务；而 Web 服务器主要针对行业应用，调取 GIS 服务和后台的业务数据在前端展示。

表现层：主要通过客户端（Web 浏览器、移动客户端或桌面应用程序）使用特定框架对 Web 服务器返回的数据进行展示。

4. 分布式多层体系结构

WebGIS 分布式多层体系结构由四层或更多层组成，包括：

客户端层：负责用户交互和数据展示，通常包括 Web 浏览器或移动设备等。

Web 服务器层：负责处理 HTTP 请求和响应，通常包括 Web 服务器、中间件以及相关的 Web 工具软件。

应用服务器层：负责处理业务逻辑和数据逻辑，通常包括 Web 服务器、相关的编程语言环境和应用框架。

数据服务器层：负责存储和管理数据，通常包括关系型数据库或非关系型数据库等。

不同于分布式三层体系结构，分布式多层体系结构更加复杂和灵活，可以实现更多的功能和支持更多的应用场景，但也需要更多的资源和技术支持。

2.5 Web 服务器

Web 服务器也称为 WWW（World Wide Web）服务器、HTTP 服务器，其主要功能是提供网上信息浏览服务。

1. Apache 服务器

Apache 服务器（其标识如图 2.20 所示）主要是静态网页服务器，是世界上用得最多的 Web 服务器。Apache 服务器源于 NCSA WWW 服务器，在 NCSA WWW 服务器项目停止后，那些使用 NCSA WWW 服务器的用户开始交换用于 Apache 服务器的补丁，这也是 Apache 服务器名称的由来（Pache 补丁）。世界上很多著名的网站都是 Apache 服务器的用户，Apache 服务器的优势主要在于源代码开放、支持跨平台的应用（可以运行在 UNIX、Windows、Linux 等操作系统），以及可移植性等。虽然 Apache 服务器的模块非常丰富，但它在速度和性能方面不如其他的轻量级 Web 服务器，属于重量级产品，所消耗的内存等资源也比其他的 Web 服务器要高。

2. Tomcat 服务器

Tomcat 服务器（其标识如图 2.21 所示）主要是动态网页服务器，是一个开放源代码、运行 Servlet 和 JSP Web 应用软件的，基于 Java 的 Web 应用软件容器。Tomcat 服务器是根据 Servlet 和 JSP 规范执行的，因此也可以说 Tomcat 服务器符合 Apache-Jakarta 规范。Tomcat 服务器比绝大多数商业应用软件服务器要好，但它对静态文件、高并发的处理能力比较弱。

图 2.20　Apache 服务器的标识

图 2.21　Tomcat 服务器的标识

3. Nginx 服务器

Nginx 服务器（其标识如图 2.22 所示）是一款轻量级的 Web 服务器、反向代理服务器、电子邮件（IMAP/POP3）代理服务器，遵循 BSD-like 协议（是由 BSD 派生而来的协议）。Nginx 服务器是由俄罗斯的程序设计师 Igor Sysoev 开发的，供俄罗斯的大型入口网站及搜索引擎 Rambler 使用。Nginx 服务器因其稳定性、丰富的功能集、示例配置文件和低系统资源消耗而闻名，其特点是占用内存少、并发能力强。Nginx 服务器的并发能力在同类型的网页服务器中表现较好，ZGIS、ArcGIS、SuperMap 等常用 WebGIS 服务都支持 Nginx 代理。

4. Lighttpd 服务器

Lighttpd 服务器（其标识如图 2.23 所示）是由一个德国人写的开源软件，其目标是为高性能的网站提供一个安全、快速、兼容性好且灵活的 Web 服务器。Lighttpd 服务器具有内存开销低、CPU 资源占用率低、效能好，以及模块丰富等特点，支持 FastCGI、输出压缩、URL 重写及别名（Alias）等重要功能。和 Nginx 服务器一样，Lighttpd 服务器也是一款轻量级 Web 服务器，是 Nginx 服务器的竞争对手之一。

图 2.22　Nginx 服务器的标识

LIGHTTPD
fly light.

图 2.23　Lighttpd 服务器的标识

5. IIS 服务器

IIS 服务器（其标识如图 2.24 所示）是一个允许在互联网上发布信息的 Web 服务器，是目前最流行的 Web 服务器产品之一，很多著名的网站都建立在 IIS 服务器上。IIS 服务器提供了一个图形界面的管理工具，称为互联网（Internet）服务管理器，可用于监视配置和控制互联网服务。

IIS 服务器可以看成一种 Web 服务组件，包括 Web 服务器、FTP（File Transfer Protocol）服务器、NNTP（Network News Transport Protocol）服务器和 SMTP（Simple Mail Transfer Protocol）服务器，分别用于网页浏览、文件传输、新闻服务和邮件发送。IIS 服务器使得用户在网络上发布信息变得更加简单，提供了扩展 Web 服务器功能的编程接口和互联网数据库连接器，实现了对数据库的查询和更新等功能。

IIS 服务器只能运行在 Windows Server 上。

6. WebSphere 服务器

WebSphere 服务器（其标识如图 2.25 所示）是一种功能完善、开放的 Web 应用程序服务器，是 IBM 电子商务的核心部分。WebSphere 服务器是基于 Java 的应用环境建立、部署和管理互联网及 Web 应用程序的。WebSphere 服务器目前已经进行了扩展，以适应 Web 应用程序服务器的需要，范围从简单到高级，直到企业级应用。据 IBM 官方的介绍，已有 10000 多家企业正在使用 WebSphere 服务器。相对于其他流行的 Web 服务器，WebSphere 服务器的应用数量较少。

图 2.24　IIS 服务器的标识

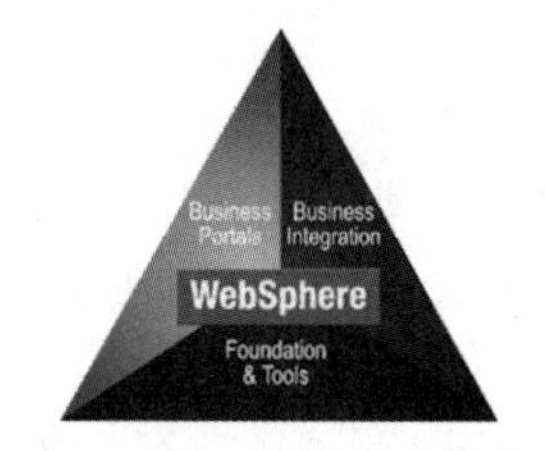

图 2.25　WebSphere 服务器的标识

7. Weblogic 服务器

WebLogic 服务器（其标识如图 2.26 所示）是 Oracle 公司的主要产品之一，是商业市场上主要的 Java（J2EE）应用服务器之一，是世界上第一个成功商业化的 J2EE 应用服务器。WebLogic 服务器延伸出了 WebLogic Portal、WebLogic Integration 等企业用的中间件（当下 Oracle 公司主要以 Fusion Middleware 融合中间件来取代 WebLogic 服务器之外的企业包）。WebLogic 服务器最早是由 WebLogic 公司开发的，该公司后来并入了 BEA 公司，最终 BEA 公司又并入了 Oracle 公司。

图 2.26　Weblogic 服务器的标识

长期以来，WebLogic 服务器一直被认为是市场上最好的 J2EE 工具之一。像数据库或邮件服务器一样，WebLogic 服务器对客户而言是不可见的。WebLogic 服务器最常用的使用方式是为 Internet 或 Intranet 上的 Web 服务提供安全、数据驱动的应用程序，为集成后端系统（如 ERP 系统、CRM 系统），以及为实现企业级计算提供了一个简易、开放的标准。

2.6 实现 Web 的主要技术方案

目前，实现 Web 的主要技术方案有 CGI、Server API、Plug-in 插件、ActiveX、Java Applet、标记语言模式、Ajax、RIA 等技术方案，各种技术方案如下。

1. CGI（Common Gateway Interface）

基于 CGI 的 WebGIS 是对 HTML 的扩展，需要在后台运行 GIS 服务器，GIS 服务器和 Web 服务器通过 CGI 相连。在客户端中，Web 浏览器通过 HTML 建立用户界面；在 GIS 服务器中，GIS 应用程序通过 CGI 与 Web 服务器相连。当用户向 GIS 服务器发送一个请求时，GIS 服务器通过 CGI 把该请求转发给在后端运行的 GIS 应用程序，由 GIS 应用程序生成结果并返回到 GIS 服务器上，GIS 服务器再将结果发送到客户端。这种技术方案的优势表现在：所有的操作、分析由 GIS 服务器完成，因而客户端是瘦客户端，有利于充分利用 GIS 服务器的资源，发挥 GIS 服务器的最大潜力。客户端使用的是支持标准 HTML 的 Web 浏览器，与平台无关。这种技术方案的劣势表现在：用户的每一步操作，都需要将请求通过网络传给 GIS 服务器，GIS 服务器将操作结果形成新的栅格图像，再通过网络返回给用户，增加了网络传输的负担。所有的操作都必须由 GIS 服务器解释执行，GIS 服务器的负担很重，对于每个客户端的请求，都要重新启动一个新的服务进程；当有多个用户同时发出请求时，系统的性能将受到影响；浏览器上显示的是静态图像，要在浏览器上进行操作很困难，影响了 GIS 资源的有效使用。

2．Server API（服务器应用程序接口）

Server API 的基本原理与 CGI 类似，不同的是 CGI 中的程序是可以单独运行的程序，而基于 Server API 的程序必须在特定的服务器上运行。例如，微软的 IIS API 只能在 Windows Server 上运行。基于 Server API 的动态链接模块启动后一直处于运行状态，而不像 CGI 那样每次都要重新启动，所以其速度较 CGI 快得多。

Server API 的优点是速度要比 CGI 方法快得多，缺点是它依附于特定的服务器和计算机平台。目前主要的 ServerAPI 技术是 ASP 和 JSP Servlet。

3．Plug-in

基于 CGI 和 Server API 的 WebGIS 发送给用户的信息是静态的，用户的 GIS 操作都需要由服务器来完成。当互联网流量较高时，系统的反应会很慢。解决这一问题的方法之一是把服务器的一部分功能移到客户端，这样不仅可以大大加快用户操作的反应速度，而且也可以减少了互联网的流量和服务器的负载。Plug-in 是由美国网景公司（Netscape）开发的增加网络浏览器功能的方法。目前主流的浏览器（如 IE 等）均具有应用程序接口，其目的就是方便网络开发商和用户扩展满足用户需求以及与网络相关的特定应用。

Plug-in 克服了 HTML 的不足，比 HTML 更灵活，客户端可直接操作矢量 GIS 数据，无缝支持与 GIS 数据的连接，实现 GIS 功能。由于所有的 GIS 操作都是在本地由 GIS 插件完成的，因而运行速度快。服务器仅需提供 GIS 数据服务，网络也只需要传输一次 GIS 数据，服务器的任务很少，网络传输的负担轻。

Plug-in 的不足之处是：GIS 插件与客户端、GIS 数据类型密切相关，不同的 GIS 数据、不同的操作系统、不同的浏览器，需要不同的 GIS 插件；需要先下载 Plug-in 并安装到客户端的浏览器。

4．ActiveX

微软公司的 ActiveX 是一种对象链接与嵌入（Object Linking and Embedding，OLE）技术，可应用于互联网应用的开发。ActiveX 的基础是分布式组件对象模型（Distributed Component Object Model，DCOM），DCOM 本身并不是一种计算机编程语言，而是一种技术标准。DCOM 和 ActiveX 具备构造各种 GIS 功能模块的能力，利用这些技术方法和与之相应的 OLE、SDE（Spatial Database Engine，空间数据库引擎）技术方法相结合，可以开发出功能强大的 WebGIS。

利用 ActiveX 构建 WebGIS 的优点是执行速度快。由于 ActiveX 可以用多种语言实现，这样可以复用原有 GIS 软件的源代码，提高软件开发效率。ActiveX 的缺点是它目前只全面支持 IE，只能运行在 Windows 上，需要下载，占用客户端的存储空间；由于可以进行磁盘操作，其安全性较差。

5. Java Applet

Java 是 Sun 公司推出的基于网络应用开发的面向对象的计算机编程语言，具有跨平台、简单、动态性强、运行稳定、分布式、安全、容易移植等特点。Java 程序有两种，一种像其他程序语言编写的程序一样可以独立运行；另一种被称为 Java Applet，只能嵌入在 HTML 文件中，在网络浏览器下载 HTML 文件时，Java 程序的源代码也同时被下载到客户端，由浏览器解释执行。

Java Applet 的优点是：体系结构中立，与平台和操作系统无关；动态运行，无须在客户端预先安装；服务器和网络传输的负担轻，服务器仅需要提供 GIS 数据服务，网络只需要传输一次 GIS 数据；GIS 操作的速度快。其不足之处是使用已有的 GIS 操作分析资源的能力弱，处理大型的 GIS 分析能力（空间分析等）的能力有限，无法与 CGI 相比；GIS 数据分析结果的存储和网络资源的使用能力受到限制。

6. 标记语言

最早的 ArcIMS 采用的是 ArcXML 标记语言，ArcIMS 是以 ArcXML 为基础的地理信息表达和交换机制，提供了一个开放且可伸缩的互联网地理信息框架。后来相继出现的 GML、VML、KML 等 WebGIS 均属于这一技术方案。

7. Ajax

客户端完全使用 JavaScript 脚本，通过异步回调实现的 WebGIS。

8. RIA（Rich Internet Applications）

RIA 具有高度互动性、丰富用户体验，以及功能强大的客户端。RIA 技术包括 Adobe 的 Flex、微软的 Silverlight、Sun 的 JavaFX。微软的 Silverlight 是一个跨浏览器和跨平台的插件，能在微软的.NET 上交付炫目的多媒体体验和交互功能丰富的 Web 应用；JavaFX 可以让用户利用 Java 运行环境（Java Runtime Environment，JRE）的一次编写、处处运行优势，在现有的技术上创建跨设备的应用。

2.7 Ajax 简介

1. Ajax 的概念

Ajax 是一种用于创建动态网页的技术，在 2005 年由 Jesse James Garrett 提出，是一种用来描述使用现有技术集合的新方法，集合中包括 HTML、CSS、JavaScript、DOM、XML 和 XMLHttpRequest 等技术。

通过 Ajax，网页应用能够通过与服务器进行少量的数据交换，快速地将增量更新呈现在用户界面上。Ajax 可以使网页实现异步更新，这意味着可以在不重新加载（刷新）整个页面的情况下，对网页的局部进行更新，从而使程序能够更快地响应用户的操作。

Ajax 技术包括以下内容：

（1）使用基于 HTML/XHTML 和 CSS 标准的表示方法呈现客户端元素。

（2）使用文档对象模型（DOM）呈现动态的页面内容。

（3）使用 XML 或 JSON 格式进行数据交换和操作。

（4）使用 XMLHttpRequest 完成客户端与服务器的异步交互。

（5）使用 JavaScript 绑定以上技术。

2．Ajax 的工作原理

对于传统的 Web 应用程序，客户端与服务器之间的交互是同步交互。具体的交互过程为：客户端向服务器发送请求，服务器接收并处理请求，然后向客户端发送一个新的网页。同步方式的缺点是：

（1）由于交互过程中传输的是整个页面，而客户端接收到的页面和原有的页面中大部分 HTML 代码往往是相同的，因此造成网络带宽等资源的过度使用。

（2）由于客户端每次向服务器发送请求后必须等待服务器响应完成后才能进行下一步操作，且客户端在每次获取结果后都需要重新加载整个页面，严重降低了系统的响应速度。

在基于 Ajax 技术的 Web 应用程序中，客户端与服务器之间的交互为异步交互。通过 Ajax 技术，在传统的 Web 应用程序中增加了一个中间层（Ajax 引擎），用来实现客户端操作与服务器响应的异步化。Ajax 引擎其实就是一些由 JavaScript 代码构建的程序，首先通过调用 XMLHttpRequest 对象完成客户端与服务器的数据交互，然后利用 DOM 解析数据，并完成 HTML 页面内容的局部更新。在系统的运行过程中，当客户端提交交互请求时，系统首先将数据发送给 Ajax 引擎，然后通过 Ajax 引擎向服务器发送请求，此时用户并不需要等待服务器响应，可以继续别的操作，而网页也不会出现闪烁或消失现象；服务器处理客户端的交互请求后，Ajax 引擎就会通过相应的程序来接收这些处理结果，将它们更新到页面指定位置，并不需要进行整个页面的更新，因此客户端会感觉交互过程立即完成的。传统 Web 应用程序模型和 Ajax Web 应用程序模型如图 2.27 所示。

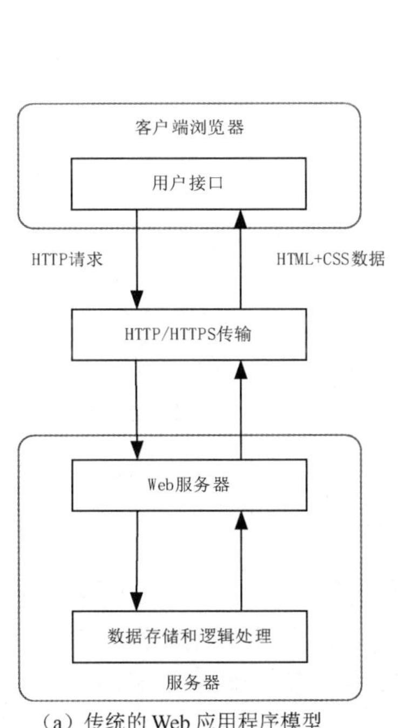

（a）传统的 Web 应用程序模型

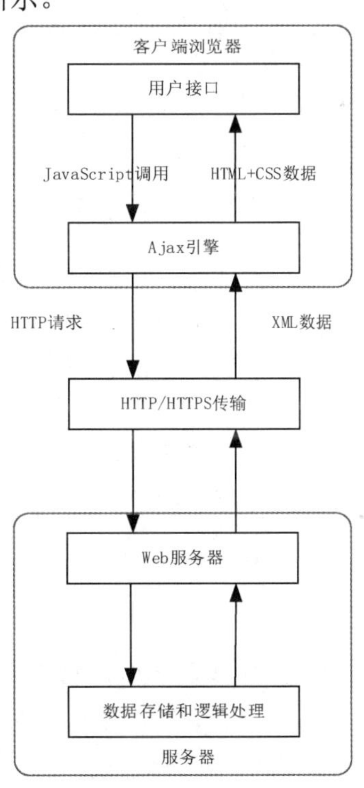

（b）Ajax Web 应用程序模型

图 2.27　传统 Web 应用程序模型和 Ajax Web 应用程序模型

3. Ajax 技术的特点

如前所述，传统 Web 应用程序会强制用户进入“提交—等待—重新显示”模式。在这种模式中，用户即使仅仅向服务器提交很少的信息，都需要中断操作，传输和刷新整个页面，这样会不可避免地增加网络的信息冗余，同时还会提高用户的等待时间，降低 Web 应用程序的执行效率和交互性。传统 Web 应用程序的交互过程如图 2.28 所示。

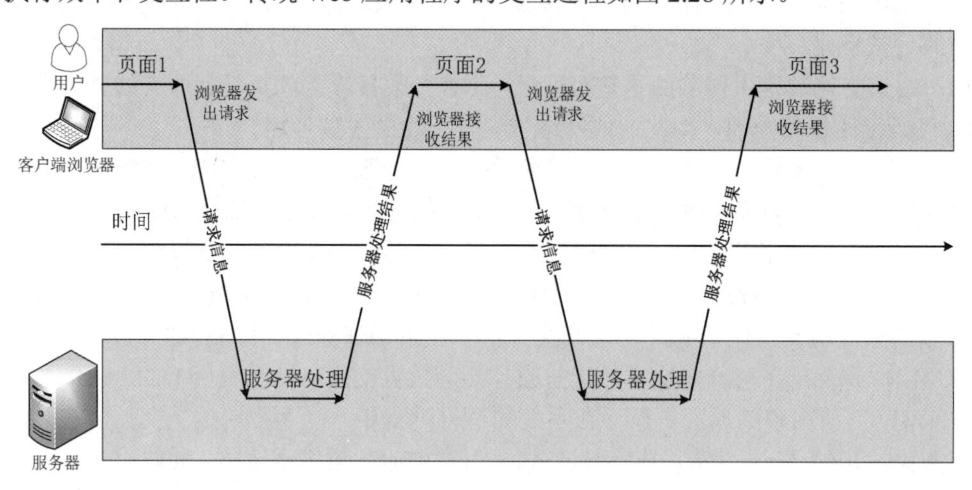

图 2.28 传统 Web 应用程序的交互过程

通过 Ajax 技术，可以把用户从传统 Web 应用程序的“提交—等待—重新显示”模式中解脱出来。Ajax Web 应用程序的交互过程如图 2.29 所示，用户通过 Ajax 引擎发出交互请求后，无须等待应答，Web 浏览器继续显示同一页面并允许用户进行其他交互操作，而不会出现白屏现象。

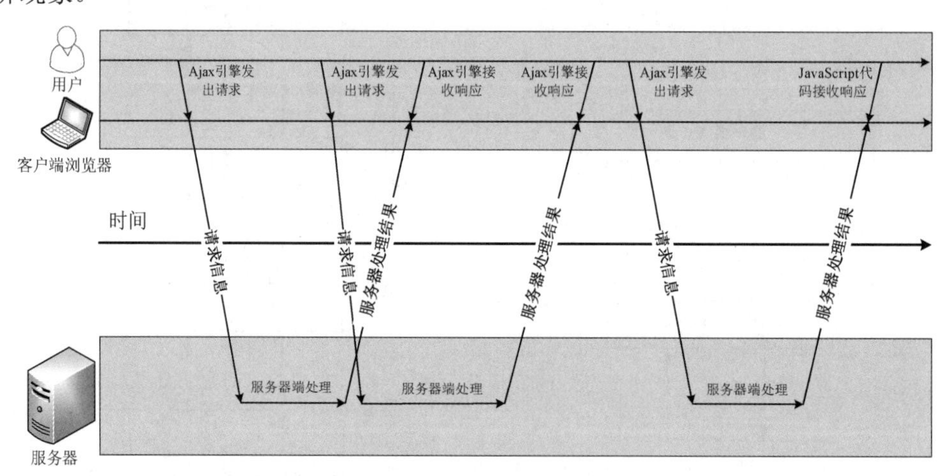

图 2.29 Ajax Web 应用程序的交互过程

相对于传统 Web 技术，Ajax 技术具有以下几点优势：

（1）有效减轻了服务器的负担：使用 Ajax 技术可以实现按需向服务器发送请求，而不用每次都发送整个页面，因此减轻了冗余请求，降低由于冗余请求对服务器的负担。

（2）改善了用户体验：当用户进行交互操作时，页面不会出现白屏情况，呈现给用户的依然是原来的页面，在交互完成后只对页面进行局部更新，更新过程非常短暂，用户几乎感觉不到延迟。

（3）降低了网络负担：Ajax 技术采用的是按需发送请求的方式，在交互过程中不必每次都发送整个页面，减少了重复数据的传输，降低了网络负担，节约了带宽。

（4）促使页面表现与数据的分离：在基于 Ajax 技术的 Web 应用程序中，Ajax 引擎只要从服务端获取相应的数据，便可进行 Web 页面的更新，这样就可以使服务器只进行数据逻辑处理，数据呈现的工作交给了 Ajax 引擎，这种分工合作方式减少了对页面修改造成的 Web 应用程序错误，提高了效率。

4．XMLHttpRequest

XMLHttpRequest 是 Ajax 的核心技术，它是客户端与服务器异步交互的基础。通过 XMLHttpRequest 对象，用户可以不向服务器提交整个页面，只需要按需发送并接收请求，就可以实现页面的局部更新。XMLHttpRequest 对象是客户端应用请求与服务器沟通的桥梁，通过该对象，客户端可以向服务器请求数据、从服务器接收数据、向服务器传送数据。代码如下：

```
// 1. 创建 XMLHttpRequest 对象
let xhr = new XMLHttpRequest()
// 2. 配置 GET Request
xhr.open('GET', '/article/xmlhttprequest/example/load')
// 3. 发送请求
xhr.send()
// 4. 响应接收
xhr.onload = function()
{
    if (xhr.status !== 200)
        alert('Error ${xhr.status}: ${xhr.statusText}')
    else
        alert('Done, got ${xhr.response.length} bytes')
}
// 处理中
xhr.onprogress = function(event)
{
    if (event.lengthComputable)
        alert('Received ${event.loaded} of ${event.total} bytes')
    else
        alert('Received ${event.loaded} bytes')
}
// 错误处理
xhr.onerror = function()
{
    alert('Request failed')
}
```

2.8 HTML、CSS、JS 简介

1. HTML

HTML 的全称为超文本标记语言（Hyper Text Markup Language），是一种不需要编译，由浏览器直接执行的标记语言。HTML 包括一系列标签，通过这些标签可以统一网络上的文档格式，使分散的互联网资源成为一个逻辑整体。HTML 文件是由 HTML 命令组成的描述性文本，HTML 命令可以说明文字、图形、动画、声音、表格、链接等。HTML 文件由头部（Head）、主体（Body）两大部分组成，其中头部主要描述浏览器所需的信息，而主体则用于标记网页的具体内容。就 HTML 的发展而言，经历了从 1.0 到 4.0，到 XHTML，再到 HTML5 的过程。HTML 的功能和标准都随着网络的发展在不断进步和完善，使其始终是 Web 网页开发不可或缺的要素。

2. HTML5

HTML5 是由 W3C 与网页超文本技术工作小组（Web Hypertext Application Technology Working Group，WHATWG）共同制定的规范语言，其目的是使移动设备支持多媒体。相比旧版本的 HTML，HTML5 新增了很多媒体元素，如用于绘画的 canvas 元素、用于媒体回放的 video 和 audio 元素，以及表单控件等，HTML5 还能对本地离线存储提供更好的支持。HTML5 正在改变现有 Web 应用程序的呈现、工作、使用方式。HTML5 简化了程序员的工作，使访问多种多样的设备和应用程序更加方便，并且提供了很多新特性。

3. CSS

CSS 是由 W3C 发布的，用来表现 HTML 或 XML 的标记语言，属于浏览器解释型语言，可以直接由浏览器执行，不需要编译。CSS 是一种定义样式结构（如字体、颜色、位置等）的语言，用于描述网页上信息的格式和显示方式，CSS 样式单中的样式形成一个层次结构，使用更具体的样式来覆盖通用样式。样式规则的优先级由 CSS 根据样式单决定，从而实现级联效果。CSS 的样式可以直接存储在 HTML 网页或者单独的样式文件中，通过定义 CSS 样式可以让页面变得更美观。

采用 HTML 和 CSS 相结合方式进行 Web 页面开发，可以实现网页内容与样式的分离，网页的内容通过 HTML 定义，显示的样式完全由 CSS 控制。

4. CSS3

CSS3 是 CSS 的升级版本，于 1999 年开始制订，2001 年 5 月 23 日 W3C 完成了 CSS3 的工作草案，主要包括盒子模型、列表模块、超链接方式、语言模块、背景和边框、文字特效、多栏布局等。

CSS 演进的一个主要变化就是 W3C 决定将 CSS3 分成一系列模块。浏览器厂商按 CSS 节奏快速创新，CSS3 的元素能通过模块以不同速度向前发展，这是因为不同的浏览器厂商只支持给定特性。

5. JavaScript

JavaScript（简称 JS）是一种具有函数优先的轻量级、解释型、即时编译型的编程语言。虽然它是作为开发 Web 页面的脚本语言而出名的，但它也被用到了很多非浏览器环境中。

JavaScript 是基于原型编程、多范式的动态脚本语言，支持面向对象、命令式、声明式、函数式编程范式。

JavaScript 是一种面向对象的网络脚本语言，通过 JavaScript 语言编写的程序可以直接在浏览器中解释执行，与浏览器的很多内建功能进行交互，因此被广泛用于 Web 客户端的开发。利用 JavaScript 语言可以定义应用的工作流和业务逻辑，也可以通过操作 DOM 实现数据的重新组织，同时还可以通过 CSS 修改页面样式，以及调用 XMLHttpRequest 对象实现与服务器的异步通信等。

6．ECMAScript 6.0

ECMAScript 6.0（简称 ES6）是 JavaScript 语言的下一代标准，在 2015 年 6 月已正式发布。ES6 对 JavaScript 语言的核心内容做了升级优化，规范了 JavaScript 的使用标准，新增了一些 JavaScript 原生方法，使得 JavaScript 更加规范、更加优雅，从而使 JavaScript 语言可以用来编写复杂的大型应用程序，成为企业级开发语言。目前并不是所有浏览器都兼容 ES6 的全部特性，但越来越多的实际项目已经开始使用 ES6。

2.9 JSON、XML 简介

1．JSON

JSON 是一种轻量级的数据交换格式，具有良好的可读性和便于快速编写的特性，可以在不同平台间进行数据交换。JSON 采用兼容性很高的文本格式，同时也具备类似于 C 语言体系的行为，易于机器解析和生成。JSON 的程序示例如下：

```
{
    "title":"JSON 结构",
    "author":"武汉智博创享科技股份有限公司",
    "url":"http://www.whzbcx.com/",
    "catalogue":[
        "JSON 概念",
        "JSON 语法规则"
    ]
}
```

（1）JSON 的主要规范如下：

① JSON 文件包裹在大括号“{}”中，通过 Key-Value 的方式来表达数据。

② JSON 的 Key 必须包裹在双引号中，忘了给 Key 加双引号或把双引号写成单引号是常见错误。

③ JSON 的 Value 只能是以下几种数据格式：

- 数字：包含浮点数和整数。
- 字符串：需要包裹在双引号中。
- 布尔值：true 或者 false。
- 数组：需要包裹在方括号“[]”中。
- 对象，需要包裹在大括号“{}”中。

（2）JSON 的特点如下：

① 数据格式简单，易于读写，编码简单。

② 格式都是压缩的，占用带宽小，传输效率高。

③ 易于解析，JavaScript 内置的简单方法可进行 JSON 数据的读取和序列化。

④ 支持多种语言，包括 C、C#、Java、JavaScript、PHP、Python、Ruby 等，便于桌面端和服务器的解析。

⑤ JSON 格式能够直接被服务器代码使用，简化了服务器和客户端的代码开发量，且易于维护。

2. XML

扩展标记语言（Extensible Markup Language，XML）是用于标记电子文件并使其具有结构性的标记语言，可以用来标记数据、定义数据类型，允许对标记语言进行定义。XML 是标准通用标记语言，非常适合 Web 传输，它提供了统一的方法来描述和交换独立于应用程序或供应商的结构化数据，易于在任何应用程序中读/写数据，常用于接口调用、配置文件、数据存储等场景。XML 的示例程序如下：

```
<?xml version="1.0" encoding="ISO-8859-1"?>
<note>
    <title>XML 结构</title>
    <author>武汉智博创享科技股份有限公司</author>
    <url>http://www.whzbcx.com/</url>
    <catalogue>
        <li>XML 概念</li>
        <li>XML 语法规则</li>
    </catalogue>
</note>
```

（1）XML 的主要规范如下：

① 必须有声明语句。XML 声明是 XML 文档的第一句，格式如下：

```
<?Xml version="1.0" encoding="utf-8"?>
```

② 注意大小写。在 XML 文档中，大小写是有区别的，所以在写元素时，要注意前后标记的大小写要保持一致。建议全部大写、全部小写或首字母大写，这样可以减少因为大小写不匹配而产生的文档错误。

③ XML 文档有且只有一个根元素。良好格式的 XML 文档必须有一个根元素（就是紧接着声明后面建立的第一个元素，其他元素都是这个根元素的子元素）。根元素的起始标记要放在其他元素的起始标记之前，根元素的结束标记要放在所有其他元素的结束标记之后。

④ 属性值使用引号。XML 规定所有属性值必须加引号（可以是单引号，也可以是双引号，建议使用双引号），否则将被视为错误。

⑤ 所有的标记必须有相应的结束标记。在 XML 中所有标记必须成对出现，有一个开始标记，就必须有一个结束标记，否则将被视为错误。

⑥ 空标记也必须被关闭。空标记是指标记对之间没有内容的标记，如““””等标记。XML 中规定所有的标记必须有结束标记。

（2）XML 的特点如下：

① XML 的格式统一，符合标准、规范的标签形式，可读性较好，对数据的描述更丰富。

② XML 的描述比较丰富，因此 XML 的数据更加庞大，传输的数据量也更大。

③ XML 结构需要考虑子节点、父节点的关联关系，编码和解码的复杂度高。

3．JSON 和 XML 差异

JSON 与 XML 都是一种远程数据传输交换格式。JSON 是轻量级的，XML 更具有结构性，因此 XML 的数据更加庞大，解析较为复杂，不易于维护；JSON 的格式是压缩的，格式简单，占用的带宽较少，易于维护，但 JSON 对数据的描述性比 XML 差。尽管 JSON 和 XML 非常相似，但它们之间还是存在一些差异的，二者的对比如表 2.4 所示。

表 2.4　JSON 和 XML 的对比

JSON	XML
JSON 是一种数据格式	XML 是一种标记语言
与 XML 相比，JSON 数据更容易阅读	相对来说，XML 文档阅读起来比较困难
JSON 的数据存储在.json 格式的文本文件中	XML 的数据存储在.xml 格式的文本文件中
JSON 支持字符串、数字、数组、布尔值等类型	XML 只支持字符串类型
JSON 没有显示功能	XML 提供了数据显示的功能
JSON 仅支持 UTF-8 编码	XML 支持各种编码
JSON 不支持注释	XML 支持注释
JSON 不支持命名空间	XML 支持命名空间
JSON 的读/写速度更快，且更容易解析	XML 的数据结构更复杂，解析速度较慢
相对于 XML，JSON 的安全性较低	相对于 JSON，XML 的安全性更高

第 3 章
WebGIS 技术原理

本章主要介绍参考椭球体、地图坐标系、地图投影、地图渲染、WebGIS 空间数据组织以及地图切片，以便读者从整体上了解 WebGIS 的基本原理及技术。

3.1 参考椭球体与坐标系

3.1.1 大地水准面

大地水准面（Geoid）是海洋表面在排除风力、潮汐等其他影响后，只考虑重力和地球自转影响下的形状，这个形状延伸过陆地生成的一个密闭的曲面。虽然我们通常说地球是一个球体或者椭球体，但由于地球引力分布不均（因为密度不同等原因），大地水准面是一个不规则的光滑曲面。虽然不规则，但可以近似地表示为一个椭球体，这个椭球体被称为参考椭球体。大地水准面相对于参考椭球体的高度称为大地水准面起伏。这个起伏并不是非常大，最高处在冰岛，高度为 85 m，最低处在印度南部，高度为−106 m，起伏不到 200m。图 3.1 所示为 EGM96 大地水准面在不同地区的起伏。

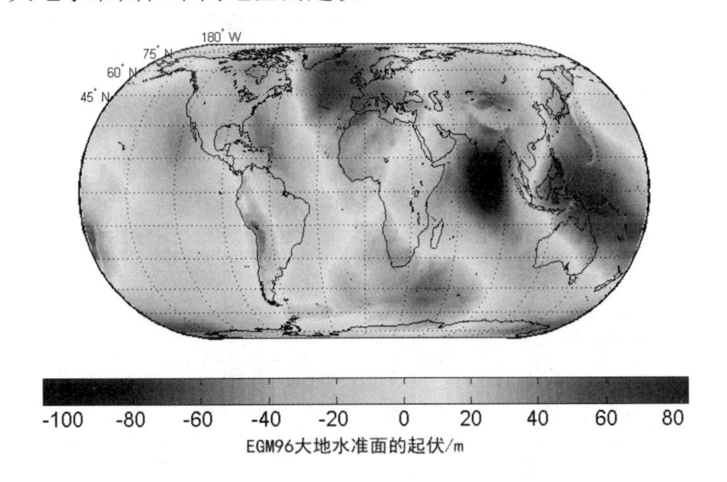

图 3.1　EGM96 大地水准面在不同地区的起伏

可以说，大地水准面是对地球的一次逼近。

3.1.2 参考椭球体

参考椭球体（Reference Ellipsoid）是一个在数学上定义的地球表面，它近似于大地水准面。参考椭球面与大地水准面的关系如图 3.2 所示。

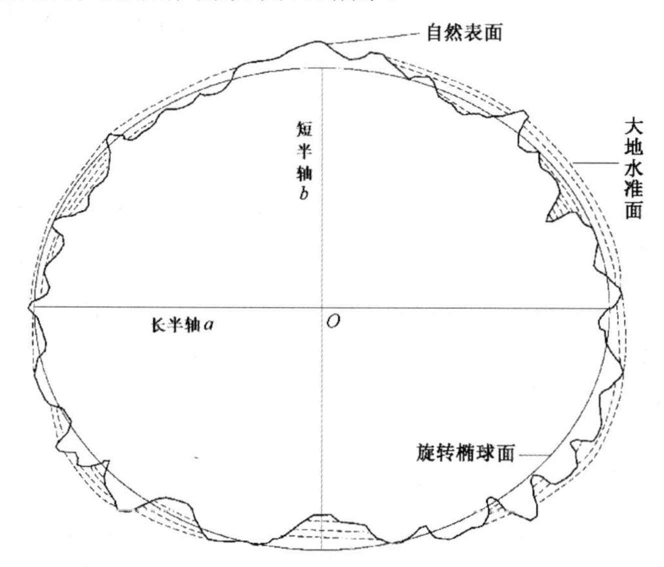

图 3.2 参考椭球体与大地水准面的关系

由于参考椭球体是几何模型，因此可以用长半轴 a（赤道半轴）、短半轴 b（极轴半轴）、扁率 α、第一偏心率 e、第二偏心率 e'表示，这些数据又称为椭球元素。我们通常所说的经度、纬度以及高程都以此为基础。

可以说，参考椭球体是对地球的二次逼近。

由于采用了不同的资料，各国使用的参考椭球体的元素是不同的。我国 1952 年以前采用的是海福特椭球体，从 1953 年起改用克拉索夫斯基椭球体，1978 年开始采用国际大地测量协会（International Association of Geodesy，IAG）推荐的 1975 国际椭球体，并以此建立了我国新的、独立的大地坐标系。常用的参考椭球体及其主要参数如表 3.1 所示。

表 3.1 常用的参考椭球体及主要参数

参考椭球体的名称	时　间	长半轴 a/m	短半轴 b/m	扁率 α
贝塞尔（德，Bessel）椭球体	1841 年	6377397	6356079	1∶299.15
克拉克（英，Clarke）椭球体	1866 年	6378206	6356534	1∶295.00
海福特（美，Hyford）椭球体	1880 年	6378249	6356515	1∶293.47
克拉索夫斯基（Krasovsky）椭球体	1910 年	6378388	6356912	1∶297.00
1975 国际椭球体	1975 年	6378245	6356863	1∶298.30
1980 国际椭球体	1980 年	6378140	6356755	1∶298.257
全球地心坐标系	1979 年	6378137	6356752	1∶298.257

3.1.3 坐标系

有了参考椭球体这样的几何模型后，就可以通过定义坐标系来进行位置描述、距离测量等操作了。使用相同的坐标系，可以保证同样坐标下的位置是相同的，同样的测量得到的结果也是相同的。坐标系通常有两种：地理坐标系（Geographic Coordinate Systems）和投影坐标系（Projected Coordinate Systems）。坐标系的表示方法如表 3.2 所示。

表 3.2 坐标系的表示方法

坐 标 系	表 示 方 法
地理坐标系	经度和纬度
投影坐标系	米

地理坐标系是直接建立在参考椭球体上的，用经度和纬度表示地理对象的位置；投影坐标系是建立在平面上的。常见的坐标系及其参数如表 3.3 所示。

表 3.3 常见的坐标系及其参数

坐 标 系	参考椭球体	坐标系原点	椭球体长半轴/m	椭球体短半轴/m
1954 北京坐标系	克拉索夫斯基椭球体	椭球体中心	6378245	6356863.0
1980 西安坐标系	1975 国际椭球体	椭球体中心	6378140	6356755.2882
WGS84（1984 世界大地坐标系）	WGS84 椭球体	椭球体地心	6378137	6356752.3142
CGCS2000（2000 国家大地坐标系）	与我国地形逼近的椭球体	椭球体地心	6378137	6356752.31414

1. 地理坐标系

地理坐标系以参考椭球体中心为原点，以本初子午面（英国格林尼治天文台所在位置为本初子午线，即 0 度经线）为纵轴方向，以赤道平面为横轴方向。经纬度示意图如图 3.3 所示，圆点的坐标就应该是（50，40），单位为度。

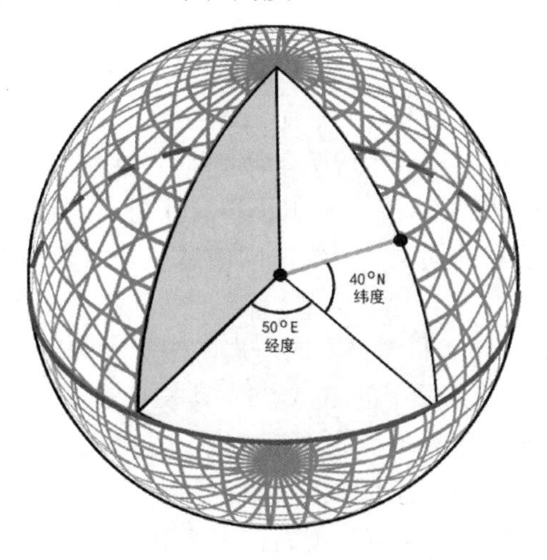

图 3.3 经纬度示意图

通常，经度和纬度值是以十进制度为单位或以度、分和秒（DMS）为单位进行测量的。

纬度是相对于赤道进行测量的，其范围是-90°（南极点）到+90°（北极点）；经度是相对于本初子午线进行测量的，其范围是-180°（向西行进时）到+180°（向东行进时）。如果本初子午线是格林尼治子午线（Greenwich Meridian），则对于位于赤道南部和格林尼治东部的澳大利亚，其经度为正值，纬度为负值。

地理坐标系建立在参考椭球体的基础上，但我们看到的通常是一个平面的地图，需要把参考椭球体按照一定的法则展开到平面上，这就是投影坐标系。

需要说明的是，地理坐标系不是平面坐标系，因为度不是标准的长度单位，不可用其直接测量面积和长度。

2. 大地坐标系

世界各国分别设立了各自的坐标系原点，建立了不同的坐标系，这里只简要介绍我国的大地坐标系的情况。

（1）1954 北京坐标系。新中国成立初期，我国从苏联 1942 坐标系联测并经过平差计算而延伸到我国，建立了 1954 北京坐标系。该坐标系的原点在俄罗斯的普尔科沃，采用的是克拉索夫斯基椭球参数。

（2）1980 西安坐标系。1978 年 4 月，国家测绘总局与总参谋部测绘局在西安召开了全国天文大地网平差会议，确定重新定位，建立我国新的坐标系，为此有了 1980 国家大地坐标系。该坐标系选用了 1975 年国际大地测量协会推荐的参考椭球体（ICA-75），其具体参数为：a=6378140 m，α=1 : 298.257。采用 ICA-75 后，可使几何大地测量与物理大地测量所使用的参考椭球体一致。1980 年，国家大地坐标系的大地原点设在我国中部西安市附近的泾阳县境内，位于西安市西北方向约 60 km 处，故该坐标系又称为 1980 西安坐标系，大地原点称为西安大地原点。由于大地原点在我国居中位置，因此可以减少坐标传递误差的积累。

（3）2000 国家大地坐标系（CGCS2000）。由于 1954 北京坐标系和 1980 西安坐标系的成果受当时技术条件的制约，精度偏低，无法满足新技术的要求。从技术和应用方面来看，1954 北京坐标系和 1980 西安坐标系具有一定的局限性，已不适应发展的需要，主要表现在以下几点。

① 1954 北京坐标系和 1980 西安坐标系是二维坐标系。1980 西安坐标系是经典大地测量成果的归算及其应用，它的表现形式为平面二维坐标，只能提供点位平面坐标，而且表示两点之间的距离精确也只能达到现代手段测量精度的 1/10 左右。在高精度、三维与低精度、二三维之间的矛盾是无法协调的。例如，将卫星导航获得的高精度点的三维坐标表示在现有地图上，不仅会造成点位信息的损失（三维空间信息只表示为二维平面位置），同时也将造成精度上的损失。

② 参考椭球体的参数。随着科学技术的发展，国际上对参考椭球体的参数已进行了多次更新和改善。1980 西安坐标系采用的 ICA-75，其长半轴要比国际公认的 WGS84 长半轴大 3 m 左右，这可能引起地表长度误差是 WGS84 的 10 倍左右。

③ 随着经济建设的发展和科技的进步，维持非地心坐标系下的实际点位坐标不变的难度加大，维持非地心坐标系的技术也逐步被新技术所取代。

④ 参考椭球体短半轴指向。1980 西安坐标系采用指向 JYD1968.0 极原点，与国际上通用的地面坐标系［如国际地球参考系统（ITRS）、GPS 定位中采用的 WGS84 等球短轴的指

向（BIH1984.0）] 不同。

空间技术的发展成熟与广泛应用迫切要求国家提供高精度、地心、动态、实用、统一的大地坐标系作为各项社会经济活动的基础性保障。在此背景下，国务院批准了于 2008 年 7 月 1 日启用 CGCS2000，该大地坐标系是我国最新的坐标系，采用的是 ITRF97 框架历元 2000.0。2000 国家大地坐标系（China Geodetic Coordinate System 2000，CGCS2000）的原点在包括海洋和大气的整个地球的质量中心，坐标系的 z 轴由原点指向历元 2000.0 的地球参考极的方向，x 轴由原点指向格林尼治子午线与地球赤道面（历元 2000.0）的交点，y 轴与 x 轴、z 轴构成正交右手坐标系。2000 国家大地坐标系的大地测量基本常数如下：

- 长半轴 a =6378137 m；
- 扁率 α=1 : 298.257222101；
- 地球的地心引力常数 GM=3.986004418×10^{14} m^3/s^2；
- 地球自转角速度 ω=7.292115×10 rad/s；
- 短半轴 b=6356752.31414 m；
- 极曲率半径 c=6399593.62586 m；
- 第一偏心率 e=0.0818191910428。

（4）WGS84。这是一种国际上采用的地心坐标系，坐标系的原点为地球质心，其地心空间直角坐标系的 z 轴指向国际时间局（BIH）1984.0 定义的协议地极（CTP）方向，x 轴指向 BIH1984.0 的协议子午面和 CTP 赤道的交点，y 轴与 x 轴、z 轴垂直，构成正交右手坐标系。WGS84 称为 1984 年世界大地坐标系，这是一个国际地球参考系统（ITRS），是目前国际上统一采用的大地坐标系。GPS 广播星历是以 WGS84 为根据的。

WGS84 采用的参考椭球体是国际大地测量与地球物理联合会第 17 届大会大地测量常数推荐值，其 4 个基本常数分别如下：

- 长半轴 a=6378137±2 m；
- 地球的地心引力常数 GM=（3986005±0.6）×10^8 m^3/s^2；
- 正常化二阶带谐系数 C_{20}=−484.16685×10^{-6}±（1.3×10^{-9}），J_2=108263×10^{-8}；
- 地球自转角速度 ω=（7292115±0.15）×10^{-11} rad/s。

（5）GCG-02 和 BD-09。

① GCJ-02 是火星坐标系，是国家测绘局于 2002 年发布的坐标系。GCJ-02 是在 WGS84 基础上加密而成的，高德地图、腾讯地图、谷歌地图（中国大陆板块）等使用。在 GCJ-02 中，G 表示国家，C 表示测绘，J 表示局。如果以投影为基础进行细分，则 GCJ-02 可以分为 GCJ-02 经/纬度投影和 GCJ-02 Web 墨卡托投影。

WGS84 坐标系和 GCJ-02 坐标系的转换公式由一个关于经/纬度的线性多项式加上经/纬度的正弦函数组成。如果坐标系的转换公式都是线性多项式，则可以很容易推导出反函数，但在转换公式后增加一个非线性的函数（正弦函数是为了周期性地增加误差），这样反函数就很难被推导出来。

② BD-09 是百度坐标系，该坐标系在 GCJ-02 的基础上再次进行加密，供百度地图使用。BD-09LL 表示百度经/纬度坐标，BD-09MC 表示百度墨卡托米制坐标。

3.2 地图投影

3.2.1 地图投影的概念

在一般情况下，要想将地球椭球面上的点映射到平面地图上，就需要建立一个转换方法，这个转换方法就是地图投影。地图投影是指建立地球椭球面上的经/纬线网和平面上的经/纬线网对应关系的方法，它实质上是建立了地球椭球面上点的经/纬坐标与地图面上坐标之间的函数关系。由于地球椭球面或圆球面是不可展开的曲面，即不能展开成平面，而地图又必须是一个平面，所以将地球椭球面展开成地图平面必然会产生裂隙或褶皱。那么采用什么样的数学方法将曲面展开成平面，而使其误差最小呢？答案是地图投影，即用各种方法将地球椭球面的经/纬线网投影到地图平面上。不同的地图投影方法具有不同性质和大小的投影变形，因此在各类 GIS 的建立过程中，选择恰当的地图投影系统就是首先必须考虑的问题。

投影，在数学上的含义是两个面之间点与点、线与线的对应关系。同样，地图投影的定义是：建立地球椭球面（或球体表面）与地图平面之间点与点或线与线的一一对应关系。

地图投影的变形通常有长度变形、面积变形和角度变形。在实际应用中，根据地图的使用目的，通常会限定某种变形。

3.2.2 地图投影的分类

在地图制图的生产实践中，已经出现了多种地图投影。为了便于研究和使用，有必要对地图投影进行适当的分类。

1. 按投影面分类

按投影面的形态不同，地图投影可分为三种：圆锥投影、圆柱投影和方位投影。这也是在制图过程中经常遇到的三种投影方式。

（1）圆锥投影：可以想象为用一个巨大的圆锥体罩住地球，把地球椭球面的位置投影到圆锥面上，然后沿着一条经线将圆锥切开展成平面。圆锥体罩住地球的方式可以分为两种情形：与地球相切（单割线）、与地球相割形成两条与地球表面相割的割线（双割线）。

（2）圆柱投影：用一个圆柱体罩住地球，把地球椭球面的位置投影到圆柱体面上，然后将圆柱体切开展成平面。圆柱投影可以作为圆锥投影的一个特例，即圆锥的顶点延伸到无穷远处。

（3）方位投影：以一个平面作为投影面，相切于地球表面，把地球椭球面的位置投影到平面上。方位投影也可以作为圆锥投影的一个特例，即圆锥的夹角为 180°，圆锥变为平面。

2. 按投影面与参考椭球体的相对位置分类

根据投影面与参考椭球体的相对位置的不同，可以将地图投影分为正轴投影、斜轴投影和横轴投影。

（1）正轴投影：投影面的轴（圆锥或圆柱的轴线、平面的法线）与参考椭球体的旋转轴重合。正轴投影也称为正常位置投影或极投影。

（2）斜轴投影：投影面的轴（圆锥或圆柱的轴线、平面的法线）既不与参考椭球体的旋转轴重合，也不与赤道面重合。斜轴投影也称为水平投影。

（3）横轴投影：投影面的轴（圆锥或圆柱的轴线、平面的法线）与地球赤道面重合。横轴投影也称为赤道投影。

3. 按投影后的几何变形分类

按照地图投影后的几何变形可以分为以下三类：

（1）等角投影（正形投影）：地面上的任意两条直线的夹角，在经过地图投影绘制到图纸上以后，其夹角保持不变。

（2）等积投影：地面上的一块面积在经过地图投影绘制到图纸上以后，面积保持不变。

（3）等距投影：地面上的两个点之间的距离，在经过地图投影绘制到图纸上以后，距离保持不变。

实际上，有许多地图投影既不能保持等角，又不能保持等面积，可以将这些地图投影称为任意投影。在这类地图投影中，既有角度变形，又有面积变形。

综上所述，地图投影的名称可以结合上述三种分类方法（投影面形状、投影面与参考椭球体的位置、投影后的变形性质）加以命名，如正轴等角圆锥投影、正轴等角圆柱投影等。

历史上也有一些地图投影是以设计者的名字命名的，这些地图投影大都可以归类到上述的分类中，但也有一些地图投影无法按上述方法分类。

4. 按变形性质分类

按照地图投影的变形性质，可以分为以下三类：

（1）等角投影：角度变形为零［如墨卡托（Mercator）投影］。

（2）等积投影：面积变形为零［如阿尔伯斯（Albers）投影］。

（3）任意投影：长度、角度和面积都存在变形。

其中，各种变形是相互联系、相互影响的，等积与等角互斥，等积投影角度变形大，等角投影面积变形大。

5. 按投影面类型划分

按照投影面类型的不同，可以将地图投影分为以下三类：

（1）横圆柱投影：投影面为横圆柱。

（2）圆锥投影：投影面为圆锥。

（3）方位投影：投影面为平面。

6. 按投影面与地球位置关系划分

按照投影面与地球位置关系的不同，可以将地图投影分为以下五类：

（1）正轴投影：投影面中心轴与地轴相互重合。

（2）斜轴投影：投影面中心轴与地轴斜向相交。

（3）横轴投影：投影面中心轴与地轴相互垂直。

（4）相切投影：投影面与参考椭球体相切。

（5）相割投影：投影面与参考椭球体相割。

3.2.3 墨卡托投影

墨卡托投影又称正轴等角圆柱投影，是由荷兰地图学家墨卡托（G. Mercator）于 1569 年创拟的。墨卡托投影假设地球被套在一个圆柱中，赤道与圆柱相切，先假设在地球中心放一盏灯，把地球椭球面上的图形投影到圆柱体上，再把圆柱体展开，就能够以墨卡托投影形成一幅世界地图。墨卡托投影的示意图如图 3.4 所示。其中，按等角条件将经/纬网投影到圆柱面上，将圆柱面展为平面后，可到得平面经/纬线网。因墨卡托投影具有等角特性，所以广泛应用于航空、航海中。

从墨卡托投影的示意图可以看出，如果经线间隔的经度相等，则经线是等距平行的直线，纬线也是平行的直线，而且经/纬线是相互垂直的。

墨卡托投影有一个特别的特性：所有罗盘等角线或称斜航线（就是与所经过的所有经线形成相同角度的航线，也称为恒向航线）在墨卡托投影下都是直线。这使得在航海领域这个投影非常重要。

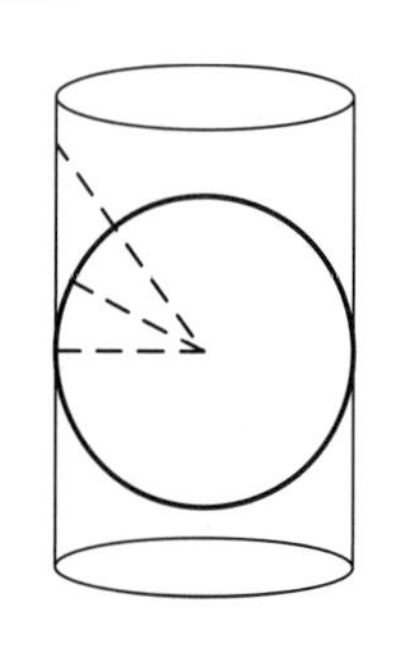
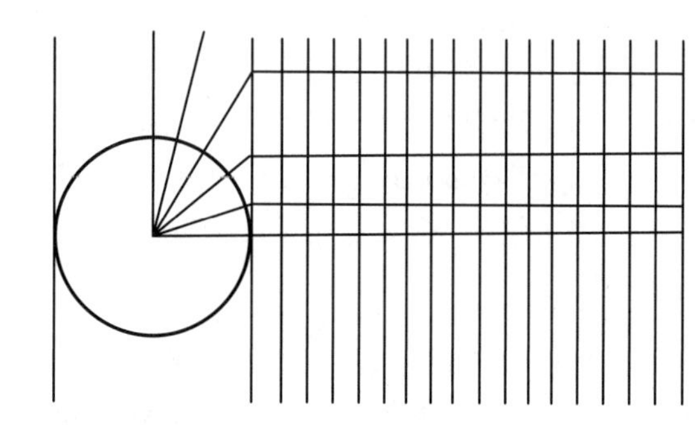

图 3.4 墨卡托投影的示意图

墨卡托投影对透视圆柱投影改造点：要使圆柱投影具有等角的性质，必须使由赤道向两极的经线逐渐伸长的倍数与经线上各点相应的纬度扩大倍数相同。

在墨卡托投影中，x 轴的刻度是等距的，在 y 轴方向上，越靠近两极变形越大。假设墨卡托投影的坐标系原点为（0，λ_0），表示 x 轴为赤道，y 轴则在经度为 λ_0 处垂直于赤道，则墨卡托投影公式如图 3.5 所示，图中 λ 为经度，φ 为纬度，gd()为高德曼函数，上面两个公式表示正运算，下面两个公式表示逆运算。

$$x = \lambda - \lambda_0$$

$$y = \ln\left[\tan\left(\frac{\pi}{4} - \frac{\varphi}{2}\right)\right] = \frac{1}{2}\ln\left(\frac{1+\sin\varphi}{1-\sin\varphi}\right) = \sinh^{-1}(\tan\varphi) = \tanh^{-1}(\sin\varphi) = \ln(\tan\varphi + \sec\varphi)$$

$$\varphi = 2\arctan(\mathrm{e}^{y}) - \frac{\pi}{2} = \arctan(\sinh y) = \mathrm{gd}(y)$$

$$y = x + \lambda_0$$

图 3.5 墨卡托投影公式

经/纬度（φ，λ）对应的墨卡托平面坐标为（xR，yR）。很明显，在 y 轴方向上的距离，只有在赤道附近才接近实际距离。

地球赤道的圆周长为 $2\pi R$（R 为赤道半轴），而各纬线圈周长为 $2\pi R\cos\varphi$（φ 表示对应的纬度），因此墨卡托投影地图上的纬线长与地球上实际纬线长的比值为：

$$2\pi R/2\pi R\cos\varphi = \sec\varphi$$

既然各纬度的纬线扩大了 $\sec\varphi$ 倍，为了保持等角，各纬线通过处的经线也要相应地扩大 $\sec\varphi$ 倍，这样，经线方向上的长度比才能与纬线方向上的长度比相等。

注意：地图投影上经/纬线的伸长与纬度的正割成比例变化，随纬度增高急剧拉伸，到极点处成为无穷大；面积的扩大更为明显，在维度为 60°的地方面积要扩大 4 倍（因为 $\sec60° = 2$，面积比是长度比的 2 倍，所以是 4 倍）。墨卡托投影的变形示意如图 3.6 所示，地理上的等半径圆在高纬度处面积明显扩大。

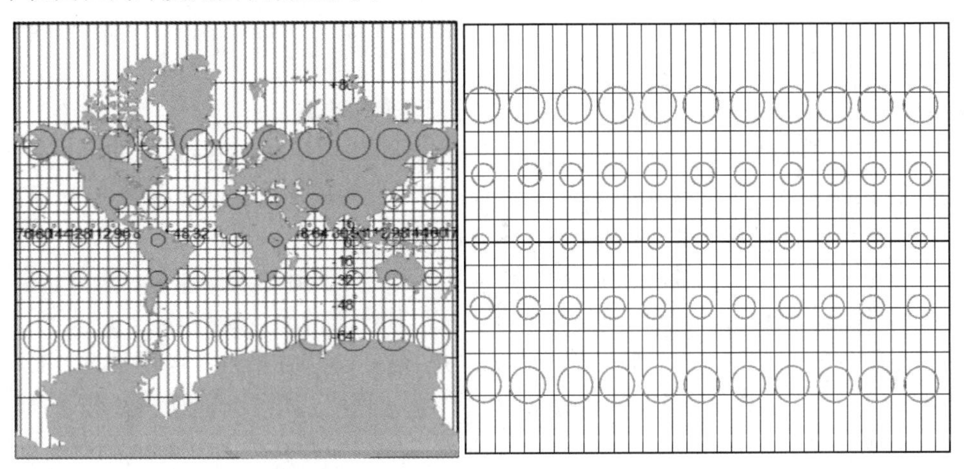

图 3.6　墨卡托投影变形示意（地理上等大的圆）

3.2.4　Web 墨卡托投影

Web 墨卡托投影（Web Mercator 或 Spherical Mercator）坐标系广泛应用于谷歌地图、必应（Bing）地图等的地图投影中。Web 墨卡托投影在整个世界范围内，以赤道为标准纬线，以本初子午线为中央经线，以两者的交点为坐标系原点，向东、向北为正，向西、向南为负。

x 轴：赤道半径的取值约为 6378137 m，赤道周长为 $2\pi R$，以坐标系原点为中心，东西南北各方向为赤道周长的一半，即 $\pi R≈20037508.3427892$ m，因此 x 轴的取值范围为[−20037508.3427892 m，20037508.3427892 m]。

y 轴：由墨卡托投影公式可知，当纬度 φ 接近两极，即 90°时，y 轴的值趋向于无穷。为了使用方便，就把 y 轴的取值范围也限定在[−20037508.3427892 m，20037508.3427892 m]，形成了一个正方形。

因此，在投影坐标系的范围是（−20037508.3427892 m，−20037508.3427892 m）到（20037508.3427892 m，20037508.3427892 m）。经过反算，得到的最大纬度为 85.05112877980659°，因此纬度的取值范围是[−85.05112877980659°，85.05112877980659°]。

Web 墨卡托投影使用的投影方法不是严格意义的墨卡托投影，而是一个被欧洲石油调查组织（European Petroleum Survey Group，EPSG）称为伪墨卡托的投影方法。这个伪墨卡托投影方法是 Popular Visualization Pseudo Mercator（PVPM），看起来就觉得这个投影方法不是很严谨的样子。

Web 墨卡托投影坐标系是谷歌地图最先使用的，或者更确切地说，是谷歌最先发明的。在投影过程中，将表示地球的参考椭球体近似地作为正球体处理（正球体半轴 R=椭球体长

半轴 a）。这也是为什么我们在 ArcGIS 中经常看到这个坐标系的名字叫 WGS 1984 Web Mercator（Auxiliary Sphere）。Auxiliary Sphere 就是在告知你，这个坐标系在投影过程中，将椭球体近似为正球体做投影变换，虽然基准面是 WGS84 椭球体。

在很长的一段时间内，Web 墨卡托投影并没有被 EPSG 的投影数据库接纳。EPSG 认为它不能算科学意义上的投影，所以只给了一个 EPSG:900913 的标号（SRID），这个标号游离在 EPSG 常规标号范围外。

EPSG 在 2008 年 5 月给 Web 墨卡托投影坐标系设立的 WKID（Well Known ID）是 EPSG:3785，但 Web 墨卡托投影坐标系的基准面是正圆球，不是 WGS84。EPSG:3785 使用了一段时间后被弃用。

EPSG:3857 是 Web 墨卡托投影在 Web 地图领域被广泛使用的坐标系。尽管这个坐标系由于精度问题一度不被 GIS 专业人士接受，但 EPSG 最终还是给了 WKID，即 EPSG:3857。EPSG 为 Web 墨卡托投影坐标系最终设置了 WKID，也就是现在我们常用的 Web 地图的坐标系，并且给定的官方名称是 WGS84/Pseudo-Mercator。

采用 Web 墨卡托投影坐标系的地图的最大缺点就是和实际的误差太大，变形非常严重。

在采用 Web 墨卡托投影坐标系的地图上，变形最严重的地方是格陵兰岛。地图上非洲的大小和格陵兰岛差不多大，但非洲的面积大约是 3022 万平方千米，格陵兰岛的面积大约是 217 万平方千米，二者相差 14 倍。再如，采用 Web 墨卡托投影坐标系的地图上的加拿大，看起来是个瘦瘦的长方形，但实际上加拿大的地形类似正方形，不仅扭曲得不像样，而且还被放大了好几倍；地图上加拿大的面积大约是美国的 3 倍，但实际上加拿大的面积比美国大不了多少（加拿大的面积是 998 万平方千米，美国的面积大约是 937 万平方千米）。

参照前述的墨卡托投影公式，经/纬度坐标与 Web 墨卡托投影坐标之间的转换代码如下：

```
//经/纬度坐标转 Web 墨卡托投影坐标
function lonLat2WebMercator(lonLat)
{
    let mercator = {}
    let x = lonlat.x *20037508.3427892 / 180
    let y = Math.log(Math.tan((90+lonLat.y)*Math.PI/360))/(PI/180)
    y = y * 20037508.3427892/180
    mercator.x = x
    mercator.y = y
    return mercator
}
//Web 墨卡托投影坐标转经/纬度坐标
function webMercator2lonLat(mercator )
{
    let lonLat = {}
    let x = mercator.x / 20037508.3427892 * 180
    let y = mercator.y / 20037508.3427892 * 180
    y = 180/Math.PI*(2*Math.atan(Math.exp(y*Math.PI/180))–Math.PI/2)
    lonLat.x = x
    lonLat.y = y
    return lonLat
}
```

3.2.5　EPSG

1．EPSG 简介

EPSG 是 European Petroleum Survey Group（欧洲石油调查组织）的缩写，成立于 1986 年，并在 2005 年重组为国际石油和天然气生产商协会，即 OGP（International Association of Oil & Gas Producers）。

EPSG 发布了一个坐标参照系统的数据集，并维护坐标参照系统的数据集参数，以及坐标转换描述，数据集对收录到的坐标参照系统进行了编码。该数据集被广泛接受并使用，通过 Web 发布平台进行分发，同时提供了微软 Access 数据库的存储文件。

EPSG 标识了不同的地理空间参考系统，包括坐标系、地理坐标系、投影坐标系等。这些标识符可用于应用程序和 GIS 软件，以确保数据在不同系统之间的正确转换和处理。现在，EPSG 已被开放地理空间信息联盟（Open Geospatial Consortium，OGC）承认并管理，成为全球性的标准组织。

EPSG 对常用的坐标系、投影坐标系、地理坐标系等地理空间参考系统的名称、参数、定义等信息进行了标准化，并赋予一个唯一代码，这个代码就是所谓的 EPSG 代码。

每个坐标系的 EPSG 代码是唯一的吗？答案是否定的，以我们常见的 Web 墨卡托投影坐标系为例，在 EPSG 上搜索 3857，可以看到一系列替代代码，如 900913、3587、54004、41001、102113、102100、3785，虽然这些替代代码有些已经被废除，但在 GIS 软件中输入相应的代码还可以得到 Web 墨卡托投影坐标系。

2．我国常用坐标系的 EPSG 代码

EPSG:4326 是 WGS84 的代码。

EPSG:3857 是 Web 墨卡托投影坐标系的代码。

EPSG:4490 是 CGCS2000 的代码。

EPSG:4549 是 CGCS2000 投影坐标系的代码，以米为单位。

EPSG:4214 是 1954 北京坐标系的代码。

EPSG:4610 是 1980 西安坐标系的代码。

3．SRID

SRID 空间参考标识符，是与特定坐标系、容差和分辨率关联的唯一标识符。SRID 的填充方式及其含义取决于存储数据所用的数据库。

OGC 标准中的参数 SRID，也是指的空间参考系统的 ID，与 EPSG 代码一致。

WMS 1.1.1 以前用 SRS 参数（空间参考系）表示坐标系，WMS 1.3 开始用 CRS（坐标参考系统）参数来表示坐标系。

4．EPSG 代码的查询

在很多系统中都有坐标系信息，如在 PostGIS 中有一个表 spatial_ref_sys，通过该表可以查询所有的坐标系信息；在 GeoServer 和 ArcGIS 中也有所有坐标系的信息。如果没有坐标系的信息该怎么办呢？

epsg.io（https://epsg.io）是一个查询 EPSG 代码的网站，该网站的 EPSG 代码很全，有

各种格式（OGC WKT、OGC WKT2、ESRI WKT、PROJ.4、Proj4js、JSON、GeoServer、MapServer、Mapnik、PostGIS 等）的定义可以直接下载，也有坐标系的范围名称等相关信息，方便对接各种系统。CGCS2000 在 epsg.io 中的查询结果如图 3.7 所示。

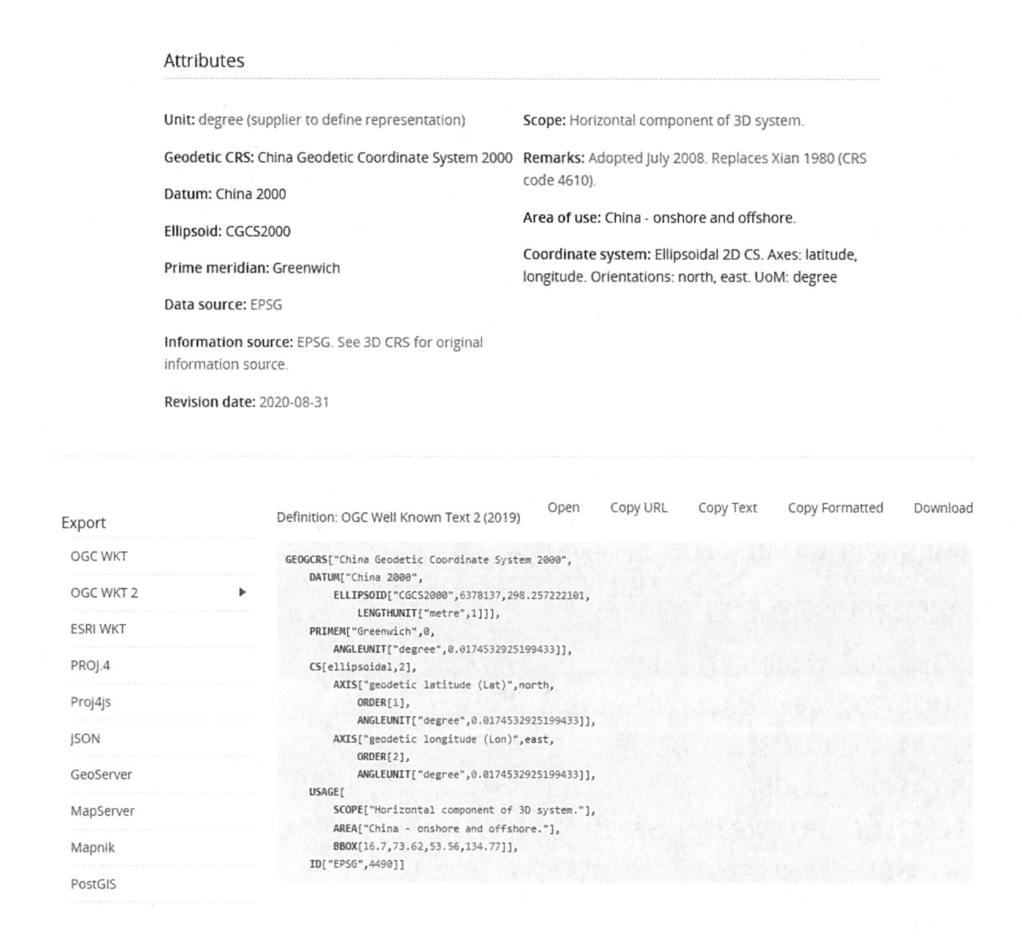

图 3.7 CGCS2000 在 epsg.io 中的查询结果

3.2.6 投影库 Proj4js

Proj4js 是一个开源的 JS 库，用于将点坐标从一个坐标系转换到另一个坐标系，包括基准转换。Proj4js 的基本用法如下所示。

```
let prj1 = "+proj=longlat +datum=WGS84 +no_defs +type=crs"
let prj2 = "+proj=tmerc +lat_0=0 +lon_0=120 +k=1 +x_0=500000 +y_0=0
        +ellps=GRS80 +units=m +no_defs +type=crs"    //EPSG:4549

proj4(prj1, prj2, [116.39145,39.907325])
// 结果 (12956636.95,4852484.13)
```

坐标可以是形式{x：x，y：y}，也可以是数组方式[x，y]。

Proj4js 可以解析高程和测量值提供的坐标，形式为{x：x，y：y，z：z，m：m}的对象或形式为[x，y，z，m]的数组。

在使用 Proj4js 时，坐标系信息串可以到前述的 EPSG 网站查询，生成 Proj4js 专用格式。

3.3 地图坐标系与屏幕坐标系的映射

3.3.1 屏幕坐标系

在大部分屏幕绘图系统（包括 HTML、Canvas 等）中，默认采用的是屏幕坐标系。屏幕坐标系以左上角为坐标系原点，沿 x 轴向右为正值，沿 y 轴向下为正值，如图 3.8 所示。

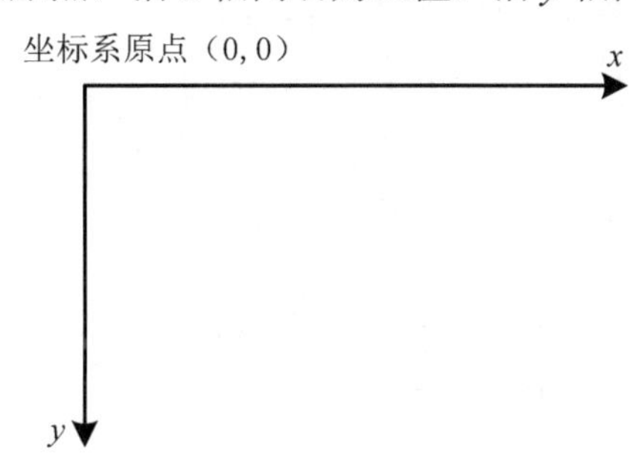

图 3.8 屏幕坐标系

而 GIS 数据中的逻辑坐标，一般采用的是直角坐标系。直角坐标系沿 x 轴向右方向为正值，反之为负值；沿 y 轴向上方向为正值，反之为负值，y 轴方向与屏幕坐标是反的。因此，我们在将 GIS 数据渲染到屏幕绘图系统中时，就存在逻辑坐标与屏幕坐标之间的映射。

3.3.2 逻辑坐标与屏幕坐标的映射

在将 GIS 数据渲染到屏幕绘图系统中时，通常会涉及逻辑坐标与屏幕坐标的映射，这也是最基本的步骤。逻辑坐标指实际的地理坐标，即数据坐标，表示真实的地理空间位置；屏幕坐标指在屏幕绘图系统中的屏幕坐标，是根据屏幕绘图系统中地图容器布局（如大小与位置），对逻辑坐标进行转换而得到的。

逻辑坐标到屏幕坐标的映射可以看成现实世界中的景物在屏幕绘图系统屏幕上的显示。屏幕坐标与逻辑坐标存在比例关系，这个比例关系可以理解为逻辑坐标系中实际长度与屏幕坐标系中单位长度的投影。逻辑坐标系与屏幕坐标系的映射关系如图 3.9 所示。

如果屏幕坐标系的原点是数据坐标系中的点（x_0，y_0）的投影，那么位于逻辑坐标系中的一个点 p（x，y）显示到屏幕坐标系中就变为点 p'（x'，y'），它们之间存在以下换算关系。

$$x' = (x - x_0) \times r$$

$$y' = (y_0 - y) \times r$$

式中，r 是屏幕坐标系中的单位长度与逻辑坐标系中对应的实际长度之比，一般称为缩放比例，类似于地图比例尺。

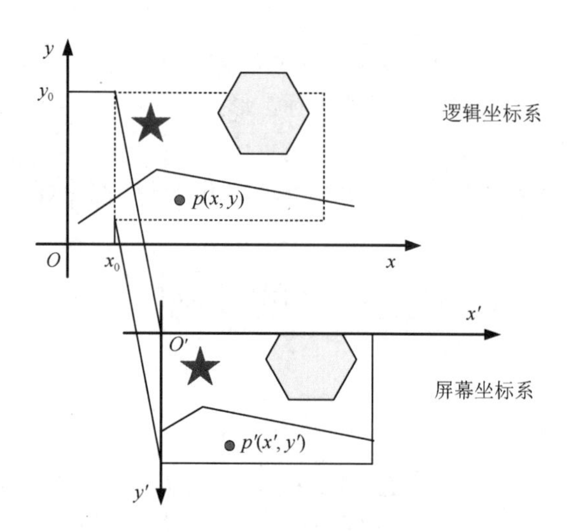

图 3.9 逻辑坐标系与屏幕坐标系的映射关系

在客户端进行图形交互绘制、地图查询、编辑等操作时，鼠标交互获取到的是屏幕坐标，通常要将其转换为对应的逻辑坐标，进而实现具体的操作。例如，一个常见的矩形查询，需要用鼠标在地图上绘制一个矩形，查询矩形范围内的空间要素。在进行矩形查询时，首先要将鼠标操作状态设置为拉框绘制状态；然后添加一个地图事件监听，即添加鼠标在地图上完成矩形绘制弹起事件的监听，在事件监听的处理函数中获取绘制矩形的屏幕坐标并将其转换为逻辑坐标；最后把得到的矩形逻辑坐标范围作为查询条件，查询矩形范围内的空间要素。

3.4 WebGIS 的地图渲染

说到地图，平时我们使用过百度地图、高德地图、腾讯地图等，如果涉及地图开发需求，也有很多选择，如前面提到的几个地图都会提供一套 JS API，此外也有一些开源地图框架可以使用，如 OpenLayers、Leaflet、Mapbox、Google Map API、Datamaps、ArcGIS、Zeemaps、Bing Map API 等。

读者有没有想过这些地图是怎么渲染出来的呢？其实，地图渲染的方法有很多，本节介绍几种常用的地图渲染方法。

3.4.1 基于 SVG 的地图渲染

1. SVG 简介

可伸缩矢量图层（Scalable Vector Graphics，SVG）用来定义用于网络中基于矢量的图形。SVG 使用 XML 格式定义图形，类似 XHTML，可以用来绘制矢量图层。SVG 可以通过定义必要的线和形状来创建一个图形，也可以修改已有的位图，或者将这两种方式结合起来创建图形。图形及其组成部分可以形变、合成，或者通过滤镜完全改变外观。

SVG 诞生于 1999 年，之前有几个相互竞争的格式规范被提交到了 W3C（World Wide Web Consortium），但都没有获得批准。SVG 1.0 在 2001 年成为 W3C 的推荐标准。最接近“完整版”的 SVG 版本是 1.1 版，它在 1.0 版的基础上增加了更多便于实现的模块化内容。SVG 1.1

在 2003 年成为 W3C 的推荐标准，SVG 1.1（第二版本）在 2011 年成为 W3C 的推荐标准。本来应该是 SVG 1.2 在 2011 年成为 W3C 的推荐标准，但 SVG 1.2 被 SVG 2.0 取代了，SVG 2.0 在 2016 年成为 W3C 的候选标准，最新草案于 2020 年发布。SVG 2.0 采用了类似 CSS3 的方法，通过若干松耦合的组件形成了一套标准。

除了完整的 SVG 推荐标准，W3C 工作组还在 2003 年推出了 SVG Tiny 和 SVG Basic，这两个版本主要瞄准移动设备。SVG Tiny 主要是为性能低的小设备生成图形，SVG Basic 实现了完整版 SVG 中的大部分功能，舍弃了难以实现的大型渲染（如动画）。2008 年，SVG Tiny 1.2 成为 W3C 的推荐标准。

2. SVG 的优势

（1）基于 XML，易于 Web 发布，跨平台。为了保证网络图形能够顺利地和 W3C 开发的技术（如 DOM、CSS、XML、XSL、HTML、XHTML），以及其他标准化技术（如 ICC、URI、UNICODE、RGB、ECMAScript/JavaScript、Java）协调一致，SVG 采用了一种完全基于 XML 的，并能和上述各项技术相融合的新一代的网络图形格式。SVG 不仅仅是一种网络图形格式，它也是一种基于 XML 的语言，这意味着 SVG 继承了 XML 的跨平台性和可扩展性，从而在网络图形可重用性方面迈出了一大步。例如，SVG 可以内嵌到其他的 XML 文档中，而 SVG 文档中也可以嵌入其他的 XML 内容，不同的 SVG 图形可以方便地组合，构成新的 SVG 图形。

（2）采用文本来描述对象。SVG 包括 3 种类型的对象：矢量图层（包括直线、曲线、多形边）、点阵图形和文本。SVG 的各种对象能够组合、变换，SVG 不仅能修改对象样式，也能够将对象定义成预处理对象。与传统图形格式不同的是，SVG 采用文本来描述矢量图层，这使得 SVG 文件可以像 HTML 网页一样有着很好的可读性。当用户用图形工具输出 SVG 文件后，可以用任何文字处理工具打开 SVG 文件，并可看到用来描述图形的代码。掌握了 SVG 语法的人，甚至可以只用一个记事本便可以读取图形的内容。

SVG 文件中的文本虽然在显示时可呈现出各种图形的修饰效果，但仍然是以文本的形式存在的，可以选择复制、粘贴。由于 SVG 文件可以以文本的形式出现在 XML 文件中，因此这些文本信息可以被搜索引擎搜索到，而搜索引擎通常是无法搜索到写在点阵图形中的文本的。这些文本信息还可以帮助视力有残疾而无法看到图形的人，可以通过其他方式（如声音）来传输这些文本信息。

（3）具有交互性和动态性。由于网络是动态的媒体，SVG 要成为网络图形格式，必须具有动态的特征，这也是 SVG 区别于其他图形格式的一个重要特征。SVG 是基于 XML 的，具有良好的动态交互性，用户可以在 SVG 文件中嵌入动画元素（如运动路径、渐现或渐隐效果、生长的物体、收缩、快速旋转、改变颜色等），或通过脚本定义来实现高亮显示、声音、动画等效果。

（4）完全支持 DOM。DOM 是一种文档平台，它允许程序或脚本动态地存储和上传文件的内容、结构或样式。由于 SVG 完全支持 DOM，因此 SVG 文件可以通过一致的接口规范与外界的程序进行交互，SVG 以及 SVG 中的物件元素完全可以通过脚本语言接收外部事件（如鼠标动作）的驱动，从而实现自身或对其他物件、图形的控制。这也是电子文档应具备的优秀特性之一。

（5）与栅格图片相比，SVG 的图形还具有以下优势：

① 任意放缩。用户可以任意缩放 SVG 的图形，不会破坏图形的清晰度和细节。

② 文本独立。SVG 文件中的文本独立于图形，文本保留了可编辑和可搜索的状态，不会再有文本字体的限制，用户系统即使没有安装某一字体，也会看到和制作时完全相同的图形。

③ 较小文件。总体来讲，SVG 文件比 PNG、JPEG 等格式的文件要小很多，因而下载也很快。

④ 超强显示效果。SVG 的图形在屏幕上总是边缘清晰的，图形的清晰度适合任何屏幕分辨率和打印分辨率。

⑤ 超级颜色控制。SVG 提供一个 1600 万种颜色的调色板，支持国际色彩联盟（ICC）的颜色描述文件标准、RGB、线性填充、渐变和蒙版等效果。

⑥ 交互性和智能化。由于 SVG 是基于 XML 的，因而能制作出空前强大的动态交互图形，即 SVG 能对用户动作做出不同响应，如高亮、声效、特效、动画等。

3. SVG 的劣势

前面讲述了 SVG 的优势，目前采用 DOM 渲染 SVG 的最大问题在于性能，DOM 的渲染效率较低，如果在一个页面中，SVG 元素太多（如几千甚至上万个），则渲染性能会大打折扣，用户体验不良。

4. SVG 基础知识

（1）坐标定位。对于所有的元素，SVG 使用的坐标系或网格系统，均以页面的左上角（0，0）为坐标系原点，采用的是屏幕坐标系，坐标以像素为单位。在 HTML 文档中，元素都是用这种方式定位的。例如，定义一个矩形，即从左上角开始，向右延展 100 px，向下延展 100 px，形成一个 100 px×100 px 的矩形，代码如下：

```
<rect x="0" y="0" width="100" height="100" />
```

什么是像素（px）呢？

基本上，SVG 文件中的 1 个像素对应输出设备（如显示屏）上的 1 个像素。但是这种情况是可以改变的，否则 SVG 的名字里也不至于会有“Scalable”这个词。如同 CSS 可以定义字体的绝对大小和相对大小一样，SVG 可以使用绝对大小（如使用 pt 或 cm 标识维度），也可以使用相对大小，只需给出数字，无须标明单位，输出时就会采用用户的单位。在没有进一步规范说明的情况下，1 个用户单位等同于 1 个屏幕单位。SVG 提供了多种方法来改变这种设定，例如，可以在根元素 svg 进行设置，下面的代码定义了一个 100 px×100 px 的画布（这里的 1 个用户单位等同于 1 个屏幕单位）：

```
<svg width="100" height="100">
```

又如，下面的代码定义了一个 200 px×200 px 的画布，但 viewBox 属性定义了画布上可以显示的区域：从（0，0）点开始，100 px×100 px 的区域。这个 100 px×100 px 的区域会放到 200 px×200 px 的画布上显示，从而实现了放大 4 倍的效果。

```
<svg width="200" height="200" viewBox="0 0 100 100">
```

用户单位和屏幕单位的映射关系为用户坐标系。除了缩放操作，用户坐标系还可以进行旋转、倾斜、翻转等操作。在默认情况下，用户坐标系的 1 个用户像素等于设备上的 1 个像素（但设备上可能会定义 1 个像素到底是多大）。在定义了具体尺寸单位的 SVG 中，如单位是 cm 或 in，最终图形会以实际大小呈现。

（2）SVG 的基本图形。要想插入一个图形，可以在文档中创建一个元素。不同的元素对应着不同的图形，并且使用不同的属性来定义图形的大小和位置。有一些图形可以由其他的图形创建，虽然 SVG 的基本图形略显冗余，但使用起来很方便，还可以使 SVG 文件更加简洁易懂。SVG 的基本图形包括矩形（rect）、圆（circle）、椭圆（ellipse）、线段（line）、折线（polyline）、多边形（polygon）、路径（path）。

这里简要介绍一下 path 图形。path 元素对应着 path 图形，其形状是通过属性 d 定义的，属性 d 的值是一个“命令+参数”的序列。path 元素的命令如表 3.4 所示。

表 3.4　path 元素的命令

命　令	含　义	语　法	说　明	备　注
M	MoveTo	M x y	画笔起点	—
L	LineTo	L xy	画线并移动画笔	—
H	Horizen LineTo	H x	绘制水平线	—
V	Vertical LineTo	V y	绘制垂直线	—
Z	Close Path	Z	闭合路径	闭合到画笔起点
C	CurveTo	C x1 y1，x2 y2，x y	三次贝塞尔曲线	（x1，y1）是起点坐标，（x2，y2）是终点坐标，（x，y）是曲线的控制点坐标
S	Smooth CurveTo	S x2 y2，x y	平滑三次贝塞尔曲线	如果 S 命令跟在一个 C 或 S 命令后面，则它的第一个控制点会被假设成前一个命令曲线的第二个控制点的中心对称点
Q	Quadratic Belzier CurveTo	Q x1 y1，x y	二次贝塞尔曲线	如图 3.11 所示
T	Smooth Quadratic Belzier CurveTo	T x y	平滑二次贝塞尔曲线	如果 T 命令跟在 Q 或 T 命令后面，则它的控制点会被假设成前一个命令曲线的控制点的中心对称点
A	Elliptical Arc	A rx ry x-axis-rotation large-arc-flag sweep-flag x y	弧形	请参考 SVG 规范

注意：当命令是大写字母时，坐标系采用的是绝对坐标；当命令是小写字母时，坐标系采用的是相对坐标。

（3）SVG 图形示例。

① 平滑三次贝塞尔曲线（见图 3.10，也称为平滑二阶贝塞尔曲线）可 path 元素 S 命令实现，代码如下：

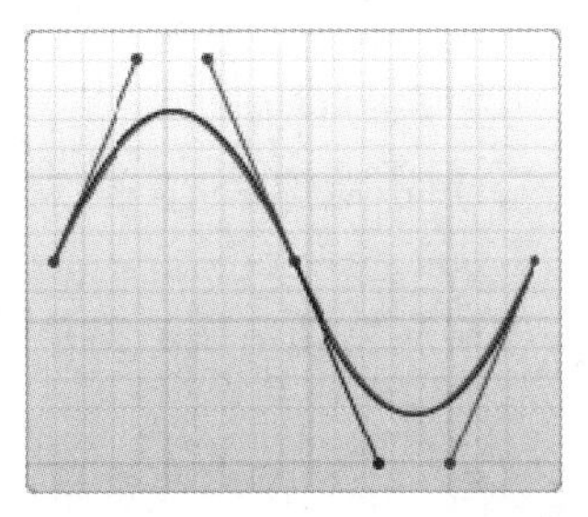

图 3.10　平滑三次贝塞尔曲线

```
<svg width="190" height="160" xmlns="http://www.w3.org/2000/svg">
    <path d="M 10 80 C 40 10,65 10,95 80 S 150 150,180 80" stroke="black" fill="transparent"/>
</svg>
```

② 二次贝塞尔曲线（见图 3.11）可通过 path 元素 Q 命令实现，代码如下：

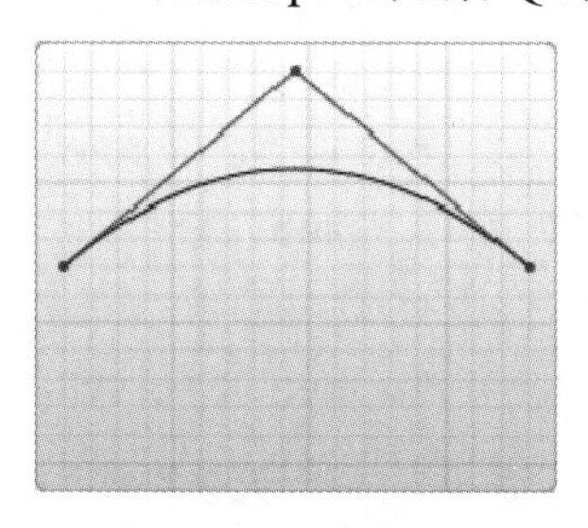

图 3.11 二次贝塞尔曲线

```
<svg width="190" height="160" xmlns="http://www.w3.org/2000/svg">
    <path d="M 10 80 Q 95 10 180 80" stroke="black" fill="transparent"/>
</svg>
```

③ 平滑二次贝塞尔曲线（见图 3.12）可通过 path 元素 T 命令实现，代码如下：

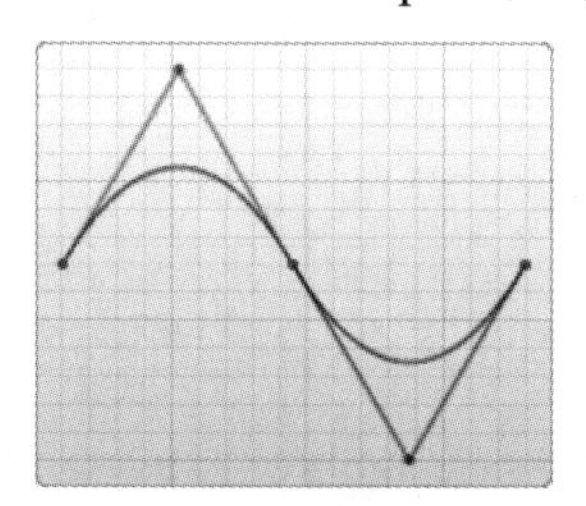

图 3.12 平滑二次贝塞尔曲线

```
<svg width="190" height="160" xmlns="http://www.w3.org/2000/svg">
    <path d="M 10 80 Q 52.5 10,95 80 T 180 80" stroke="black" fill="transparent"/>
</svg>
```

（4）线型和填充。SVG 可以使用多种方法来着色（包括指定对象的属性），如使用内联 CSS 样式、内嵌 CSS 样式或外部 CSS 样式，这些方法各有自己的优缺点。大多数 Web 网站的 SVG 使用的是内联 CSS 样式。大多数基本的涂色可以通过在元素上设置两个属性（fill 属性和 stroke 属性）来设定：

① fill 属性用于设置对象内部的填充颜色。

② stroke 属性用于设置绘制对象的线条颜色。

③ stroke-width 属性用于定义描边的宽度。注意，描边是以路径为中心线绘制的。

④ stroke-linecap 属性用于控制边框终点的形状，有三种可能值：

- butt：表示直边结束线段，它是常规做法，线段边界垂直于描边的方向并贯穿它的终点。
- square：效果和 butt 差不多，但会稍微超出实际路径的范围，超出的大小由 stroke-width 属性控制。
- round：表示边框的终点是圆角，圆角的半径也是由 stroke-width 属性控制的。

⑤ stroke-linejoin 属性用于控制两条描边线段之间的连接方式。

⑥ stroke-dasharray 属性用于将虚线类型应用在描边上。

stroke-linecap 属性和 stroke-linejoin 属性的应用示例如图 3.13 所示。

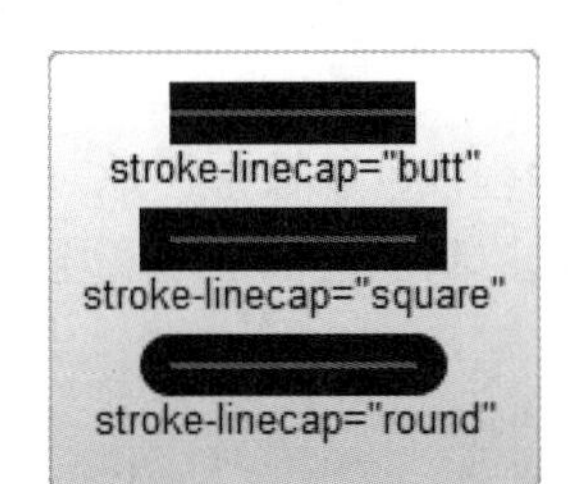

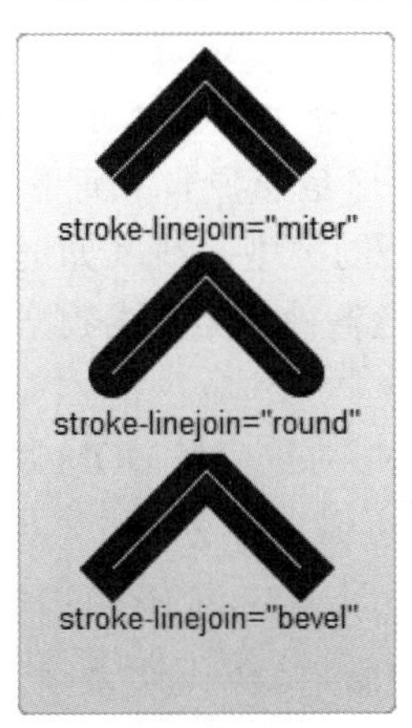

图 3.13　stroke-linecap 属性和 stroke-linejoin 属性的应用示例

除了可以定义对象的属性，用户还可以通过 CSS 样式来进行填充和描边，其语法和在 HTML 里使用 CSS 相同，但需要用户把 background-color、border 改成 fill 和 stroke。注意，不是所有的属性都能用 CSS 来设置的，如渐变和图案等，以及 width、height 和 path 的命令等，都不能用 CSS 来设置。

SVG 并非只能简单地填充颜色和描边，更令人兴奋的是，用户还可以通过 SVG 来创建渐变色，并在填充、描边中应用渐变色。SVG 有两种类型的渐变：线性渐变和径向渐变。除此之外，用户还可以使用图案对 SVG 的图形进行填充。

5. 基于 SVG 空间数据表达

SVG 提供了丰富的图形对象，这些对象基本可以满足 GIS 的需要。GIS 空间数据可以利用这些图形对象实现。

（1）点状要素。对于点的实现，在 SVG 中可采取多种办法：①通过元素<rect>绘制填充颜色的小矩形；②通过元素<circle>绘制填充颜色的小圆形；③通过元素<ellipse>绘制填充颜色的小椭圆；④通过元素<defs>元素或元素<symbol>定义相应的点符号，之后通过元素<use>引用相应的符号来表示；⑤通过元素<image>绘制小图标等。

（2）线状要素。直线可以用表示直线的元素<line>和用表示路径的元素<path>来实现；折线可以用表示折线的元素<polyline>来实现，也可以用表示路径的元素<path>来实现；曲线可以用表示的路径元素<path>来实现，可实现弧形曲线、三次贝塞尔曲线和二次贝塞尔曲线三种类型的曲线。

（3）面状要素。当路径是一条闭合的路径时就构成了多边形，通过元素<path>的 fill 属性可以用指定的颜色来填充多边形，从而形成 GIS 中的面。通过元素<polygon>可绘制封闭的多边形，通过 fill 属性对多边形进行填充，也可以形成 GIS 中的面。

（4）注记文本。SVG 可用元素<text>创建文本，任何可以在形状或路径上执行的操作，都可以在文本上执行。例如，可实现路径上的文本，即将文本沿某一路径排列。要实现这一点，需要创建一个链接到预定义的路径信息元素<textPath>。一个不足之处是，SVG 不执行自动换行，如果文本比允许的空间长，则可用元素<tspan>简单地将文本截断。

（5）栅格图像。SVG 可用元素<image>直接引用栅格图像。

（6）图层管理。SVG 提供了一种非常好的管理图层的方法，即通过元素<g>管理图层。在 SVG 中，元素<g>代表组（Group），每个组都有一个唯一标志 ID 属性，用来将一批特征相似的元素定义成一个集合，该集合可以包含任何可视化元素。元素<g>还可以嵌套，对于空间数据的图层分层，这是一种非常简单、有效的方法。例如，所有线数据放在一个元素<g id="lines">中，对不同类型的线（如道路、河流等），再根据线的类型建立下一级元素<g id="rivers">，最后把各种分类的线数据用 SVG 的元素添加到最后一层的元素<g>中，即可实现图层分层。

DOM 中的 SVG 图形对象支持 DOM 事件编程，可以很方便地对鼠标单击、鼠标滑过等事件进行消息捕获，也可以很容易地用编程方式控制图层的显示和隐藏。下面的代码实现了对指定图层（根据 ID）的显示和隐藏。

```
//根据 SVG 的 ID 控制图层的显示和隐藏
function visible(id)
{
    let svg = document.getElementById(id)
    if (svg.getArtribute("visibility") == "visible")
        svg.setAttribute("visibility", "hidden")            //隐藏该图层
    else
        svg.setAttribute("visibility", "visible")           //显示该图层
}
```

基于 SVG 的地图渲染效果如图 3.14 所示。

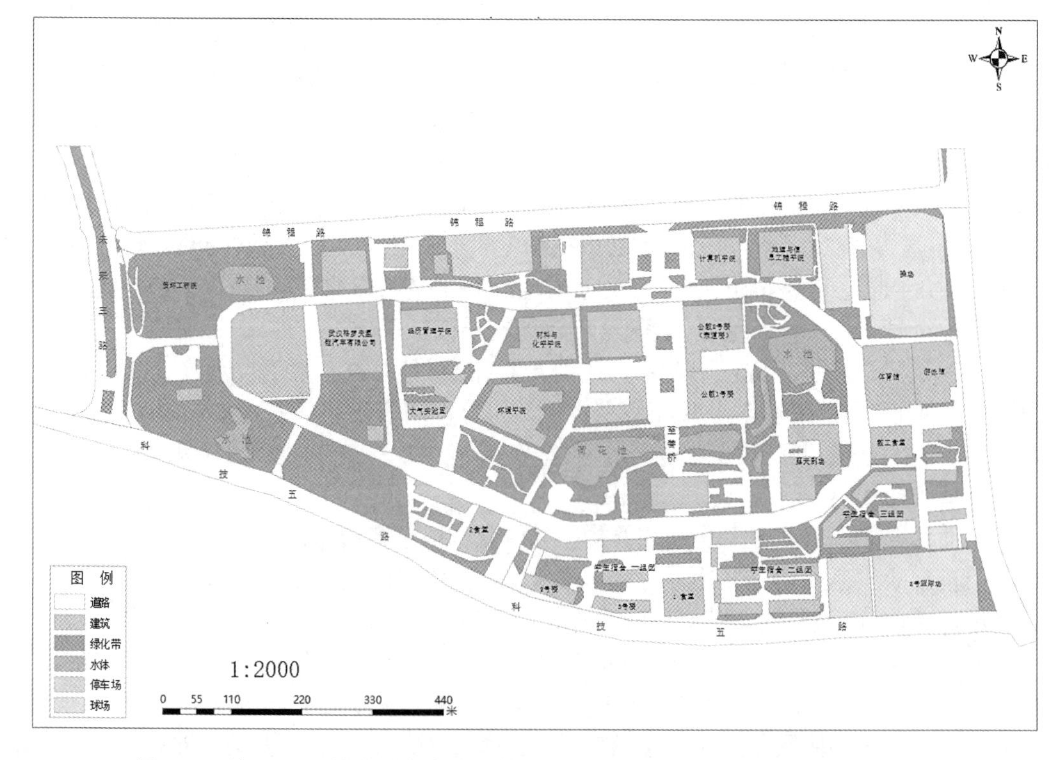

图 3.14　基于 SVG 的地图渲染效果［中国地质大学（武汉）未来城校区地图］

3.4.2 Canvas 地图渲染

Canvas 是 HTML5 的一个新特性，Canvas 又称为画布。顾名思义，我们可以在 Canvas 上绘制所需的图形。Canvas 最开始是由苹果公司提出的，当时不叫 Canvas，叫 Widget。因为 HTML 中不存在一套二维的绘图 API，Canvas 本身是一个 HTML 元素，所以需要 HTML 元素配合高度和宽度属性来定义一块可绘制区域，定义区域之后使用 JavaScript 的脚本绘制图形的 HTML 元素。Canvas 可以绘制基本的图形，并渲染地图、制作照片、绘制动画，还可以处理和渲染视频等。

1. Canvas 绘图的基本过程

（1）创建一个 Canvas。Canvas 在网页中是一个矩形框，通过元素<canvas>可创建一个 Canvas，代码如下：

```
<canvas id="canvas" width="200" height="100" style="border:1px solid #000000;">
</canvas>
```

注意：在默认情况下，通过元素<canvas>创建的 Canvas 没有边框和内容。

（2）使用 JavaScript 绘制图形。元素<canvas>本身没有绘图能力，所有的绘制工作必须通过 JavaScript 来完成。绘制图形的代码如下：

```
let c = document.getElementById("canvas")
let ctx = c.getContext("2d")
ctx.fillStyle = "#FF0000"
ctx.fillRect(0,0,150,75)
```

2. Canvas 的基本属性和方法

Canvas 提供了强大的绘图能力，表 3.5 给出了 Canvas 的基本绘图属性，表 3.6 给出了 Canvas 的基本属性方法。

表 3.5 Canvas 的基本绘图属性

类 别	属 性	描 述
颜色、样式和阴影	fillStyle	设置或返回用于填充绘画的颜色、渐变或模式
	strokeStyle	设置或返回用于笔触的颜色、渐变或模式
	shadowColor	设置或返回用于阴影的颜色
	shadowBlur	设置或返回用于阴影的模糊级别
	shadowOffsetX	设置或返回阴影距离图形的水平距离
	shadowOffsetY	设置或返回阴影距离图形的垂直距离
线条样式	lineCap	设置或返回线条的结束端点样式
	lineJoin	设置或返回两条线相交时所创建的拐角类型
	lineWidth	设置或返回当前的线条宽度
	miterLimit	设置或返回最大斜接长度

续表

类　别	属　性	描　述
文本	font	设置或返回文本内容的当前字体属性
	textAlign	设置或返回文本内容的当前对齐方式
	textBaseline	设置或返回在绘制文本时使用的当前文本基线
像素操作	width	返回 ImageData 对象的宽度
	height	返回 ImageData 对象的高度
	data	返回一个对象，其包含指定的 ImageData 对象的图形数据
合成	globalAlpha	设置或返回绘图的当前 alpha 或透明值
	globalCompositeOperation	设置或返回新图形如何绘制到已有的图形上

表 3.6　Canvas 的基本绘图方法

类　别	方　法	描　述
颜色、样式和阴影	createLinearGradient	创建线性渐变（用在画布内容上）
	createPattern	在指定的方向上重复指定的元素
	createRadialGradient	创建放射状/环状的渐变（用在画布内容上）
	addColorStop	规定渐变对象中的颜色和停止位置
矩形	rect	创建矩形
	fillRect	绘制填充矩形
	strokeRect	绘制矩形（无填充）
	clearRect	在给定的矩形内清除指定的像素
路径	fill	填充当前绘图（路径）
	stroke	绘制已定义的路径
	beginPath	开始一条路径，或重置当前路径
	moveTo	把路径移动到画布中的指定点，不创建线条
	closePath	创建从当前点回到起始点的路径
	lineTo	添加一个新点，然后在画布中创建从该点到最后指定点的线条
	clip	从原始画布剪切任意形状和尺寸的区域
	quadraticCurveTo	创建二次贝塞尔曲线
	bezierCurveTo	创建三次贝塞尔曲线
	arc	创建弧/曲线（用于创建圆形或部分圆）
	arcTo	创建两切线之间的弧/曲线
	isPointInPath	如果指定的点位于当前路径中，则返回 true；否则返回 false
变换	scale	缩放当前绘图
	rotate	旋转当前绘图
	translate	重新映射到画布上的（0，0）位置
	transform	替换绘图的当前变换矩阵
	setTransform	将当前变换重置为单位矩阵，然后运行 transform()函数

续表

类　别	方　法	描　述
文本	fillText	在画布上绘制填充文本
	strokeText	在画布上绘制文本（无填充）
	measureText	返回包含指定文本宽度的对象
图形	drawImage	在画布上绘制图形、画布或视频
像素操作	createImageData	创建新的、空白的 ImageData 对象
	getImageData	返回 ImageData 对象，该对象为画布上指定的矩形复制像素数据
	putImageData	把图形数据（从指定的 ImageData 对象）放回画布
其他	save	保存当前环境的状态
	restore	返回之前保存过的路径状态和属性
	createEvent	创建事件
	getContext	获取绘图环境
	toDataURL	把绘图数据存为图片

3. Canvas 与 SVG 的对比

Canvas 与 SVG 都可以用于地图渲染，但是它们之间还是有较大的不同，适用于不同的场景。下面对 Canvas 与 SVG 进行简单的对比。

（1）基本原理。SVG 是基于 DOM 进行地图渲染的，DOM 中的每个元素都是可用的，可以为每个元素附加事件处理器。在 SVG 中，每个被绘制的图形均被视为对象。如果 SVG 中的对象属性发生变化，浏览器就能够自动重现图形。Canvas 是基于 JavaScript 来绘制图形的，是逐像素进行地图渲染的。Canvas 的位置发生变化时，需要重新绘制图形。

（2）可扩展性。SVG 是基于矢量的点、线、形状和数学公式来构建图形的，该图形不是基于像素的，放大缩小不会产生失真。Canvas 是由一个个像素点构成图形的，放大会使图形变得颗粒状和像素化（模糊）。SVG 可以在任何分辨率下实现高质量的打印，Canvas 不适合在任意分辨率下打印。

（3）渲染能力。当 SVG 很复杂时，地图渲染就会变得很慢，这是因为 DOM 元素较多时，地图渲染会变得很慢。Canvas 提供了高性能的地图渲染和更快的图形处理能力，适合复杂的地图渲染。当图形中有大量元素时，SVG 文件的大小会增加很多（导致 DOM 变得复杂），而 Canvas 的大小并不会增加太多。

（4）灵活度。SVG 可以通过 JavaScript 和 CSS 进行修改，用 SVG 来创建动画和制作特效都非常方便。Canvas 只能通过 JavaScript 进行修改，创建动画时需要一帧一帧地重绘。

（5）使用场景。Canvas 主要用于游戏开发、绘制图形、复杂照片的合成，以及对图像进行像素级别的操作，如取色器、复古照片。SVG 非常适合显示矢量徽标（Logo）、图标（Icon）和其他几何设计，现在很多系统都采用了 SVG 图标、字体等。

3.4.3 WebGL 渲染技术

1. WebGL 简介

传统的前端页面主要包含 HTML 代码和 CSS 布局，以及用来实现页面动态刷新的

JavaScript 代码。引入 WebGL 技术后，三维页面的渲染主要是通过 OpenGL ES 着色器实现的。与传统的前端页面结构相比，WebGL 网页多了由三维渲染引擎和 OpenGL ES 着色器组成的 WebGL 协议。传统网页和 WebGL 网页的差异如图 3.15 所示。

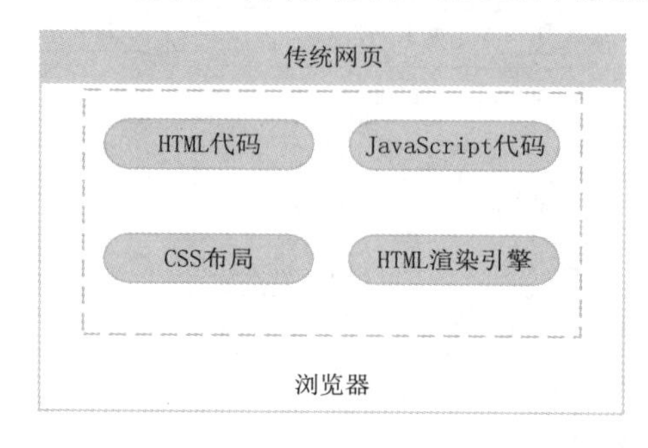

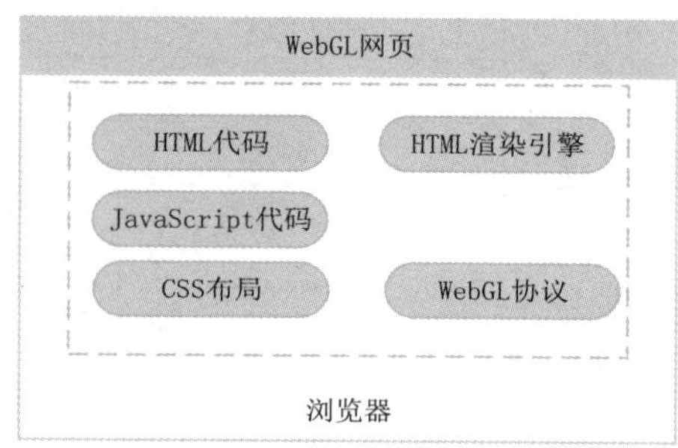

图 3.15 传统网页和 WebGL 网页的差异

WebGL 是一种网络三维绘图协议，这种绘图协议将 JavaScript 和 OpenGL ES 相结合，通过 OpenGL ES 在 JavaScript 中增加标签绑定，在 HTML5 中通过<Canvas>标签加载 JavaScript 脚本后使用 GPU 对图形进行运算，以提高运算效率。对于任何跨平台设备，只要有 GPU 就可以进行渲染加速，这种方式使得开发人员能够轻松在 Web 端构建大型三维场景，同时提高客户端的使用感受。通过 WebGL 技术，开发人员在进行 Web 开发时可以免去使用专用渲染插件的麻烦，提高运算效率，对于 WebGIS 这种需要对大量图形进行渲染的 Web 端软件具有较高的应用价值。

目前 WebGL 版本主要有基于 OpenGL ES 2.0 的 WebGL 1.0 和基于 OpenGL ES 3.0 的 WebGL 2.0。WebGL 2.0 主要新增了 WebGL 的选择扩展性，实现 JavaScript 的自动存储器管理功能。目前绝大部分的主流浏览器（如 Firefox、Chrome、Edge 等）都支持 WebGL。

WebGL 的发展历程如图 3.16 所示。

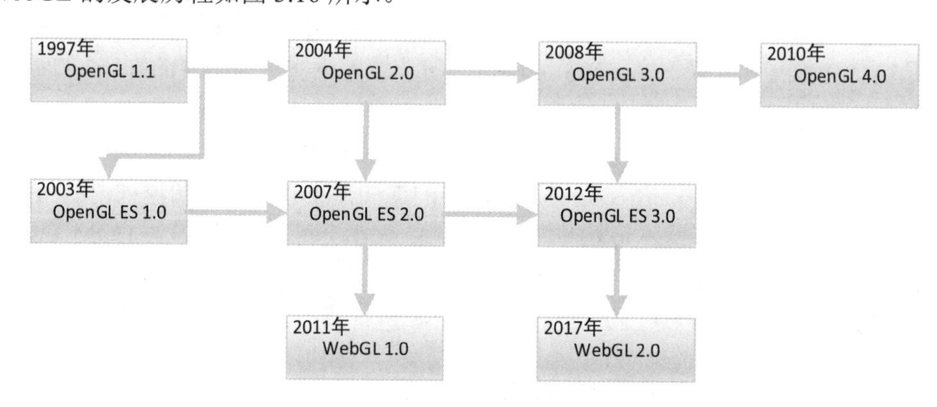

图 3.16 WebGL 的发展历程

2. WebGL 的处理流程

WebGL 的处理流程主要是通过创建的 WebGL 上下文划分渲染程序部分与数据缓冲区，之后根据数据缓冲区存储的像素数量循环调用着色程序，具体步骤如下：

（1）创建 WebGL 上下文，使用 gl.viewport()函数设置视口（Viewport），把顶点着色器提供的裁剪坐标渲染成画布坐标。

（2）调用着色器程序，初始化顶点着色器和片元着色器。顶点着色器负责把传入的顶点转化成裁剪后的坐标值并发送到 GPU 的光栅化模块中，模块则把顶点着色器传进来的三个顶点组成的三角形用像素画出来，根据像素的数量决定着色器程序的运行次数。根据 WebGL 渲染原理，顶点着色器会在片元着色器之前被着色程序执行。

（3）从数据缓冲区中提取数据给着色器程序，激活顶点数据的索引位置，通过索引信息绑定到对应的数据缓冲区。

（4）完成对象创建后对场景的基本组成元素进行设置，对整个三维场景进行渲染。

WebGL 的处理流程如图 3.17 所示。

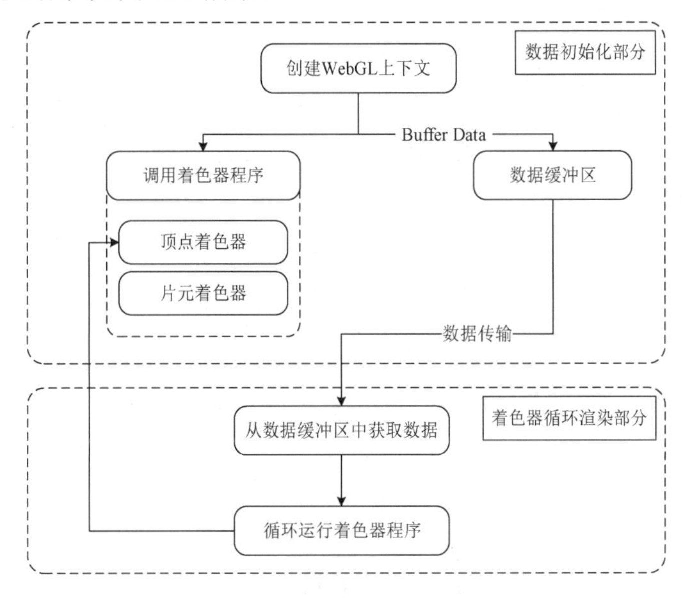

图 3.17　WebGL 的处理流程

本书第 10 章将详细介绍 WebGL 的渲染框架及案例。图 3.18 所示为基于 WebGL 展示的三维地图（白模）效果。

图 3.18　基于 WebGL 展示的三维地图（白模）效果

3.5 WebGIS 空间数据组织

3.5.1 WebGIS 空间数据的特点

基于 WebGIS 的地理信息具有分布式、多源、异构、异质和特定用户显示界面相关信息等特点，具体表现在如下几个方面。

1. 地理信息本身就具有地域分布特征

地理信息涉及两个方面的分布。第一是平面上的分布，相当于地图的二维分布。例如，一幅中国地图，包含了全国的省、自治区、直辖市和特别行政区。按照 Web 超链接的概念将中国地图作为主页（或称为主图），它包含了国家和各省、自治区、直辖市和特别行政区的重要基本信息。将地图上各省、自治区、直辖市和特别行政区的空间位置作为超链接的关键字，通过关联的网络地址，链接到各省、自治区、直辖市和特别行政区的网页，用户可以查询到下一级地图网址的信息。这样一直向下查找，就可以查询到乡镇一级的信息。这是从地图平面上，由粗到细，通过超链接，检索和查询不同地方、不同级别的信息。第二是垂直方向的分布。基于同一种比例尺的地图，可能有不同层次的地理信息。例如，一个城市 GIS 往往包含了房地产管理和地下管线等多层地理信息，不同层次的地理信息可能由不同的部门进行数据采集和维护，所以它们的数据服务器也可能是分布式地设在不同的部门，具有不同的网络地址。

2. 地理信息存储方式不同，表现出异质的特点

例如，在一个地下管线信息系统中，基础地形数据（如等高线）采用 PostGIS 存储，航空影像数据采用 MongoDB 存储，管线信息采用达梦数据库（DM）存储，文档信息采用文件方式管理。地理信息存储格式的不同，表现出了异质的特点。因为地理信息的存储缺乏标准，所以地理信息存储的格式迥然不同。不同的 GIS 软件往往采用了不同的数据格式。

3. 中间件应用服务平台不同

部署 WebGIS 中间件应用服务的平台不同，如操作系统平台和硬件平台的不同，操作系统平台可能为麒麟操作系统、Linux 操作系统或 Windows 操作系统。

4. WebGIS 的客户端不同，支持的地理信息格式不同

WebGIS 的客户端主要有三种类型：专用的地理信息浏览器、通用浏览器加地理信息 SDK 和通用浏览器。专用的地理信息浏览器可以从远程通过网络访问数据服务器、应用服务器和 Web 服务器中的地理信息资源，并且与本地的空间数据融合在一起；通用浏览器加地理信息 SDK 是指在 Chrome、FireFox 等 WWW 浏览器的基础上加上特定的地理信息 SDK，使用 HTTP 从远程 Web 服务器上取得空间数据，并通过地理信息插件显示和处理地理数据。将这些分布式、不同存储方式、不同存储格式和不同客户表现的地理信息叠加在同一个或多个分布式地理信息服务下进行解析、处理和生成结果，实际上是一个分布式、多源、异构和异质空间数据在分布式地理信息应用服务中间件中的组织、管理、共享访问等问题。对于一个特定的分布式地理信息服务，其数据流程表现出分布式存储、集中式处理和不同格式分发的特点。

3.5.2　基于 GeoJSON 的空间数据表达

2015 年，互联网工程任务组（Internet Engineering Task Force，IETF）与 GeoJSON 最初规范的作者一起成立了 GeoJSON 工作组，以标准化 GeoJSON。RFC 7946 发布于 2016 年 8 月，是 GeoJSON 的标准规范。

1. GeoJSON 简介

GeoJSON 是基于 JSON 的地理数据交换格式，它定义了多种 JSON 对象和方式，组合起来表达地理要素及其属性、空间范围等。

GeoJSON 对象可以表示空间区域（单个几何体）、空间有界实体（单个要素）、要素集合（FeatureCollection）。GeoJSON 支持的几何类型包括 Point（点）、LineString（线）、Polygon（面）、MultiPoint（多点）、MultiLineString（多线）、MultiPolygon（多面）、GeometryCollection（几何集合）等。在 GeoJSON 中，要素包含一个几何对象及其属性，要素集合则由要素数组构成。GeoJSON 类型指 Feature、FeatureCollection，加上前述的几何类型。

下面是一个要素集合的例子：

```
{
    "type": "FeatureCollection",
    "features": [{
        "type": "Feature",
        "geometry": {
            "type": "Point",
            "coordinates": [102.0,0.5]
        },
        "properties": {
            "prop0": "value0"
        }
    }, {
        "type": "Feature",
        "geometry": {
            "type": "LineString",
            "coordinates":[[102.0,0.0],[103.0,1.0],[104.0,0.0],[105.0,1.0]]
        },
        "properties": {
            "prop0": "value0",
            "prop1": 0.0
        }
    }, {
        "type": "Feature",
        "geometry": {
            "type": "Polygon",
            "coordinates": [
                [[100.0,0.0],[101.0,0.0],[101.0,1.0],[100.0,1.0],[100.0,0.0]]
            ]
        },
```

```
            "properties": {
                "prop0": "value0",
                "prop1": {
                    "this": "that"
                }
            }
        }
    }
```

2. GeoJSON 对象

一个完整的 GeoJSON 数据结构总是一个对象（JSON 术语中的对象）。在 GeoJSON 中，对象是由键-值对（也称为成员）的集合组成的。对每个成员来说，名字总是字符串。成员的值要么是字符串、数字、对象、数组，要么是 true、false、null 等常量中的一个，其中的对象和数组也是由上述类型的值组成的。

GeoJSON 总是由一个单独的对象组成的，这个对象（指的是下面的 GeoJSON 对象）表示几何、属性或要素集合。

GeoJSON 对象可能有任何数量的成员（键-值对）。GeoJSON 对象必须有一个名为 type 的成员，它的值必须是 Feature、FeatureCollection 或前述的几何类型之一。

GeoJSON 对象可能有一个可选的 crs 成员，它的值必须是一个坐标参考系统的对象。

GeoJSON 对象可能有一个可选的 bbox 成员，它的值必须是坐标边界数组。

（1）几何对象。几何对象是一种 GeoJSON 对象，这时 type 成员的值必须是前述的几何类型之一。除 GeometryCollection 外的其他任何类型的几何对象，必须有一个名字为 coordinates 的成员。coordinates 成员的值总是数组，这个数组中的元素结构由几何类型来确定。

① 位置。位置是基本的几何结构。几何对象的 coordinates 成员由一个位置（点）、位置数组（线或者多点）、位置数组的数组（面或多线）或者位置的多维数组（多面）组成。

位置由数值数组表示，至少两个元素。前两个数字代表经度和纬度，第三个（可选）数字代表高度或海拔。因此，位置基本上是数组“[经度、纬度、海拔/高度]”。

注意：在不同的地理工具或库中，是“[经度，纬度]”还是“[纬度，经度]”还没有达成共识。例如，Google Map API 和 Leaflet.js 的期望坐标为“[纬度，经度]”，而 GeoJSON、ShapeFile、D3.js、ArcGIS API 的期望坐标为“[经度，纬度]”。因此需要注意应用程序需要什么顺序。

② 点（见图 3.19）。对类型 Point 来说，coordinates 成员必须是一个单独的位置。

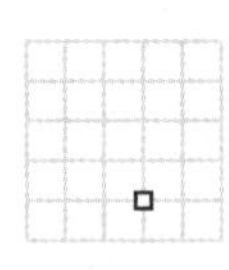

图 3.19 点

可以将 GeoJSON 中的 Point 定义为：

```
{
    "type": "Point",
    "coordinates": [30,10]
}
```

③ 多点（见图 3.20）。对于类型 MultiPoint 来说，coordinates 成员必须是位置数组。

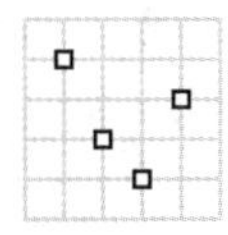

图 3.20　多点

可以将 GeoJSON 中的 MultiPoint 定义为：

```
{
    "type": "MultiPoint",
    "coordinates": [
        [10,40],[40,30],[20,20],[30,10]
    ]
}
```

④ 线（见图 3.21）。对于类型 LineString 来说，coordinates 成员必须是两个或者多个位置的数组。

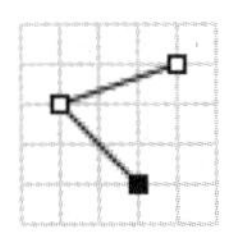

图 3.21　线

可以将 GeoJSON 中的 LineString 定义为：

```
{
    "type": "LineString",
    "coordinates": [
        [30,10],[10,30],[40,40]
    ]
}
```

⑤ 多线（见图 3.22）。对于类型 MultiLineString 来说，coordinates 成员必须是一个线坐标数组的数组。

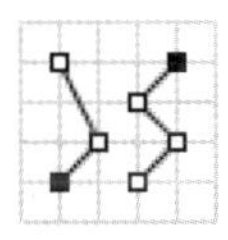

图 3.22　多线

可以将 GeoJSON 中的 MultiLineString 定义为：

```
{
    "type": "MultiLineString",
    "coordinates": [
        [[10,10],[20,20],[10,40]],
        [[40,40],[30,30],[40,20],[30,0]]
    ]
}
```

⑥ 面（见图 3.23）。对于类型 Polygon 来说，coordinates 成员必须是线性环（LinearRing）坐标数组的数组。要理解多边形的定义，我们必须先看一下线性环的概念。线性环是具有 4 个或更多位置的封闭线。封闭仅仅意味着线的起点和终点必须在同一个位置。GeoJSON 格式的多边形是根据多个线性环的形状指定的。面的外边界是一个线性环，并且可以由多个线性环的形状来定义面内的其他复杂环形。

根据 RFC 7946 标准，coordinates 数组中的第一个线性环数组必须是外环，所有后续的线性环数组定义的都是内环。该标准还定义了这些环的缠绕顺序，并指定外环位置是逆时针定义的，内环位置值是顺时针定义的。这种缠绕顺序对于许多绘图 API 都很有用。

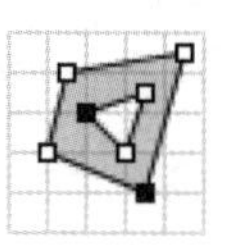

图 3.23　面

可以将 GeoJSON 中的 Polygon 定义为：

```
{
    "type": "Polygon",
    "coordinates": [
        [[35,10],[45,45],[15,40],[10,20],[35,10]],
        [[20,30],[35,35],[30,20],[20,30]]
    ]
}
```

⑦ 多面（见图 3.24）。对于类型 MultiPolygon 来说，coordinates 成员必须是面坐标数组的数组。

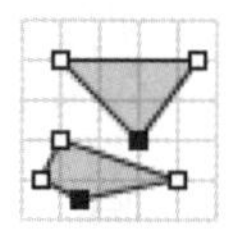

图 3.24　多面

可以将 GeoJSON 中的 MultiPolygon 定义为：

```
{
    "type": "MultiPolygon",
    "coordinates": [
        [[[30,20],[45,40],[10,40],[30,20]]],
        [[[15,5],[40,10],[10,20],[5,10],[15,5]]]
    ]
}
```

⑧ 几何集合。类型 GeometryCollection 是前述的几何类型的异构组合，GeometryCollection 对象没有 coordinates 成员，而是有一个名为 geometries 的成员。geometries 的值是一个数组，该数组中的每个元素都是一个 GeoJSON 几何对象。该数组可以为空。

可以将 GeoJSON 中的 GeometryCollection 定义为：

```
{
    "type": "GeometryCollection",
    "geometries": [
        {
            "type": "Point",
            "coordinates": [0,0]
        },
        {
            "type": "Polygon",
            "coordinates":[[[45,45],[45,-45],[-45,-45],[-45,45],[45,45]]]
        }
    ]
}
```

（2）要素对象。几何形状定义了可以在地图上绘制的形状，地图上的形状应该有一些现实世界的含义，此含义由该形状的属性定义。例如，在地图上用多边形标记的建筑物可能有一个名称属性，可能还有一些其他参数进一步描述了该形状。在 GeoJSON 中，Feature 类型的对象定义了实体的几何形状和属性。

Feature 的 type 值为 Feature，它还有一个名为 geometry 的成员，其值是上面讨论的任何几何形状或 null。此外，Feature 还有一个名为 properties 的成员，其值是一个 JSON 对象（或 null），定义了 Feature 的属性；Feature 还可以有一个可选的 id 成员，该成员带有一个唯一的字符串或空值，用于指定要素的标识符。

可以将 GeoJSON 中的 Feature 定义为：

```
{
    "type": " Feature ",
    "geometry":
    {
        "type": "Point",
        "coordinates": [0,0]
    },
    "properties":
    {
        "name": "教学楼"
    }
}
```

（3）要素集合。FeatureCollection 对象是 Feature 的数组，它是在 GeoJSON 文件中最常见的顶级结构。FeatureCollection 对象的 type 值为 FeatureCollection，有一个名为 features 的成员，其值为 Feature 数组。

3．坐标参考系统对象

GeoJSON 对象的坐标参考系统（CRS）是由 GeoJSON 对象的 crs 成员确定的。如果 GeoJSON 对象没有 crs 成员，那么它的父对象或者祖父对象的 crs 成员可能被获取作为它的 crs 成员。如果这样还没有获得 crs 成员，那么 GeoJSON 对象将使用默认的 CRS，默认的 CRS 使用的是 WGS84 数据。

名字为 crs 成员的值必须是 JSON 对象或者 null。如果 crs 的值为 null，则表示没有 CRS。

crs 成员应当位于（要素集合、要素、几何对象的）层级结构里 GeoJSON 对象的最顶级，而且在子对象或者孙子对象里不应该重复或者覆盖 crs 成员。

非空的 crs 成员有两个强制拥有的成员，即 type 和 properties。

4．包络边界

GeoJSON 对象包含了几何、要素或者要素集合的坐标范围信息，可能有一个名为 bbox 的成员。bbox 成员的值必须是 2×*n* 数组（*n* 是所包含几何对象的维数），并且所有坐标轴的最低值后面跟着最高者的值。bbox 成员的坐标轴的顺序遵循几何坐标轴的顺序。除此之外，bbox 成员的坐标参考系统假设匹配它所在 GeoJSON 对象的坐标参考系统。

bbox 成员的示例如下：

```
{
    "type": "Feature",
    "bbox": [-10.0, -10.0, 10.0, 10.0],
    …
}
```

3.5.3 基于 GML 的空间数据表达

地理标记语言（Geographic Markup Language，GML）是指由 OGC 制定的用于建模、传输和存储地理及与地理相关信息的 XML，主要用于地学/地理信息的传输和存储。GXL 包括了地理要素和层的空间与非空间特征。GML 建立在 W3C 系列标准之上，以一种互联网容易共享的方式来描述、表达地学/地理信息，是第一个被 GIS 界广泛接受的元标记语言。

GML 由 OGC 于 1999 年提出，并得到了许多公司的大力支持，如 Oracle、Galdos、MapInfo、CubeWerx 等。GML 能够表示地理空间对象的空间数据和非空间数据。

OGC 在 2000 年正式推出了 GML 1.0（基于文档类型定义 DTD）；在 2001 年 2 月推出了 GML 2.0（基于 XML Schema），该版本定义了编码地学/地理信息的 XML Schema 语法、机制和约定；在 2003 年 2 月推出了 GML 3.0。

GML 模型是基于 OpenGIS 的抽象规范。在抽象规范中，定义了一个地学/地理特征作为现实世界现象的一个抽象，这样就可以通过一系列地学/地理特征来描述现实世界。地学/地理特征中包括几何属性。OpenGIS 的抽象规范对地学/地理特征模型和几何模型进行了定义。

1．GML 设计的目的

- 为互联网环境下的数据传输和存储提供一种空间数据编码方式；
- 以一种可扩展和标准化的方式为 WebGIS 建立良好的基础；
- 对地理空间数据进行了高效率编码；
- 提供了一种容易理解的空间数据和空间关联的编码方式；
- 易于将空间数据和非空间数据进行整合；
- 实现空间和非空间数据的内容和表现形式的分离；
- 易于将空间几何元素与其他空间或非空间元素链接起来；
- 提供了一系列公共地理建模对象，从而使各自独立开发的应用之间互操作成为可能；

➲ 能够扩展，用以满足空间数据的多样化需求，不仅仅是用于对空间数据的单纯描述。

2. GML 的核心模式

GML 提供了一套核心模式和一个基于对象-属性（Object-Properties）模型的简单语义模型。GML 3.0 中有 28 种核心模式，其主要的核心模式如下：

（1）要素模式（Feature Schema）。地理要素包含一系列的空间与非空间属性，GML 中的地理要素是通过要素模式中全局定义的 XML 元素（Element）来表达的。要素模式 feature1.xsd 为创建 GML 要素和要素集合提供框架，其中定义了抽象和具体的要素元素及类型。与以前的版本相比，GML 3.0 增加了一些新的要素类型和属性，如 BoundedFeatureType、FeatureArrayProperType、EnvelopeWithTimePeriodType 等，并通过<include>元素引入了几何模式 geometryBasic2d.xsd 和时态模式 temporal.xsd 中的定义和声明。

（2）几何模式（Geometry Schema）。GML 2.0 定义的几何模式支持的几何类型仅有 Point、LineString、Box、Polygon，以及相应的聚合类 MultiPoint、MultiLineString、MultiPolygon。GML 3.0 支持包括 Point、Curve、Surface 及 Solid 在内的三维几何模型，在其几何模型中增加了许多新的类型，包括 Arc、Circle、CubicSpline、Ring、OrientableCurve、OrientableSurface 及 Solid，还有聚合类型（如 MultiPoint、MultiCurve、MultiSurface、MultiSolid）和复合类型（如 CompositeCurve、CompositeSurface、CompositeSolid）等。

（3）拓扑模式（Topology Schema）。空间拓扑是 GML 3.0 新增的内容，它使用拓扑基元 Node、Edge、TopeSolid，以及这些基元之间的关系描述来构建拓扑关系，拓扑基元通常用来表达几何类型 Point、Curve、Surface、Solid。拓扑基元之间的连接关系主要有边的公共节点、面的公共边及三维实体的公共面等。GML 3.0 在拓扑模式 topology.xsd 中对相关的拓扑类型和属性进行了定义，并通过<include>元素引入了复合几何模式 geometryComplexes.xsd 中的定义和声明。

（4）GML 时态模式（Temporal Schema）和动态要素（Dynamic Feature）模式。几乎所有的地理现象都存在变化，如洪水的上涨和退潮、人和交通工具的移动等。无法处理这类变化已成为现代 GIS 技术的一个瓶颈，为了弥补该缺点，GML 3.2 为这些独立于时间的现象提供了建模组件。利用 GML 3.2 可以模拟一个动态要素，如一个移动的物体，或者模拟一个带有属性且随着时间改变的要素，如森林火灾、土地边界、移动交通工具及灾难情景等的表示。动态要素模式 dynamicFeature.xsd 定义了动态要素的基本组件，而时态模式定义了时态基元及相关要素类型和属性。

（5）GML 坐标参考系统（Coordinate Reference System，CRS）。坐标参考系统是众多空间参考系统模型的一个部分，包括坐标和地理标识符参考。在 GML 中，可将 CRS 字典模型编码到包含 CRS 的字典并支撑组件的定义中。GML 提供了一种通用的、能够应用于编码 CRS 字典的模型。CRS 字典可以为个人或者组织私有，或者在网络上共享。正如 OGC 目录服务（WRS），CRS 字典将逐渐作为 Web 服务部署。

（6）图层模式（Coverage Schema）。图层是 GML 3.0 新增的内容，正如 OGC 和 ISO/TC 211 的定义，GML 的图层实质上是定义在一个区域上的分布函数，用来描述时空区域属性集的分布情况。区域可以是栅格、不规则三角网或多边形，分布函数的取值可以是高程、温度、气压、土壤类型等。GML 3.2 对图层的支持基于 ISO/TC 211 19123 标准，其定义域包含几何对象和时态对象，值域则包含任何值对象。GML 3.2 通过 domainSet、rangeSet 与

coverageFunction 组件描述 Coverage，coverage.xsd 定义了组件的元素类型、属性。

3. GML 应用模式开发相关问题

GML 核心模式定义了构建地理要素的基本组件，但并没有提供具体要素（如道路、河流、建筑物等）的定义。GML 的作用是提供一种机制让用户定义这些具体的地理要素。利用 GML 模型及其模式组件，用户可以在 GML 应用模式（GML Application Schema）中定义地理要素。用户在 GML 应用模式开发的过程中，除了要遵循 GML 语义模型和句法规则，还必须考虑相关的技术问题。

（1）要素关系描述。如果一个要素属性的值是另外一个要素，那么这个属性表达的是这两个要素之间的关系，属性的名称可以提供要素关系的信息，或者是关系的一方在此关系中的位置，如下代码所示的是“道路”“横跨”“峡谷”。

```
<app: Road gml: id ="rl">
    <app: name>Robert' s Creek Road</app: name>
    <app: crosses>
        <app: Creek gml: id ="cl">
            <app: name>Robert's Creek</app: name>
        </app: Creek>
    </app: crosses>
</app: Road>
```

在上面的代码中，属性 crosses 提供了源对象（Road）在这一关系中所处的位置。一方面，可以说道路跨越峡谷；另一方面，属性 crossBy 可以描述对应的目标对象（Creek）在关系中所处的位置。更一般的情况是，一个属性可以用来表示双向关系，如交叉。

（2）要素类型。在 GML 中，几何要素都是由全局定义的 XML 元素通过 GML 应用模式来定义的。要素不能作为属性，正是由于这条规则，GML 类型都包含元素的定义，主要通过元素而非属性实现对类型的描述。例如，Road 对象如下所示：

```
<element name="Road" substitutionGroup="gml: Feature"/>
```

（3）几何类型定义。正如要素类型一样，几何类型也是通过 GML 应用模式中的 XML 元素来描述的。用户可以定义新的空间或者时态类型，也可以通过基本的几何类型或者抽象几何类型派生新的类型，但应避免从 AbstractGeometryType 派生任何类型，这种方式不利于 GML 实例文件的解析，应尽量从具体的几何类型派生新的类型。例如，如果某个元素是曲线类型，那么可以直接从 gml:AbstractCruveType 派生；如果可能的话，还可以从一个具体的子类型派生，如 gml:LineString。

（4）复杂要素定义。在某些情况下，GML 提供了不止一种编码方式，尤其是在为复杂对象建模时。复杂要素由多个要素构成，如飞机场由跑道、塔台、候车亭、出入通道等要素构成。在 GML 应用模式的建立过程中，可以将这类要素建模为复杂要素（包含各个成员要素），也可以将这类要素建模为一个具有复杂几何（Complex Geometry）属性的简单要素，选择哪种方式进行建模完全取决于应用的目的。如果只关心机场本身，而对各个组成部分不感兴趣，那么应该选用复杂几何对象的方法，将机场用 MultiPolygon 或者 MultiGeometry 来表示。如果想分离机场的各个部分，主要关注的是各个部分的情况，那么应该将这些对象作为独立的要素，并且将机场作为要素进行处理。

（5）空间信息组织。地理信息都具有几何属性和拓扑属性，在地理要素建模时，通常有两种方式：

① 几何属性和拓扑属性分开表达，如图 3.25 所示。

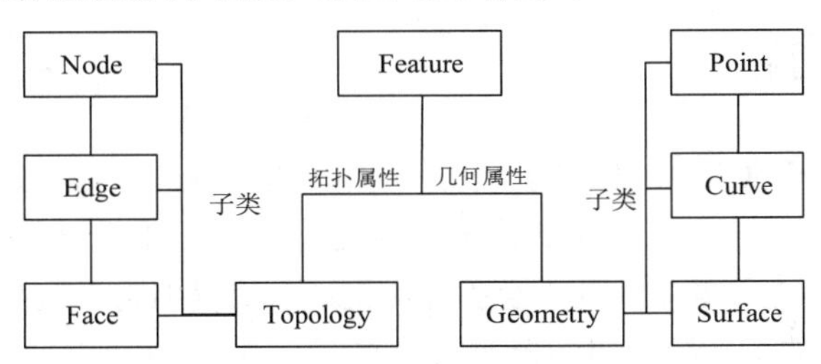

图 3.25　几何属性和拓扑属性分开表达

② 将几何属性嵌入拓扑属性中，如图 3.26 所示。

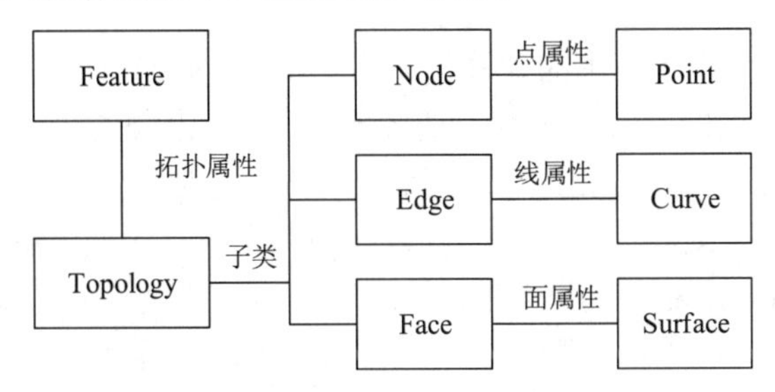

图 3.26　将几何属性嵌入拓扑属性中

在具体建模时，选择哪种方式进行表达，取决于具体的应用目的。如果建模的目的仅仅是制图，则第一种方式将是更好的选择，应用程序可以比较方便地提取几何数据。如果应用的目的是进行大量的空间查询、空间分析，如网络路径分析，则第二种方式则更为有利，应用程序比较容易分析拓扑数据，并将其与几何数据进行关联。

3.5.4　基于 KML 的空间数据表达

KML 最初由 Keyhole 公司开发，是一种基于 XML 语法与格式的、用于描述和保存地理信息（如点、线、图形、多边形和模型等）的编码规范，可以被谷歌地球（Google Earth）和谷歌地图（Google Map）识别并显示。谷歌地球和谷歌地图处理 KML 文件的方式与网页浏览器处理 HTML 和 XML 文件的方式类似。像 HTML 一样，KML 使用包含名称、属性的标签来确定显示方式。经过 OGC 成员的论证、修改和批准，KML 于 2008 年正式成为 OGC 的一个官方标准。

一个 KML 文件可以描述一些地理要素，如点、线、多边形、图形和三维模型等，并可以定义它们的显示符号、相机位置（即观察者所在的地点和高度、视线的方向、俯视或仰视的角度）。使用 ZIP 格式可以将 KML 文件及其相关图片压缩成 KMZ 档案，这样一方面可以减小文件的大小；另一方面可以包含其他类型的文件（如 KML 中符号和链接所需要的图像），也可以以本地托管的方式在专用网络上共享，还可以在 Web 服务器上公开托管。

KML 主要用于记录某一地点或连续地点的时间、经度、纬度、海拔等地理信息数据，经常被用于公共信息发布。例如，利用 KML 发布天气预报，包括恶劣天气警报、雷达影像和传感器观测数据等。

3.6 地图切片

3.6.1 地图栅格切片

地图栅格切片是 WebGIS 中使用的一种新技术，通过地图栅格切片可以有效缩短服务器的地图生成时间和地图传输时间，提高系统的响应速度。当浏览区域发生变化时，客户端通常会向服务器请求更新地图数据，服务器在接收到请求后需要将新区域的地图转换成图形格式，并发送给客户端。如果能控制服务器每次只更新有变化的区域，而不是窗口的全部区域，就可以缩短服务器的成图时间和地图传输时间，提高系统的响应速度。

1. 地图栅格切片的原理

地图的预生成一般将指定范围的地图按照指定尺寸（如 256 px 等）和指定格式（如 JPEG、PNG 等）切成若干行及列的正方形图片，切图所获得的地图栅格切片也称瓦片。

对某个区域进行切片时，从左上角（西北角）开始对此固定范围进行切图，第一级切片一般情况下可以采用 1 张图片，后续不同等级的地图之间采用四叉树数据结构，第 level 级上的 1 张切片到第 level+1 级将变成 4 张，这种结构有助于切图和快速显示，但得出的地图没有固定的比例尺，比例尺随地理纵坐标变化，由于不同维度变形不一样，因此进行地理量算时不是根据比例尺而是根据地理坐标直接计算的。

地图栅格切片具有一定的地图分级，因此所产生的地图只能在这几个分级中缩放，不具有无级缩放的能力。

切片分级一般采用四叉树算法来实现，图 3.27 所示为地图栅格切片金字塔结构示意图。图中每个切片采用“级号+行号+列号”的方式给切片编号（其中级号、行号、列号都从 0 开始编号），对切片的加载，可以采用级号/列号/行号的方式进行请求。

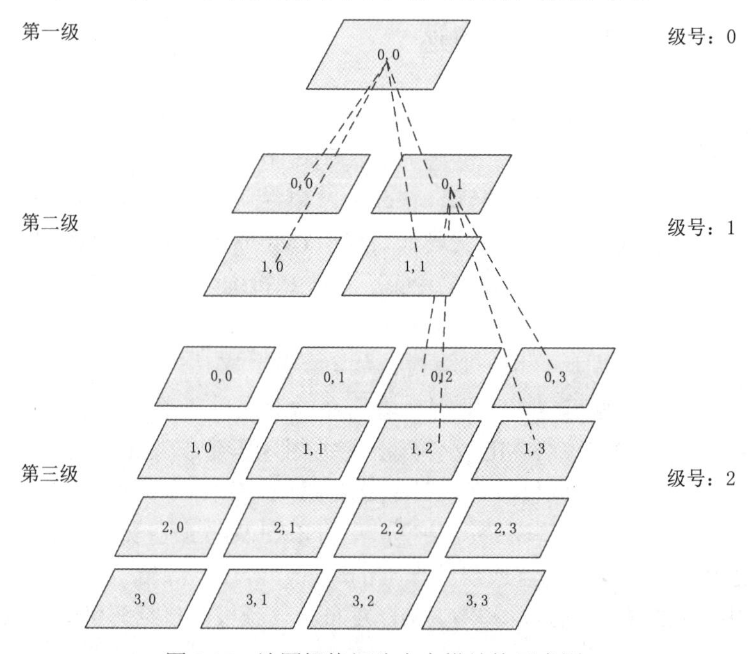

图 3.27 地图栅格切片金字塔结构示意图

下面以 Web 墨卡托投影坐标系下的全球地图为例，阐述地图栅格切片的形成过程。全球地图的坐标系范围为（-20037508.3427892，-20037508.3427892；20037508.3427892，20037508.3427892），地图栅格切片的第 1 级有 1 张切片，第二级的切片按照四叉树原理，每张切片可以分为 4 张切片，依此类推。一张切片的经/纬跨度按几何级数减少，意味着切片所对应的实际空间距离减少，也就是说，在一定 DPI（Dot Per Inch）下的地图屏幕分辨率会随几何级数减少。为了增强地图栅格切片的效果和质量，一般建议在不同的级别，可以采用不同比例尺的地图进行切片。这样在高级别的切片上，可以得到更详细的地图。

2. 基于地图栅格切片的 WebGIS 工作流程

基于地图栅格切片的 WebGIS 工作流程如下：

（1）服务器预先将要发布的地图生成多级地图栅格切片。

（2）客户端在使用地图时，根据客户端的地图需求，确定需要加载的地图栅格切片（切片的级号、行号、列号）。注意：一个客户端在某一视口可能加载不同级别的地图栅格切片数据。

（3）客户端的多线程功能可以同时下载多个切片。当地图窗口发生移动、缩放等地理范围变化时，可以同时下载多个新的地图栅格切片来拼成一幅完整的地图。

3. 基于地图栅格切片的 WebGIS 的优缺点

优点：

（1）与平台和操作系统无关，具有很好的跨平台能力。

（2）预先生成地图栅格切片，减轻了服务器的负担。

（3）能充分利用浏览器缓存和多线程技术，提高响应效率。

（4）能处理海量的 GIS 数据。

缺点：

（1）地图表现比较有限，图层控制能力弱，尤其是图层特别多的地图数据，在进行切片时，可能对较多的图层进行了合并。

（2）空间分析非常有限，一些较复杂的 GIS 功能需要结合别的方式实现。

3.6.2　地图矢量切片

1. 地图矢量切片简介

地图矢量切片和地图栅格切片采用了相同的思路。地图矢量切片以金字塔方式切割矢量数据，只不过切割的不是栅格图片，而是矢量数据的描述性文件。目前地图矢量切片主要有以下三种格式：GeoJSON、TopoJSON 和 Mapbox Vector Tile（MVT）。

地图矢量切片技术继承了矢量数据和地图切片的双重优势，有如下优点：

（1）相对于原始矢量数据，地图矢量切片更小巧，重新进行了编码，并进行了切分，只返回请求区域和相应级别的矢量数据。

（2）数据信息接近无损，但体积更小，地图矢量切片的大小通常比地图栅格切片小，这使得数据传输得更快，可以使用更小的带宽。

（3）数据在客户端渲染，而不是在服务器。这允许不同的地图应用程序使用不同的样式去渲染一个地图，而不需要事先在服务器进行预先的样式配置。

（4）更灵活，可以只返回每个专题数据的图层，而不像地图栅格切片那样把很多专题数据渲染在一张底图中。

地图矢量切片的主要缺点是需要对地理数据进行预处理，以便客户端能够完成所需的绘图（类似于地图栅格切片的数据预处理）。考虑到这一点，地图矢量切片只能用于渲染。虽然是矢量格式，但它们不可编辑，地图矢量切片是为了读取和渲染的优化。如果要在客户端编辑要素，最适合的是使用 OGC 的 WFS 服务。

2. 地图矢量切片的原理

这里以 MVT 为例来介绍地图矢量切片的原理。

（1）地图矢量切片数据组织。地图矢量切片数据组织可分为两个层次：地图表达范围内的切片数据集组织模型，以及单个切片内要素的组织模型。

① 地图表达范围内的切片数据集组织模型。地图矢量切片数据集的组织模型可参考地图栅格切片金字塔模型，可通过自定义地图矢量切片的大地坐标系、投影方式和切片编号方案实现任意精度、任意空间位置与地图矢量切片的对应关系。为了与目前的地图栅格切片相关服务规范（如 OGC、WMTS 等）相兼容，以及便于将地图矢量切片转换为地图栅格切片，地图矢量切片一般采用与地图栅格切片相同的投影方式和切片编号方式。以 MVT 为例，其默认的大地坐标系为 WGS84，投影方式为 Web 墨卡托投影坐标系，切片编号采用 Google 切片方案。因此，MVT 的大地坐标系、投影坐标系、像素坐标系和切片坐标系与地图栅格切片一致。

② 单个切片内要素的组织模型。单个地图矢量切片在逻辑上可以通过图层组织要素信息，每个图层所包含要素的几何信息和属性信息在逻辑上分开存储。以 MVT 为例，其逻辑存储结构如图 3.28 所示。几何要素分为点、线、面和未知要素类，其中，未知要素类是 Mapbox 特意设置的一种要素类型，解码器可以尝试解码未知要素类，也可以选择忽略这种类型的要素。元数据信息分为图层属性和要素属性。每个地图矢量切片至少包含一个图层，每个图层至少包含一个要素。

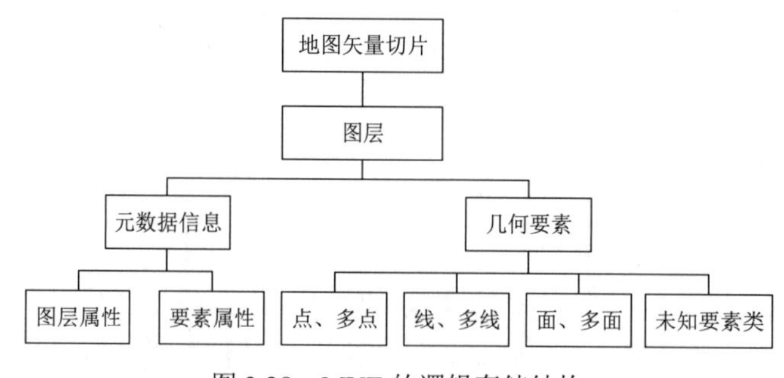

图 3.28　MVT 的逻辑存储结构

地图矢量切片的物理模型是切片属性信息和几何位置信息在存储过程中的具体表现形式。描述切片属性信息和几何位置信息的常用文件有 GeoJSON、TopoJSON 和 Google Protocol Buffers（PBF）。其中，GeoJSON 易于阅读、通用性强，大多数软件可以直接打开这类文件，但存储的地理数据较多时易产生冗余信息。TopoJSON 是在 GeoJSON 基础上对共享边界几何要素拓扑编码，减少冗余信息的一种优化数据格式，被 Mapzen（一个开源平台）推荐作为地图矢量切片的存储格式。PBF 是一种轻便、高效的结构化数据存储格式，MVT 采用 PBF 格式组织单个切片内要素的信息。为了便于地图矢量切片数据集的网络传输和数据库存储，可以将地图矢量切片数据集打包生成地图矢量切片包，常用的有ArcGIS矢量切片包（VTPK）格式和可存储到SQLite数据库的MBTiles格式等。

（2）地图矢量切片的编码规则。以MVT为例，它采用PBF进行编码，与GeoJSON文件相比，其体积更小，解析速度更快。

① 几何位置信息编码。GeoJSON格式的地图矢量切片文件在记录要素几何位置信息时一般采用原始的经/纬度坐标，PBF格式的地图矢量切片在存储几何位置信息时所用的坐标系是以地图矢量切片左上角为原点、以x轴向右为正、以y轴向下为正，坐标值以格网数为单位。单个地图矢量切片的默认格网数为4096×4096，即使4K（屏幕分辨率为4096 px×2160 px）的高清屏上只显示一张地图矢量切片也不会出现类似于地图栅格切片的锯齿效果。屏幕分辨率的提高，可以相应地提高地图矢量切片的格网数量，以精确记录地图矢量切片内要素的几何位置信息。

假定一张地图矢量切片的格网数为10×10，地图矢量切片的左上角是坐标原点（0，0）。地图矢量切片的几何信息编码如图3.29所示，用笔绘制两个环的指令集，红线（三角形的边）的起点（1，-5）是相对于之前的终点（3，7）而言的，ClosePath()函数会封闭图形并进行填充。

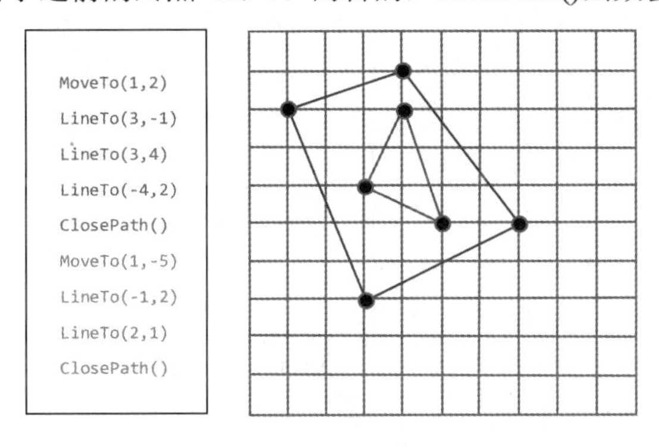

图3.29　地图矢量切片的几何信息编码

② 切片属性信息编码。PBF格式的切片属性信息被编码为tags字段中的一对整数。如表3.7所示，左侧为GeoJSON格式表达的两个要素的属性信息格式，右侧为PBF格式的切片属性信息。要素1的属性字段hello的属性值为world，在PBF格式中用一对整数“0，0”表示。第一个整数表示hello在地图矢量切片所属的图层keys列表中的索引号（以0开始）；第二个整数表示value在地图矢量切片所属的图层values列表中的索引号（以0开始）。通过比较可以发现，在存储大量的重复字段名称和属性值的要素信息时，PBF格式能够很好地避免重复信息。

③ 环绕顺序。环绕顺序是指地图矢量切片绘制环的方向，可以是顺时针方向，也可以是逆时针方向。许多几何对象都是带有孔的多个多边形对象，这些孔也被表示为多边形环。因此，环绕顺序对于推断一个几何对象是多个多边形对象的一部分还是单独的多边形非常重要。

过去，从地图上提取原始数据一直非常困难，因为地图中的几何体对象缺失底层元数据。通过WebGL技术引入地图矢量切片，在客户端进行渲染时，原始的几何对象数据成为客户端渲染的重要信息来源。为了让渲染器能够正确区分哪些多边形是洞，哪些多边形是单独的几何对象，要求所有多边形都是有效的（OGC有效性）。任何多边形内环的方向都必须与其父外环的环绕顺序相反，并且所有内环都必须直接从属于其所属的外环。外环必须采用顺时针方向，内环必须采用逆时针方向（屏幕坐标）。多边形的环绕顺序及渲染效果如表3.8所示。

表 3.7 切片属性信息编码表

<table>
<tr><th>GeoJSON格式</th><th>PBF格式</th></tr>
<tr><td>{
"type": "FeatureCollection",
"features": [
{
"geometry": { ... },
"type": "Feature",
"properties": {
"hello": "world",
"h": "world",
"count": 1.23
}
},
{
"geometry": { ... },
"type": "Feature",
"properties": {
"hello": "again",
"count": 2
}
}
]}</td><td>Layers
{
version: 2
name: "points"
features: {
id: 1
tags: 0
tags: 0
tags: 1
tags: 0
tags: 2
tags: 1
type: Point
geometry: ...
}
(0 hello τ / 0 world τ / 1 h τ / 0 world τ / 2 count τ / 1 1.23)
features {
id: 2
tags: 0
tags: 2
tags: 2
tags: 3
type: Point
geometry: ...
}
(0 hello τ / 2 again τ / 2 count τ / 3 2)
keys: "hello"
keys: "h"
keys: "count"
values: { string_value: "world" }
values: { double_value: 1.23 }
values: { string_value: "again" }
values: { int_value: 2 }
extent: 4096
}</td></tr>
</table>

表 3.8 多边形的环绕顺序及渲染效果

说明	环绕顺序	渲染效果
单环，顺时针方向 渲染成实心多边形	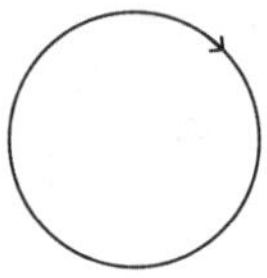	
双环，顺时针方向 渲染成两个实心多边形	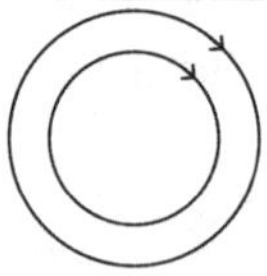	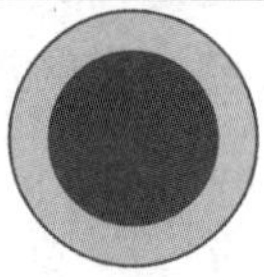
双环，外环顺时针方向， 内环逆时针方向 渲染成“洞”	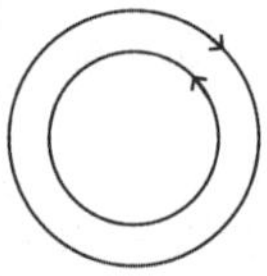	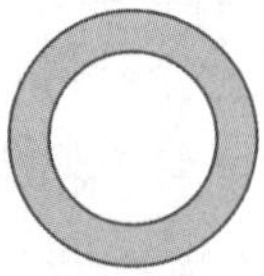
三环，外环顺时针方向，内1环 逆时针方向，内2环顺时针方向 内2环渲染成“岛”	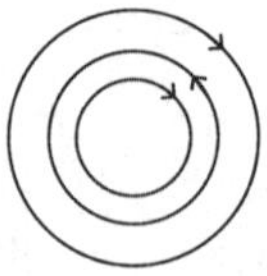	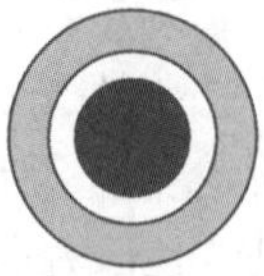

（3）地图矢量切片的裁剪。当已有的地图矢量要素被切片后，在地图的构建过程中必然会涉及地图矢量图层的裁剪，裁剪的关键在于地图矢量切片范围内点、线、面要素的坐标信息的分割。对于矢量对象的裁剪，最基本的是点要素的裁剪，因为点是构成线要素和面要素的基本单位；最重要的是线要素的裁剪，无论面要素如何复杂，最终都要归结到以线要素的裁剪方式去处理。

① 点要素的裁剪。点要素由坐标（x，y）构成。点要素的裁剪比较容易，只需要判断该点是否位于当前地图矢量切片范围之内，若在则将该点写入地图矢量切片即可。对于恰好处于地图矢量切片边界上的点要素，可以对保存边界点要素的地图矢量切片边界做出相应的规定，如规定只保存处于地图矢量切片上边界和左边界的点要素，这样可以保证点要素只被存储一次。

② 线要素的裁剪。线要素的裁剪略复杂一些，线要素与地图矢量切片之间的关系可以分为无交点、有一个交点、有两个交点和线要素与地图矢量切片多次相交 4 种情况，如图 3.30（a）所示。

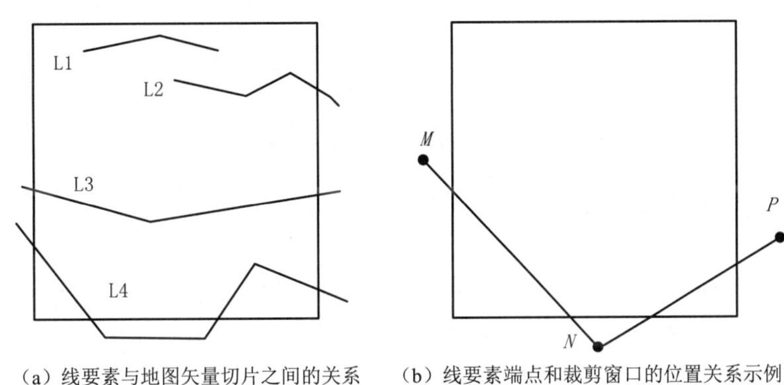

（a）线要素与地图矢量切片之间的关系　（b）线要素端点和裁剪窗口的位置关系示例

图 3.30　线要素的裁剪

对于线要素的裁剪，不能单纯以点的位置来判断线要素与裁剪窗口是否相交，因为这种做法可能会错误地判断线要素与裁剪窗口的位置关系。如图 3.30（b）所示，虽然线要素上的端点都处于裁剪窗口之外，但线要素与裁剪窗口是存在交点的。可以使用以下两个步骤来判断线要素与地图矢量切片的位置关系。判断裁剪窗口与一条线是否有交点，首先可以用裁剪窗口与线的包络矩形做初步相交判断。

步骤（a）：线要素的起点 A 位于地图矢量切片范围内或位于地图矢量切片边界上，且下一点 B 在地图矢量切片范围内。若点 B 之后的所有点都处于地图矢量切片范围内，则此线要素在地图矢量切片范围内；若线要素的起点 A 在地图矢量切片范围内，之后的某点 C 处于地图矢量切片范围外，则记录点 C 与上一个点 D 构成的线段 CD 和地图矢量切片的交点 E 将与之前的点 D 一并写入对应的地图矢量切片中，且线要素的起点变为交点 E，继续进行步骤（b）。

步骤（b）：线要素的起点 E 位于地图矢量切片范围外或位于地图矢量切片边界上，且下一点 F 在矢量切片范围外。若之后每一点与前一点 F 构成的线段与地图矢量切片边界均没有交点，则该线要素位于地图矢量切片外；若之后某点 G 与上一个点 E 构成的线段与地图矢量切片边界相交于点 H，则用该交点 H 将该线要素分为两条，以交点 H 作为起点，跳入步骤（a）继续执行。

若点 F 之后某点与上一个点 I 构成的线段与地图矢量切片边界相交于两点 J 和 K，则用这两个交点将线要素分为三段，将线段 JK 写入地图矢量切片，以 K 作为线要素的起点继续执行步骤（b）。

重复以上两个步骤，可以完成对线要素的裁剪。在线要素的裁剪过程中会生成许多源文件中不存在的交点，对于这种状况，可以参照对点要素裁剪过程中的处理办法，只保存特定边界上的点，这样可以确保每个点只保存一次。如果这样处理的话，则在线要素合并过程中就不容易判断处于两张地图矢量切片中的线要素到底是属于同一个线要素还是属于多个线要素。正确的做法是保留这些新生成的交点，在合并过程中再去掉多余的交点。其实这些重复的交点并不会对渲染结果产生影响。

③ 面要素的裁剪。面要素与地图矢量切片范围之间的关系主要有 4 种，如图 3.31 所示。

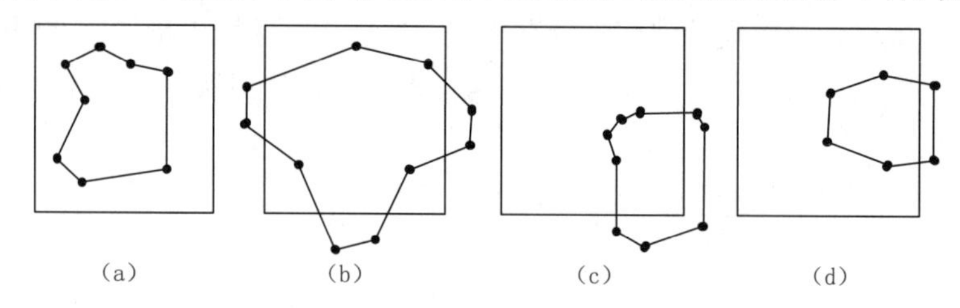

图 3.31 面要素和地图矢量切片范围之间的关系

面要素的裁剪过程更加复杂，需要对面要素的顶点逐个进行处理，然后重新构造面，存入相应的地图矢量切片中。具体步骤如下：

步骤（a)：若面要素的所有顶点 $P(n)$均位于地图矢量切片范围内，则将所有顶点记录入地图矢量切片，执行步骤（f)；否则执行步骤（b)。

步骤（b)：若某顶点 $P(i)$位于地图矢量切片范围内，点 $P(i+1)$处于地图矢量切片范围外，则计算线段 $P(i)P(i+1)$与地图矢量切片边界的交点（出点）M，记录 $P(i)$、交点 M 及其所在边。

步骤（c)：若顶点 $P(i)$位于地图矢量切片范围外，$P(i+1)$位于地图矢量切片范围内，则计算出线段 $P(i)P(i+1)$与地图矢量切片边界的交点（入点）N，记录 N 及其所在的边，如果上一个记录点 M 为出点，且 M 和 N 处于不同的地图矢量切片边界，则 M、N 为新增点。

步骤（d)：若顶点 $P(i)$和点 $P(i+1)$均处于地图矢量切片范围外，对下一点继续执行该步骤，直到出现点 $P(i+1)$处于地图矢量切片范围内，执行步骤（c)。

步骤（e)：若 $P(i)$和 $P(i+1)$均处于地图矢量切片范围内，对下一点继续执行该步骤。直到出现点 $P(i+1)$处于地图矢量切片范围外，执行步骤（b)。

步骤（f)：所有点计算完毕，构建新的面对象，面要素裁剪完毕。

在面要素的裁剪过程中需要注意以下两个问题。

首先，在面要素的裁剪过程中可能出现如图 3.31（c）和图 3.31（d）所示的两种情况，两者的区别就在于出点 M 和入点 N 存在于地图矢量切片的不同边界上，若两者出现在同一条边界上则不需要做任何处理；否则在将裁剪数据写入地图矢量切片的过程中，需要记录地图矢量切片的顶点作为新增点，以维持数据在客户端渲染的完整性。但这种情况下无法确定是在哪个方向上新增点，也就是图 3.32 所示的情况。

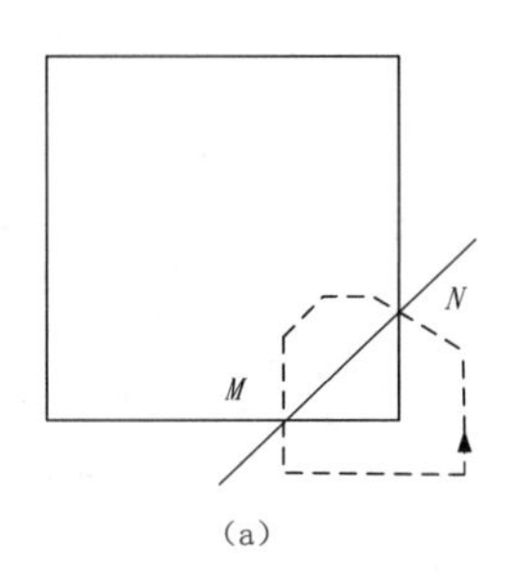

(a)

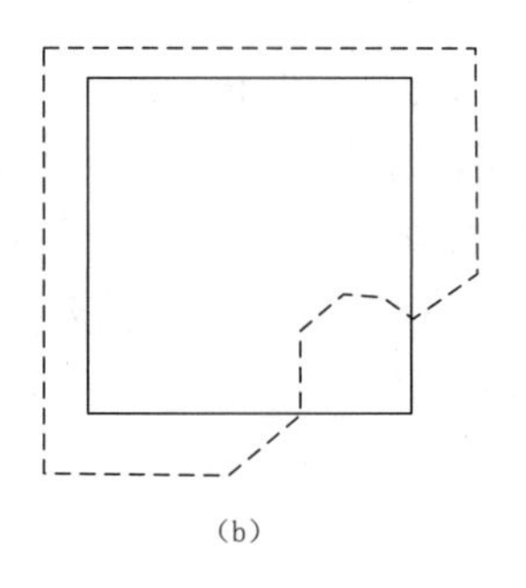

(b)

图 3.32　新增点出现的两种情况

对于这个问题，可以在面要素的裁剪过程中记录面要素边界顶点的遍历方向，若在遍历过程中是逆时针旋转，则有向线段 *MN* 右侧的地图矢量切片顶点就是需要添加的点；若顺时针遍历各顶点，则 *MN* 左侧的地图矢量切片顶点就是需要添加的点。

其次，在面要素的裁剪过程中添加了额外的顶点，这些顶点在进行线要素的裁剪时也存在，但不会影响线要素的显示效果，且想要消除这些点并不困难。而面要素则不同，在客户端显示地图矢量切片上的面要素时，新增顶点会形成多余的线段，会影响显示效果；如果不添加这些顶点，则面要素在渲染过程中会有歧义，不知道应该渲染哪部分内容。因此，这些多余的顶点是必须保留的，只能在地图矢量切片的合并过程中予以消除。

（4）地图矢量切片的合并。合并的过程是十分重要的，因为在地图矢量切片的裁剪过程中，地图矢量要素的完整性被破坏，如果不预先合并，直接绘制地图矢量数据，会出现许多原始数据中不存在的新增节点和地图矢量切片边界线。合并的过程就是要重建地图矢量要素在可视区域的完整性，并且保证可视区域的地理要素是合理、无歧义的。下面分别对点要素、线要素、面要素的合并方法进行简要介绍。

① 点要素的合并。点要素的数据结构比较简单，它与地图矢量切片的关系仅有被包含和位于地图矢量切片边界两种，仅需要将地图矢量切片中的点要素复制到合并区域中即可。如果需要将地图矢量切片内的点要素分层组织，那就需要将显示区域内同一图层的点要素合并在一起，达到分层组织的目的。在点要素的合并过程中是不需要考虑顺序的。

② 线要素的合并。线要素的合并是基于地图矢量切片内唯一的要素 ID 来实现的。将地图矢量切片内两个要素 ID 相同的线要素按顺序复制到合并区域中即可，在合并过程中可能出现如图 3.33 所示的两种情况。

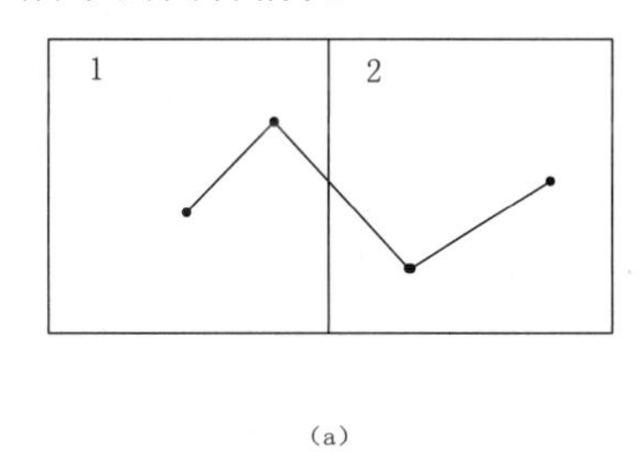

(a)

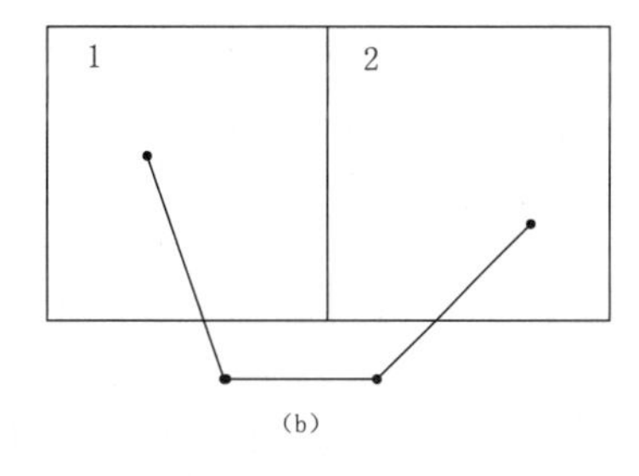

(b)

图 3.33　线要素合并过程中可能出现的两种情况

在图 3.33（a）所示的情况中，被分割的线要素具有相同的要素 ID，并且在相邻的两个地图矢量切片边界线中存在 2 个（或 4 个）相同位置的点，则在合并区域中，geometry 的属性要设置为 LineString 类型。在图 3.33（b）所示的情况中，被分割的线要素虽然具有相同的要素 ID，但在相邻的地图矢量切片中并不存在相同位置的点，在合并区域中，geometry

的 type 属性要设置为 MultiLineString 类型。

在线要素合并的最后还要解决线要素裁剪过程中的新增点问题。在线要素的裁剪过程中，分布于不同地图矢量切片的同一条线要素会产生两个新增点，这些新增点不影响显示效果，而且在线要素的合并中发挥着至关重要的作用。但在一些情况下，这些新增点可能会对分析等操作造成影响，所以在面要素合并的最后需要删除多余的新增点。可能会存在特殊的情况，例如，在原始数据中地图矢量切片边界恰好存在一个顶点，则在两个地图矢量切片边界中，这样位置相同的点应该有 4 个，在这种情况下，需要删除多余的 3 个新增点，只保留原本存在的顶点。

③ 面要素的合并。面要素的合并与线要素的合并方法基本一致，同样是基于地图矢量切片内唯一的要素 ID 来进行的，只是面要素的合并还存在内部填充问题，所以考虑的情况还要更复杂一些。主要原因就是在面要素裁剪过程中产生的新增点，这些新增点在面要素渲染过程中会形成边界线，破坏面要素的完整性，影响显示效果。多余边界线对面要素完整性的破坏如图 3.34 所示。

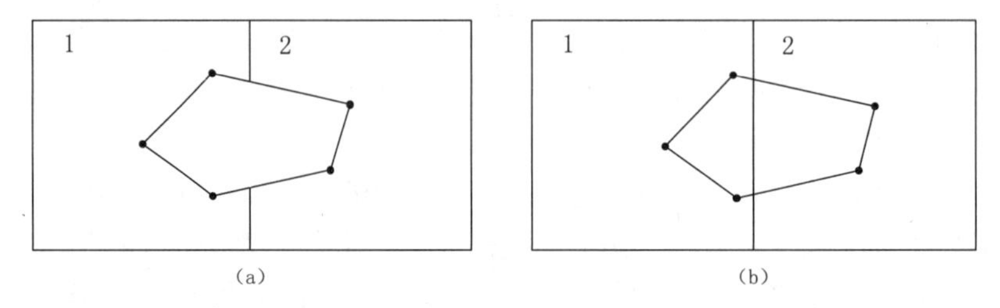

图 3.34 多余边界线对面要素完整性的破坏

在面要素的裁剪过程中不考虑面要素在地图矢量切片内的完整性，不存储边界线，只在面要素合并后对面要素进行绘制是不可行的。因为面要素往往不能全部显示在可视区域内，在只有部分地图矢量切片数据的情况下，无法判断究竟应该对哪一部分进行着色，这就会在面要素填充过程中引起歧义。不存储边界在面要素填充过程中引起的歧义如图 3.35 所示。

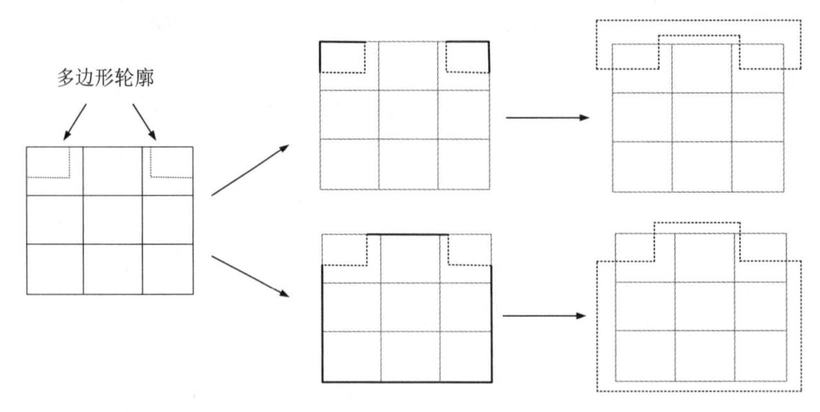

图 3.35 不存储边界在面要素填充过程中引起的歧义

由此可见，边界线的存储是十分必要的，只能在面要素合并过程中通过其他方法来消除新增的边界线。常用的方法有两种：第一种方法是，在面要素的裁剪过程中，记录原始数据的面要素与地图矢量切片网格相交的轮廓线，而对于地图矢量切片边界和地图矢量切片顶点的记录使用不同的标识方式。在绘制过程中，对于记录的面要素轮廓线采取有色绘制，对地图矢量切片边界采取透明绘制，只对面要素内部进行颜色填充。这样在视觉效果上，多余的边界线就“消失”了，但这种做法破坏了面要素的完整性，简单来讲就是使 Polygon 变成了 MultiPolygon，且这种做法需要分段记录轮廓线与网格相交的部分，加大了处理的难度，使地图矢量切片结构变得更加复杂。

第二种方法是：①在面要素合并过程中，通过相同的要素 ID 来确定合并的面要素对象。②对于地图矢量切片边界上的相同位置点，如果该要素的类型是 Polygon，则采取与线要素相同的处理方法去除该边界线；如果要素的类型是 MultiPolygon，则保留该边界线，因为这本来就是一个多面要素，只是恰好相接于边界线的位置。③对于处于地图矢量切片顶点的新增点，采取直接去掉除屏幕边界所在地图矢量切片外的点后再合并的策略。

第二种方法是非常简单有效的。因为将地图矢量切片顶点作为新增点的做法在消除绘制歧义出现的同时，可以将面要素的一部分显示在屏幕上，维持了多边形内部的形状。面要素在存储过程中只是一系列类型为 Polygon 或 MultiPolygon 的有序点集合，去掉中间多余的、处在地图矢量切片顶点的新增点，并不会影响面要素的绘制，因为删除新增点的前提是，该点不属于与屏幕边界相交的地图矢量切片。

3.6.3 地图栅格切片与地图矢量切片的对比

地图栅格切片一般是预生成的、数据量较大的静态点阵图，因此不能做进一步的处理，如缩放、客户端渲染、再次投影等。因为客户端不需要而且不能对地图栅格切片做进一步处理，所以地图栅格切片对客户端性能、硬件要求不高，且空间地图数据以地图栅格切片形式传输到客户端，可以保证空间地图数据的安全性。

地图矢量切片一般是由矢量数据组成的数据块，所以客户端可以对地图矢量切片做进一步的处理，如客户端可以定制渲染、对地图矢量切片的数据进行二次投影、添加标签属性、缓存地图矢量切片以提高渲染速度、数据分析等。因为客户端需要对地图矢量切片进行渲染，所以地图矢量切片对客户端性能、硬件等要求较高。因为地图矢量切片对于客户端是可见的和可操作的，所以地图矢量切片对于空间地图数据的安全性是一种破坏。

地图栅格切片与地图矢量切片的对比如表 3.9 所示。

表 3.9 地图栅格切片与地图矢量切片的对比

对比指标	地图栅格切片	地图矢量切片
无级缩放	不支持，固定缩放级别	支持
客户端灵活显示	不支持	支持，客户端可定制渲染规则
在底图上完美显示	一般情况下不支持，地图栅格切片通常作为底图，可以多层叠加	支持
是否可以添加标签	不可以	可以
交互性	差	良好
数据大小	较大	较小
客户端是否需要进行额外处理	不需要	需要
在客户端对切片进行再次投影	不支持	支持
原始地图数据是否安全	安全	不安全
传输带宽要求	较大	较小

第4章 WebGIS 的 Web 服务

WebGIS 是互联网技术应用于 GIS 开发的产物，是现代 GIS 技术的重要组成部分，其中的 Web 服务是现代 WebGIS 的核心技术和重要标志，它集 GIS、程序组件和互联网的优点于一身，深刻改变了 GIS 开发和应用的方式，绕过了本地数据转换和本地软件安装的复杂环节，使得不同的计算机系统和不同的部门之间可以在 Web 服务层面进行集成，实现了系统间的松耦合连接和跨平台。WebGIS 使用了 Web 服务的这些优点来发布地理数据，同时它还具有地理数据发现、访问、表示、查询、分析和整合的框架。

本章将重点介绍 Web 服务的基础知识，包括 Web 服务的产生、优势、影响，地理 Web 服务的功能介绍，Web 服务的接口类型，互操作和地理 Web 服务标准（如 WMS、WFS、WCS、CSW），以及面临的挑战。

4.1 从 Web 站点到 Web 服务

4.1.1 Web 服务的产生及优势

WebGIS 自从 20 世纪 90 年代初诞生后，早期的 WebGIS 及其相关软件，大部分是仅能独立操作的网站，在内部结构和外部开放方面具有局限性，难以充分发挥 WebGIS 的潜力，具体体现如下：

（1）系统之间缺乏良好的互操作性，每一个 WebGIS 都是孤立的、封闭的，相互之间不能共享数据及信息，也不能相互调用对方的功能模块，系统之间存在天然屏障和技术壁垒，不能进行相互操作。例如，A 系统中一个成熟的功能模块，正好是 B 系统中所需要的功能模块，由于系统的独立性，B 系统无法直接继承或调用该功能，A 系统也无法向 B 系统提供服务和接口，B 系统只能重新自行编码实现 A 系统中的功能模块。

（2）每个系统都是作为“独立解决方案”来开发指令的，系统内部功能模块之间不是松耦合的，数据和功能之间、功能和功能接口之间都是紧耦合的，当系统需求发生变化时，更新一个模块往往会导致其他模块的变化，难以重用特定的关联模块，导致系统维护成本和代价较高，不够灵活。

随着信息技术的发展，越来越多的应用需要调用、组装、套嵌其他 WebGIS 所提供的功能和信息，如何使 WebGIS 变得开放，不同的系统之间能够进行互相调用就变得非常重要。当时整个 WebGIS 行业及相关研究机构都在这方面展开了积极探索，Web 服务技术应运而生。

近年来，Web 服务技术不断改进，其定义也发生了变化，现在 SOAP（Simple Object Access

Protocol）已经不再是实现 Web 服务的唯一方式，REST（Representational State Transfer）风格的 Web 服务扩展了传统 Web 服务的概念。

Web 服务是一种运行于 Web 服务器上的程序，可以通过 Web 服务接入 Web 服务器。Web 服务提供一个 XML 接口，是通过标准 Web 协议实现通信的，支持系统间的松耦合连接，适用于任何类型的 Web 环境，无论互联网、Intranet 还是 Extranet。Web 服务是一种用来解决跨网络应用集成问题的开发模式，这种模式为实现“软件作为服务”提供了技术保障。

完整的 Web 服务体系包含三个部分（三种应用程序）：服务提供者（Service Provider）、服务请求者（Service Requestor）及服务注册中心（Service Registry），如图 4.1 所示。服务提供者通过向服务注册中心注册服务描述来发布（Publish）服务，并通过服务访问平台提供服务；服务请求者在服务注册中心搜索（Find）满足需求的服务，根据其服务描述解析服务调用方式，并动态绑定（Bind）服务提供者，获取服务。

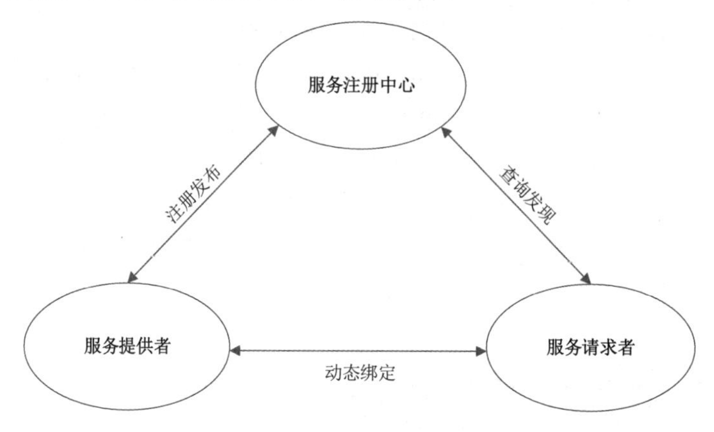

图 4.1　完整的 Web 服务体系

Web 服务是一种新兴的应用模式，是封装成单个实体并发布到网络上以供其他程序使用的功能集合，可以让公司和个人迅速且廉价地向全世界提供自己的数据和服务。Web 服务很好地解决了互联网中跨平台软件的连接问题。相对于传统的应用程序，Web 服务主要有以下优点：

（1）开放性。Web 服务可以和 Web 上其他计算机软件交互，供其他系统调用，进行功能和信息的交换和共享，打破了早期 Web 应用孤立封闭的局限。

（2）独立性。Web 服务是以 Web 为平台，通过 HTTP 被远程调用，它不和调用它的客户端程序一起编译。一个 Web 服务，不管它是使用什么编程语言开发的、部署在什么样的操作系统上、运行在什么样的 Web 服务器中，都能被客户端调用。客户端在调用一个 Web 服务时也没有被绑定任何编程语言，开发者可以自由选择编程语言开发，无须更改自己的开发环境就可以使用 Web 服务。

（3）松耦合性。客户端的软件和其调用的 Web 服务不必运行在一个机器上，两者不必一定依赖对方而存在。当一个客户端对某一个 Web 服务不满意或者这个 Web 服务不能使用时，客户端可以用其他 Web 服务，只要这两个 Web 服务的接口相同即可，客户端仅需要指向这个新的 Web 服务的 URL，而无须做其他改动。这种松耦合的特点便于进行灵活的组合，满足用户的业务需要。

（4）低成本性。开发者可利用工具快速创新和部署 Web 服务，当 Web 服务更新或发布新的版本时，只需要在 Web 服务器进行更新，不必在每个客户端分别进行软件包的安装和更新。

4.1.2　Web 服务对地理空间产业的影响

Web 服务之所以被 GIS 业界重视并得到快速发展，是因为它被应用于现有系统的集成，而不是重新提出全新的体系结构。Web 服务采用了无状态连接技术，使永久性的网络连接不再是必需的，网络节点可以仅在需要时进行连接。这种结构对于分布式 GIS 的实施具有实用价值和现实意义，解决了 GIS 的互操作、跨平台等问题，也有助于软件代码重用、降低成本，对地理空间产业产生了非常大的影响。

（1）Web 服务是 WebGIS 产品分化和新市场形成的加速器。以 Web 服务为中心，地理信息界发布了新的产品或新的功能，来实现地理资源的制作、服务的发布、服务的发现和绑定这一系列的工作流程，如图 4.2 所示。

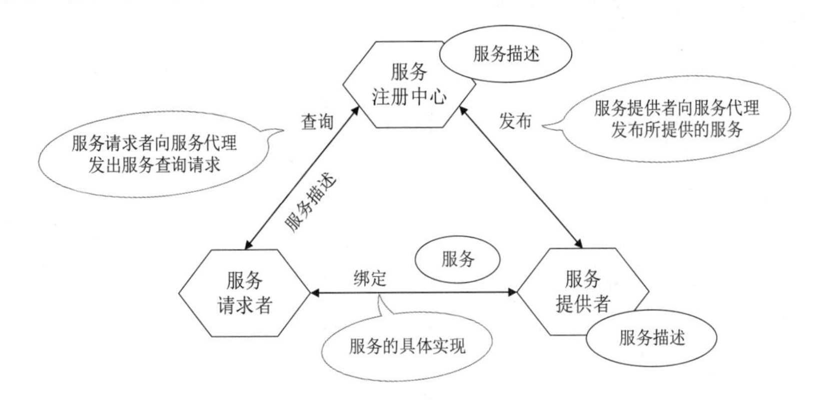

图 4.2　地理资源的工作流程

在服务器方面：如果你拥有大量的数据，你就可以成为数据和地图服务的提供者。如果你具有独特的分析模型，你就可以将它们作为专业地理分析服务发布。这些服务可以是免费的，也可以是收费的。

在客户端方面：如果你擅长开发，你就可以选择开发 Web 服务的桌面客户端或移动客户端，在所支持的服务类型或可用性等方面显示自己的优势。

在门户网站方面：你可以收集一定区域、一定专题或者符合一定标准的 Web 服务，把这些信息进行编目发布，让需要这些服务的人们能够查询使用。

（2）Web 服务是 GIS 融入主流信息系统的基本组件。在使用 Web 服务之前，GIS 与其他信息系统的集成往往要在本地实现，即把地理数据复制到本地，把 GIS 软件安装到本地，对 GIS 功能的调用很复杂，也有很大的局限，多年来这些原因一直把 GIS 限制在一个“小圈子”里，阻碍了 GIS 与主流信息系统的无缝集成。地理 Web 服务解决了上述复杂性，其他的信息系统可以灵活方便地调用和集成远程的 Web 服务，从中获得地图、数据和地理分析功能。Web 服务的开放性和灵活性将大大拓宽 GIS 的市场。

（3）Web 服务是实现互操作的一种新途径。GIS 应用的挑战之一就是如何实现互操作，即让使用不同 GIS 软件的产品能够一起工作。在使用 Web 服务之前，互操作主要在数据格式层面完成，也就是采用标准机构所制定的交换格式，不同厂家的软件能够输入、输出这些格式的数据或直接读写这些格式的数据。这种方法往往涉及数据的复制和本地软件的安装等，非常不灵活。

Web 服务使得 GIS 可以把互操作提升到基于 Web 服务的层面，避免数据转换以及转换工具的安装。地理信息标准机构 OGC 制定了一系列的 Web 服务标准，严格遵循这些标准，不同厂商的服务器和客户端之间就可以交叉使用。

（4）Web 服务是实现空间数据基础设施一个重要架构。空间数据基础设施（Spatial Data Infrastructure，SDI）是指地理信息的采集、处理、存储、发布、利用和保护所必需的技术、政策、标准和人力资源的总称。建设 SDI 的关键是标准、共享、协作。Web 服务体系在服务提供者和服务请求者之间建立了一个动态交流和集成的方式，是构建空间数据基础设施的关键，同时 Web 服务使用的协同方式为不同机构之间地理信息的共享和协作提供了一个新的、灵活的技术框架。

4.2 地理 Web 服务的功能

地理 Web 服务按照功能可以分为地图和要素服务、分析服务和数据目录服务等。

4.2.1 地图和要素服务

（1）地图服务是最常见的地理 Web 服务，它允许客户端请求一定地理范围内的地图，以图像格式（如 JPEG、PNG 或 GIF 等）把地图返回给客户端，地图服务包括矢量地图服务、栅格/影像地图服务、三维地图服务。

矢量地图服务的地图可以是切片地图服务（预先绘制好的切片），也可以是动态地图服务（动态绘制渲染的地图服务）。使用切片地图服务时，服务器会绘制若干个不同分辨率的地图并存储地图图像的副本，可在用户请求使用地图时分发这些图像。对于服务器来说，当客户端每次请求使用地图时，返回缓存的图像要比动态绘制地图快得多。因此，切片地图服务可以大大提高 WebGIS 应用的运行效率、缩短响应时间，主要用于内容相对静止或者更新频率较低的基础底图或地图。动态地图服务在接收到客户端的请求后，实时读取数据来制作地图，当客户端每次请求提供地图时，服务器都会渲染一次地图，采用最新的、实时的数据绘制地图，所以动态地图服务具有更高的灵活性，尤其适用于数据更新频次较高的场合。

栅格/影像地图服务主要是通过 Web 服务来提供栅格数据（如遥感影像和数字高程），支持栅格数据的提取、下载以及地图制作。影像地图具有多尺度、多分辨率、数据量大、更新速度快等特征，影像地图数据以其现势性强、分辨率高、信息量丰富的特点一直以来在土地调查、城市规划、防灾减灾等领域发挥着重要作用。可以把最新的影像地图经过拼接、增强等处理后发布成影像地图服务，供客户端浏览和下载。网络影像地图服务已经成为人们获取影像地图数据的重要手段，如天地图、百度地图、高德地图等网络影像地图服务。

三维地图服务是以三维空间形态对客观现实世界进行直接描述的，既可以将地面高程作为第三维，展现自然地形；也可以将建筑物高度作为第三维，加上建筑表面的纹理模型，表现城市的轮廓或逼真街景；还可以将地下深度作为第三维，透明地展示地下三维空间场景。在三维地图中，用户可以实现旋转、空中飞行、视点变化调整等操作，通过屏幕、交互设备等从听觉、视觉、触觉等多渠道获取交互操作产生的效果。三维地图服务数据类型包括数字高程模型、建筑物白模、三维 BIM 模型、城市 CIM 模型、点云数据、倾斜摄影、三维实景影像、虚拟三维地图等。通过三维建模技术和虚拟现实技术，可以为我们呈现了一个更加真实、立体、生动的数字地图。

（2）地理要素是指存在于地球表面的各种自然和社会经济现象，以及它们的分布、联系和时间变化等。地理要素是地图的主体内容，包括空间位置特征、属性特征、时间特征，地理要素服务支持地理要素特征操作服务和搜索查询服务。

地理要素服务允许客户端对服务器的地理数据库中的矢量地理数据进行读/写操作，可以通过地理要素服务对数据库中地理要素属性及其图形进行增删改查等操作。

地理要素特征操作服务允许设计者快速地在数字地图上勾勒出设计草图，并同时分享他们的方案，允许其他人对方案进行修改，能够有效地支持协同式的地理设计。地理要素服务还便于公众在 Web 地图上进行标注，分享他们的所见所闻，支持对上传的与地理要素相关的 PDF、照片、视频等进行编辑。

地理要素搜索查询服务支持在客户端通过关键字等方式查询搜索用户所需的 GIS 资源，能够对 GIS 资源的内容进行索引，根据地理要素的单个或多个属性进行模糊匹配，通过地理要素的范围及空间关系进行查询。

4.2.2 分析服务

分析服务是指提供地理要素的空间关系及运算服务，主要包括几何服务、地理处理服务、地理编码服务、网络分析服务。

（1）几何服务。几何服务用于辅助应用程序执行各种几何计算，如面积量算、距离量算、坐标投影变换、几何变换、缓冲区计算、质心计算、要素合并、要素分割、要素旋转、要素镜像、要素缩放等。

（2）地理处理服务。地理处理服务可以把用户创建的多种功能和分析模型发布成 Web 服务，地理处理服务的功能很广泛，如缓冲区分析、叠加分析、裁剪分析、相交分析、融合分析、回归分析、影像分类、光照潜力计算、可视区计算、地形剖面计算等。

（3）地理编码服务。地理编码服务提供地址匹配等相应的功能接口，实现资源信息与地理位置坐标的关联，建立地理位置坐标与给定地址的关联，通过地理编码引擎实现地址描述信息与空间坐标或地理实体的相互转换。正向地理编码服务实现了将地址或地名描述转换为地球表面上相应位置的功能。正向地理编码服务提供的专业和多样化的引擎，以及丰富的数据库数据使得其的应用非常广泛，主要用于资产管理、规划分析、供应物流管理和移动端输入等方面。反向地理编码服务实现了将地球表面的地址坐标转换为标准地址的过程，反向地理编码服务提供了坐标定位引擎，帮助用户通过地面某个地物的坐标值来反向查询该地物所在的行政区划、所处的街道，以及最匹配的标准地址信息，主要用于移动端查询、商业分析、规划分析等。

（4）网络分析服务。地理网络是指诸如街道和高速公路等组成的交通网络，以及地下管线、管线接头、阀门开关所组织的管线网络等。针对物流交通、车辆导航、路径规划等实际场景中的需求，网络分析服务提供多种特定的分析功能，包括路径最佳查询、查找最近设施、查找服务范围、连通性分析等，涵盖了各领域的网络分析功能。

① 查询最佳路径：给定起点和终点，计算从起点到终点的最佳路径，使得路程最短、时间最短或换乘次数最少；给定多个站点，计算能够走遍这些站点的最佳路径。路径服务可以考虑限速和转向规则，还可以考虑交通阻塞、交通信号灯等待时间和道路（因施工或事故）封闭等因素。

② 查找最近设施：给定搜索半径，基于网络阻抗和连通规则，寻找从事件点可达的目的地（设施点）。这里的搜索半径，可以是时间，也可以是距离；这里的目的地，可以是任意你想到的地方。查找最近设施在基于位置的服务（LBS）中应用较多，如查找最近银行、查找周边餐饮等。

③ 查找服务范围：计算从某一个点或多个点出发，在一定的行驶时间内所能到达的街区。服务区分析可以帮助用户评估一个地点的覆盖性或可达性，如常见的选址服务。

4.2.3 数据目录服务

元数据作为描述数据的数据，记录了关于数据的组织、数据域及其关系的信息。通过元数据，可以实现对资源的定位和管理，从而达到对该资源及相关数据的检索。数据目录服务构成类似数据库，具有标识资源、检索资源的功能，为用户提供统一的信息资源表单。数据目录的生成是基于元数据技术来完成的。资源的提供者将资源录入数据库，按照元数据的标准生成了相应的核心元数据并存入元数据库。核心元数据是用于编制资源目录的元数据的最小集合。

基于地理空间信息元数据的目录服务，是以地理空间信息元数据为基本的目录来描述地图、GIS 数据集和遥感图像等各种地理空间信息的，并实现地理空间信息的发布、发现、获取、访问和管理等功能，揭示各类型地理信息的内容和其他特征，实现地理空间信息和服务的共享。

4.3 Web 服务的接口类型

本节重点介绍 Web 服务的两个主要接口类型（Web 服务并不局限于这两个接口类型，那些通过 HTTP 传输格式化数据的 Web 程序，都可看成 Web 服务），即 SOAP 风格的 Web 服务和 REST 风格的 Web 服务，它们也被称为 SOAP API 和 REST API。

4.3.1 SOAP 风格的 Web 服务

SOAP 是一个用于在分布式环境中交换结构化信息的轻量级协议。SOAP 首先使用 XML 数据格式来描述调用的远程接口、参数、返回值和出错信息等，然后通过 HTTP（也可以是 HTTPS、SMTP、TCP、UDP 等，但常用的是 HTTP）和远程服务进行通信。也可以把 SOAP 看成一个中间件，起着沟通桥梁的作用。

SOAP 风格的 Web 服务采用 HTTP Post 和 SOAP 封装的 XML 在客户端与服务器之间发送请求和传输结果。SOAP 风格的 Web 服务调用示意图如图 4.3 所示。

SOAP 本身没有定义任何应用程序的语义，如编程模型或特定的实现语义。SOAP 使用

XML 技术来定义和扩展消息传输框架，从而提供可以在各种基础协议之间交换的消息构造。手工创建 SOAP 报文十分复杂，通过需要借助一些工具来简化工作，因此越来越多的 Web 服务倾向于使用 REST 风格的 Web 服务。

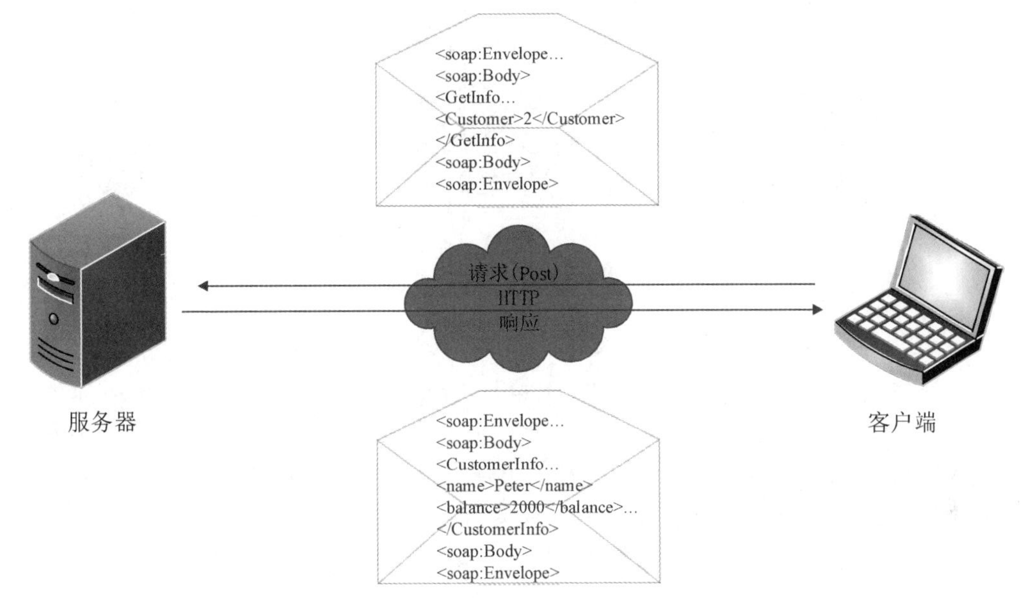

图 4.3　SOAP 风格的 Web 服务调用示意图

4.3.2　REST 风格的 Web 服务

REST 是一组协作的架构约束和新颖的架构风格，是对分布式超媒体系统中的架构元素的一种抽象，由 Roy Fielding 博士于 2000 年在其论文中首次提出。REST 定义了正确使用 Web 标准（如 HTTP 和 URI）的原则和约束，如果在应用程序的设计中能够坚持贯彻 REST 原则，那就意味着可以构建出一个具有优质架构的系统。REST 本质上是一个可以被各种不同技术实现的高层次架构风格，并且可以被实例化。面向资源的架构（Resource-Oriented Architecture，ROA）便是 REST 的一种典型实例化架构，该架构通过统一的 URI 来标识 Web 中的所有资源，并使用 HTTP 来操作这些资源，将 HTTP 作为信息交互的主要载体，从而真正发挥出 HTTP 的各种功能和优势。因此，REST 将 Web 应用从远程调用过程（Remote Procedure Call，RPC）复杂的接口中解放出来，通过简洁和人性化的方式开发应用程序，方便共享 Web 的各种资源，使 Web 应用更加贴近用户，更加简约。

具体来说，REST 强调组件交互的可伸缩性、接口的通用性、组件的独立部署，以及用来减少交互延迟、增强安全性、封装遗留系统的中间组件。REST 是网络应用的架构风格，它包含了若干约束，使得系统能够具有可见性、可靠性、可扩展性、高性能等优点。而 Web 基础设施则是 REST 之所以适合于构建分布式异构系统的关键所在，在 Web 基础设施上部署 Web 服务能够让开发者最大限度地利用已有的资源，如 Web 服务器、客户端库、代理服务器、缓存、防火墙等。

REST 风格的 Web 服务通过 HTTP 发送数据，所发送的信息不采用 SOAP 封装，最常见的实现方式是把请求的参数放在 URL 中，通过 URL 发送请求参数。REST 风格的 Web 服务经常以 JSON 和不经 SOAP 封装的 XML 向客户端返回结果。图 4.4 所示的 REST 风格的 Web 服务实现了图 4.3 所示的 SOAP 风格的 Web 服务功能，可以看出，REST 风格的 Web 服务比 SOAP 风格的 Web 服务更加简洁。REST 风格的 Web 服务调用示意图如图 4.4 所示。

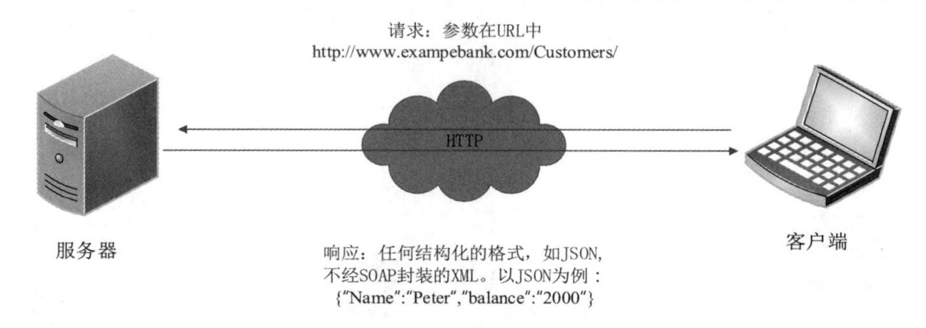

图 4.4 REST 风格的 Web 服务调用示意图

采用目录式结构的 URL 不仅层次直观、可预测，而且易于理解，不需要过多的文档，开发人员可以很容易地构建这些 URL，指向他们所需的 Web 资源。基本上，REST 中所有的请求都是一个 URL，比较容易理解。用户可以采用很多种编程语言，如.NET、Java、JavaScript 等来产生这个 URL 字符串并发送 URL 请求。甚至无须编程，直接把 URL 放到 Web 浏览器中就可以看到想要的地图，因此，REST 被看成“Web 的命令行”。

4.3.3 SOAP 和 REST 的对比

SOAP 风格的 Web 服务产生早，相关技术比较成熟，其接口定义明确而严谨，开发环境对其支持程度高。但它过于复杂，编程工作量和难度较大；没有充分利用 HTTP 的优势，传输效率低；SOAP 的封装使传输的 XML 复杂和庞大，这样往往会降低信息传输和解析的效率，甚至整个系统的性能。

基于 REST 构建的系统的扩展能力要强于基于 SOAP 构建的系统，这主要体现在统一接口抽象、代理服务器支持、缓存服务器支持等方面。REST 简单而直观，把 HTTP 利用到了极限，在这种思想的指导下，REST 甚至用 HTTP 请求的头信息来指明资源的表示形式，用 HTTP 的错误机制来返回访问资源的错误，减少了构建的成本。

每个框架都有明确的优点和缺点，SOAP 和 REST 的对比如表 4.1 所示。选择 SOAP 还是 REST 取决于使用的编程语言、使用环境要求等。SOAP 一般应用于银行、支付等对安全性要求高的系统，REST 常用于安全性略低的应用。

表 4.1 SOAP 与 REST 的对比

比 较 项	SOAP	REST
框架	轻量级对象访问协议	一组协作的架构
消息格式	支持 XML 格式的消息	支持纯文本、HTML、XML、JSON 等格式的消息
协议方式	可使用 HTTP、HTTPS、SMTP、TCP、UDP 等	只使用 HTTP
调用方式	使用 RPC	使用 HTTP
驱动模式	功能驱动	数据驱动或资源驱动
成熟度	较为成熟，开发语言之间通过 SOAP 来交互的 WebService 都能够较好地互通	一种基于 HTTP 协议实现资源操作的思想，通用性要求不高

续表

比　较　项	SOAP	REST
缓存机制	完全忽略 Web 缓存机制	充分利用 Web 缓存机制
无状态性	具有用于状态实现的规范	仅遵循无状态模型
安全性	通过使用 XML-Security 和 XML-Signature 两个规范组成 WS-Security 来实现安全控制	HTTP 协议层提供了安全性，如基本认证和通过 TLS 的通信加密
规范性	定义良好的机制来描述接口，如 WSDL+XSD、WS-Policy	正式描述标准尚未广泛使用
复杂灵活性	缺乏灵活性，需要更多的带宽和资源	更加灵活，对资源和带宽的需求更少
效率易用性	学习较难	高效、简洁易用

4.4 互操作和地理 Web 服务标准

在大型项目或国家级信息平台中经常涉及互操作。互操作就是让不同厂家的软件和数据能一起工作，而实现互操作的主要途径就是制定标准。Web 服务的标准在实质上就是规定请求和响应的具体格式，如请求中包含哪几个参数、每个参数都是什么类型、响应的返回信息中包含什么结果等。

开放地理空间信息联盟（Open Geospatial Consortium，OGC）是一个非营利性的国际标准组织，致力于提供地理信息行业软件和数据及服务的标准化工作。OGC 制定了数据和服务的一系列标准，GIS 厂商按照这个标准进行开发可保证空间数据的互操作。OGC 定义的 Web 地图服务标准主要包括网络地图服务（Web Map Service，WMS）、网络地图切片服务（Web Map Tile Service，WMTS）、网络要素服务（Web Feature Service，WFS）、网络覆盖服务（Web Coverage Service，WCS）、网络处理服务（Web Processing Service，WPS）等。

4.4.1 基于 Web 服务的互操作

互操作就是让不同厂家软件和数据能一起工作，通俗点说，就是我能调用你的数据和功能，你能调用我的数据和功能。GIS 互操作的实现技术已经走过了多个阶段，主要经历了文件格式转换、直接读取的插件和 Web 服务标准等阶段，如图 4.5 所示。

图 4.5　GIS 互操作的主要经历阶段

早期的互操作往往涉及数据的转换，例如把一种软件产品的数据格式转换成另外一种软件产品的数据格式，或者定义一种标准的文件格式，不同的软件产品都需要能输入和输出这种标准的文件格式。后来，互操作采用了插件接口技术，即在一种软件中安装一个插件，利用这个插件可以在一种软件中对其他软件格式的数据进行直接读/写，避免数据的输入和输出。近些年来，互操作技术逐渐转向到行业的 Web 服务标准，这种方法既避免了数据格式的转换，又避免了在本地安装插件工具的麻烦。不同的厂家可以根据 Web 服务标准独立开发自己的产品，只要产品的 Web 服务接口符合一定的业界标准，软件的数据和功能就通过 Web 服务来相互调用，实现互操作。

以 OGC 的 WMS 标准为例，使用 GeoServer 发布的一个 WMS 在线地图服务，不仅可以被 ZGIS 的产品使用，也可以被 Cesium、OpenLayers 等支持 WMS 标准的客户端使用。每个客户都知道在请求中应该发送什么参数，并能预期服务器的响应结果中有什么格式的结果。

4.4.2 Web 服务的标准

本节主要介绍 OGC 的 WMS、WMTS、WFS、WCS、WPS、CSW 和 OpenLS 等标准，读者也可以访问 OGC 官方网站查阅这些标准的详细文档。

（1）WMS 标准。WMS 是利用具有地理空间位置信息的数据制作地图的，将地图定义为地理数据的可视化表现，能够根据用户的请求，返回相应的地图，包括 PNG、GIF、JPEG 等栅格形式，或者 SVG 或者 Web CGM 等矢量形式。WMS 支持 HTTP，所支持的操作是由 URL 决定的。WMS 提供的接口如表 4.2 所示。

表 4.2 WMS 提供的接口

接　口	描　述
GetCapabitities	返回服务级元数据，服务级元数据是对服务信息内容和要求参数的一种描述
GetMap	返回一个地图影像，地图影像的地理空间参考和大小参数是明确定义的
GetFeatureInfo	返回可以显示在地图上的某些特殊要素的信息
GetLegendGraphic	返回地图的图例信息

① GetCapabilities 接口：能向客户端返回该 Web 服务的描述信息，即服务级元数据。返回结果的格式是 XML 的，它描述该服务的名称、简介、关键词、覆盖范围、包含哪些数据层、每层采用是什么坐标系、具有的属性及其是否能被查询。服务级元数据还包括该服务所能产生的地图影像格式、能支持的操作、每个操作的 URL 等。GetCapabilities 接口的参数说明如表 4.3 所示。

表 4.3 GetCapabilities 接口的参数说明

参数名称	参数含义	是否是必需的参数	备　注
version	版本号	否	1.3.0
service	服务名称	是	wms
request	请求类型	是	GetCapabilities
format	返回格式	否	—

例如，使用下面的 URL 可查询元数据：

http://192.168.2.225:8089/geoserver/giswlc/wms?service=WMS&version=1.1.0&request=GetCapabilities

② GetMap 接口：能根据客户端的 GetMap 请求参数来制作一个地图。GetMap 请求中需要的参数包括显示哪些图层、地图的长宽像素数和空间坐标系等。有的 WMS 还支持图层样式定义（Styled Layer Descriptor，SLD），允许用户在 URL 请求中动态地指定各个数据层

的显示符号。该接口返回结果一般是 PNG、GIF 和 JPEG 等栅格格式的图片。GetMap 接口的参数说明如表 4.4 所示。

表 4.4　GetMap 接口的参数说明

参 数 名 称	参 数 含 义	是否是必需的参数	备　　注
version	版本号	是	1.3.0
request	请求类型	是	GetMap
layers	图层名称	是	—
styles	样式类型	是	—
bbox	边界框值	是	—
crs	坐标系	是	如 EPSG:4326
width	图片宽度	是	—
height	图片高度	是	—
format	图片格式	是	PNG 等
transparent	图片是否透明	否	默认不透明，如 true
bgcolor	图片背景	否	默认白色，如 FFFFFF
time	数据的时间值或范围	否	—
exceptions	报告异常的格式	否	—

③ GetFeatureInfo 接口：查询地图上某一位置的信息，其典型的应用情况是用户在地图上单击一个点，服务器返回该点地理要素的坐标信息和属性信息。GetFeatureInfo 接口的参数说明如表 4.5 所示。

表 4.5　GetFeatureInfo 接口的参数说明

<table>
<tr><th>参 数 名 称</th><th>参 数 含 义</th><th>是否是必需的参数</th><th>备　　注</th></tr>
<tr><td>version</td><td>版本号</td><td>是</td><td>1.3.0</td></tr>
<tr><td>request</td><td>请求类型</td><td>是</td><td>GetFeatureInfo</td></tr>
<tr><td>layers</td><td>图层名称</td><td>是</td><td>—</td></tr>
<tr><td>styles</td><td>样式类型</td><td>是</td><td>—</td></tr>
<tr><td>bbox</td><td>边界框值</td><td>是</td><td>—</td></tr>
<tr><td>crs</td><td>坐标系</td><td>是</td><td>如 EPSG:4326</td></tr>
<tr><td>width</td><td>图片宽度</td><td>是</td><td>—</td></tr>
<tr><td>height</td><td>图片高度</td><td>是</td><td>—</td></tr>
<tr><td>query_layers</td><td>查询的图层</td><td>是</td><td>图层之间以逗号分隔</td></tr>
<tr><td>info_fromat</td><td>返回格式</td><td>否</td><td>—</td></tr>
<tr><td>feature_count</td><td>特征信息数</td><td>否</td><td>—</td></tr>
<tr><td>i</td><td>当前 GetMap 返回图像水平方向的像素值</td><td>是</td><td rowspan="2">像素的（0，0）点在左上角，i 向右增加，j 向下增加，点（i，j）表示所指示的像素中心</td></tr>
<tr><td>j</td><td>当前 GetMap 返回图像垂直方向的像素值</td><td>是</td></tr>
<tr><td>exceptions</td><td>报告异常的格式</td><td>否</td><td>—</td></tr>
</table>

④ GetLegendGraphic 接口：能根据客户端指定的图层，制作和返回该图层的图例，返回格式一般是 PNG、GIF 和 JPEG 等图片。

WMS 是用于在 Web 上显示 GIS 数据的最广泛使用和最简单的标准，它具有多种优势，包括能够提供 GIS 数据的地理空间视图。WMS 通过互联网提供具有基本查询选项的可视化数据，提供基本的缩放、平移等操作，支持快速地将 GIS 数据渲染成图像进行展示。建议在以下情况下选择使用 WMS：

- 快速渲染数据；
- 执行基本查询；
- 制作简单的地图；
- 发布时保持样式。

（2）WMTS 标准。WMTS 提供了一种采用预定义图块的方法发布数字地图服务的标准化解决方案，它弥补了 WMS 不能提供分块地图的不足。WMS 针对提供可定制地图的服务，是一个绘制动态数据或用户定制地图（需结合 SLD 标准）的理想解决办法。WMTS 牺牲了提供定制地图的灵活性，代之以通过提供静态数据（基础地图）来增强伸缩性，这些静态数据的范围框和比例尺被限定在各个图块内。这些固定的图块使得仅使用一个简单返回已有文件的 Web 服务器即可实现 WMTS 服务，同时利用一些标准的网络机制（如分布式缓存）实现伸缩性。WMTS 提供的接口如表 4.6 所示。

表 4.6　WMTS 提供的接口

接　口	描　述
GetCapabilities	返回服务级元数据，服务级元数据是对服务信息内容和要求参数的一种描述
GetTile	返回切片信息
GetFeatureInfo	返回可以显示在地图上的某些特殊要素的信息

其中 GetCapabilities 接口和 GetFeatureInfo 接口的参数可参考 WMS 中接口参数说明，GetTile 接口的参数说明如表 4.7 所示。

表 4.7　GetTile 接口的参数说明

参数名称	参数含义	是否是必需的参数	备　注
service	服务名称	是	—
request	请求接口	是	—
version	版本号	是	—
layer	图层	是	—
style	样式类型	是	—
format	返回格式	是	—
tilematrixset	切片矩形设置	是	—
tilematrix	切片矩形	是	—
tilerow	矩形切片的行索引	是	—
tilecol	矩形切片的列索引	是	—

WMTS 是 OGC 制定的一种发布切片地图的 Web 服务，WMTS 的地图是服务器预先制

作好的切片，这种方法可以提高 Web 服务的性能和伸缩性。建议在以下情况下选择使用 WMTS：

- 为查看缓存的图像切片提供最佳速度；
- 在互联网上显示大量数据，但分析能力有限；
- 以最佳性能提供地图。

（3）WFS 标准。WFS 支持用户在分布式的环境下通过 HTTP 对地理要素进行插入、更新、删除、检索和发现等操作，根据客户端的 HTTP 请求返回要素级的 GML 数据，是对 Web 地图服务的进一步深入。WFS 通过 OGC Filter 构造查询条件，支持基于空间几何关系的查询、基于属性域的查询，以及基于空间几何关系和属性域的共同查询。WFS 提供的接口如表 4.8 所示的操作。

表 4.8 WFS 提供的接口

接口	描述
GetCapabilities	返回服务级元数据，服务级元数据是对服务信息内容和要求参数的一种描述
DescribeFeatureType	返回 WFS 支持的要素类型的描述
GetFeature	可根据查询要求返回一个符合 GML 规范的数据文档
LockFeature	用户通过 Transaction 请求时，为了保证要素信息的一致性，当一个事务访问某个数据项时，其他事务不能修改该数据项
Transaction	与要素实例的交互操作，支持要素读取、在线编辑和事务处理。Transaction 操作是可选的，服务器根据数据性质选择是否支持该操作

其中 GetCapabilities 接口的参数可参考 WMS，DescribeFeatureType 接口和 GetFeature 接口的参数说明如表 4.9 和表 4.10 所示。

表 4.9 DescribeFeatureType 接口的参数说明

参数名称	参数含义	是否必需	备注
version	版本号	是	—
service	服务名称	是	—
request	请求接口	是	—
typename	类型名称	是	—
exceptions	报告异常的格式	否	—
outputformat	输出格式	否	—

表 4.10 GetFeature 接口的参数说明

参数名称	参数含义	是否必需	备注
version	版本号	是	—
service	服务名称	是	—
request	请求接口	是	—
typename	字段名称	是	—
outputformat	输出格式	否	—
startindex	起始索引	否	—

续表

参数名称	参数含义	是否必需	备注
count	限制返回属性值的数量	否	—
bbox	边界框范围	否	—
resolve	资源文件位置	否	默认值为 none
resolvedepth	资源解析深度	否	—
resolvet1meout	解析超时时间	否	—
filter	过滤条件	否	—
sortby	排序字段	否	—
maxfeatures	最大特征数	否	—
propertyname	特征类型名称	否	—
srsname	坐标系列表	否	表示 WFS 能够处理的投影坐标
storedquery_id	查询标识符	是	—
resourceid	资源标识 ID	否	—
resulttype	查询响应操作	否	返回结果文档

WFS 为希望创建具有各种功能（包括搜索功能、过滤、排序选项等）的交互式地图的企业和个人提供了基本工具。如果想要执行任何类型的操作，如编辑数据，WFS 还可访问矢量数据，通过使用 GetFeature 请求检索高级功能等。建议在以下情况下选择使用 WFS：

- 创建、操作和删除要素；
- 执行高级查询以检索要素信息；
- 查看和编辑属性表记录。

（4）WCS 标准。WCS 面向空间影像数据，将包含地理位置的地理空间数据作为“覆盖物”在网上相互交换，如卫星影像、数字高程数据等栅格数据。WCS 提供的接口如表 4.11 所示。

表 4.11 WCS 提供的接口

接口	描述
GetCapabilities	返回服务级元数据，服务级元数据是对服务信息内容和要求参数的一种描述
GetCoverage	可根据查询要求返回一个包含或者引用被请求的覆盖数据的响应文档
DescribeCoverage	支持用户从特定 WCS 服务器获取一个或多个覆盖数据的详细描述文档

WCS 类似于 WFS，WCS 处理的是任何类型的基于光栅的图像，适用于卫星图像、航空摄影、海拔山体阴影或温度网格。建议在以下情况下可选择使用 WCS：

- 表示多维格式，如 HDF 或 GRIB；
- 包含多年数据，如温度数据；
- 分析栅格数据。

（5）WPS 标准。WPS 是 OGC 为在互联网上进行地理分析而提供的一种 Web 服务，WPS 标准制定了地理分析服务的输入和输出（即请求和响应）格式，以及客户端如何请求地理分析的执行。WPS 所需的地理数据可以通过互联网获取，也可以是服务器上已有的数据。WPS

提供的接口如表 4.12 所示。

表 4.12　WPS 提供的接口

接　口	描　述
GetCapabilities	返回服务级元数据，服务级元数据是对服务信息内容和要求参数的一种描述
DescribeProcess	此操作允许客户端请求并接收可在服务实例上运行的流程的详细信息，包括所需的输入、允许的格式和可生成的输出
Execute	此操作允许客户端运行由 WPS 实现的指定进程，使用提供的输入参数值并返回可生成的输出

当想要为跨网络访问提供和执行地理处理工具时，WPS 定义了所有输入和输出格式，以执行 GIS 操作。例如，WPS 可以包括任何与地理空间数据相关的标准化 WPS XML 模式的覆盖、邻近度和路由工具。建议在以下情况下选择使用 WPS：

- 在没有适当软件的情况下执行地理空间分析；
- 接收一组标准的输入和输出；
- 将空间操作简化为 Web 地图中的小部件。

（6）其他 Web 服务标准。

① CSW（Web 目录服务，Catalog Service for Web）标准。目录服务是一项共享地理空间信息的重要技术，CSW 支持搜索和发布地理空间元数据，可以让用户通过查询元数据来发现他们所需要的地理数据和服务，也可以让用户发布和更新元数据。CSW 有两种类型：只读型 CSW 和事务型 CSW。只读型 CSW 提供了 GetCapabilities、DescribeRecord、GetRecords、GetRecordByld 和 GetDomain 等接口，仅支持元数据的查询和阅读；事务型 CSW 支持元数据的读和写，允许用户通过 Transaction 和 Harvest 操作来发布、编辑和删除元数据。

② OpenLS（开放位置服务，Open Location Service）标准。OpenLS 标准是 OGC 为基于位置服务所提供的一系列的 Web 服务规范，OpenLS 包括黄页搜索、追踪手机用户的位置和导航服务等，将空间数据及其处理融合到了无线电通信和互联网。OpenLS 标准的主要目标是定义组成基于位置的应用程序服务的开放平台（GeoMobility Server）的核心服务和抽象数据类型。GeoMobility Server 提供了 LBS 的核心服务，并且为第三方提供了一个开发平台，方便第三方开发 LBS 应用程序。

Web 服务的其他标准还有 KML 规范和 GeoRSS（地理编码对象聚合）规范。KML 是一种地理数据和地图描述的混合格式，3.5.4 节已经介绍过了。GeoRSS 可以认为是一种地理数据格式。虽然 KML 和 GeoRSS 本身并不是 Web 服务标准，但是在实际应用中，它们经常被作为一些 Web 服务返回结果的格式。

GeoRSS 是在简单对象聚合（Really Simple Syndication，RSS）的基础上发展而来的。RSS 是一种描述和同步网站内容的格式，是使用最广泛的 XML 应用。RSS 搭建了信息迅速传播的一个技术平台，使得每个人都成为潜在的信息提供者。发布一个 RSS 文件后，RSS Feed 中包含的信息就能直接被其他网站调用，而且由于这些数据采用的都是标准 XML 格式，所以也能在其他的终端和服务中使用。RSS 和 Atom 是一种信息聚合的技术，都是为了提供一种更为方便、高效的互联网信息的发布和共享，用更少的时间分享更多的信息。RSS 和 Atom 都是简单的 XML 格式，只有几个为数不多的标签来描述每一条信息的名称、摘要、全文链接和发布时间等，非常容易理解和使用，得到了广泛应用。

GeoRSS 是指给 RSS Feed 添加位置信息或者地理标签到的一种协议，它标准化了表达地理信息的方式，简洁并高效地满足了为 Web 内容添加位置信息的需求。时空信息在 RSS 中以 XML 格式指定，可以和 RSS 0.9、RSS 1.0、RSS 2.0、Atom，甚至其他基于 XML 格式的文件协作，实现在网络上编码时空信息。GeoRSS 提供了一种地理位置搜索与聚合的方案，并且可以用于地理分析、地理搜索、地理聚合。

GeoRSS 的最大优点体现在空间数据搜索、空间数据聚合。与普通的 RSS 相比，GeoRSS 在进行空间数据过滤、空间数据聚合时，除了能够根据城市名称、邮政编码等文字信息进行过滤聚合，还能够在各种各样的空间上进行过滤和聚合。

4.4.3 标准化机构面临的挑战

标准化机构制定了数据和服务的一系列标准，以实现系统的开放性、可扩展性和互操作性。标准的重要性不容置疑，但标准的制定却面临着挑战，具体如下：

（1）复杂性。GIS 产品和应用开发人员希望标准简单易用，标准化机构往往需要考虑多种情况，这样制定出来的标准才具有较好的包容性，但往往导致标准太复杂而不易被采用。因此，如何把握简单、易用与完整、全面之间的平衡是标准化机构所面临的一个挑战。

（2）滞后性。业界希望标准化机构能早日制定标准，以供业界采用，但标准化机构有其严格的工作流程，从制定方向、邀请提案、项目组或成员递交草案到成员审阅、修改和表决等，往往需要较长的时间才能制定一个标准。这样往往导致标准的滞后性。在标准发布时，有的厂商已经开发出了自己的方案，与标准并不兼容，这些厂商还需要再额外投入，对产品进行修改或编写一些转接程序，以实现对标准的支持。

4.4.4 Web 服务的优化

Web 服务质量主要包含以下几个重要指标：

（1）性能：系统的反应速度，通常以响应时间来衡量。

（2）伸缩性：系统在用户数量增加的情况下，能否保持较高的性能，通常以所能同时支持的用户数量来衡量。

（3）可用性：系统的可访问和可操作程度，通常以系统运行时间的百分比来衡量。若一个系统的可用性是 99.99%，那么该系统最多每天只能有 9 s 的停机时间（包括故障造成意外停机和系统维护所需的人为停机）。

（4）安全性：描述系统的保密能力和防御能力。

因此，Web 服务的优化应主要从上述几个指标着手，主要的优化方法如下：

（1）预处理（缓存、快取）。预处理是指系统预先生成地图或执行其他任务，把结果存储起来以备后用，而不是在系统运行中收到用户请求时再实时生成地图或执行任务。数据缓存机制如图 4.6 所示，通过缓存机制，Web 服务器可以从缓存中快速找回结果，实时完成制图并进行其他处理。缓存减少了 GIS 服务器和数据服务器的负担，是提高 WebGIS 服务质量的一种有效途径。Web 服务器从缓存中快速找到结果，迅速响应用户请求，从而减小了对 GIS 服务器和数据服务器的压力，提高了服务的质量。

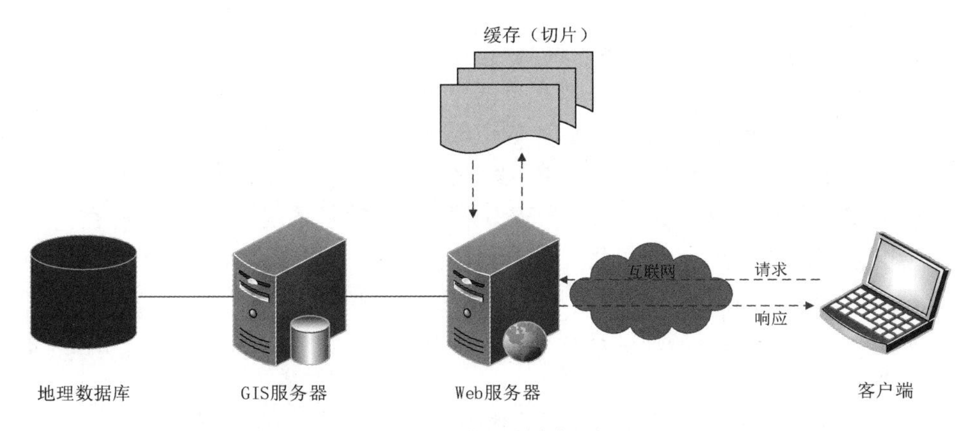

图 4.6　数据缓存机制

① 预处理的优势如下：

- 提高系统的性能、伸缩性和可用性：减少了服务器的负担，用户可以获得快速的响应，从而可以节约时间。
- 提高制图质量：可以使用高级的符号和复杂的图层，预先生成高质量的地图。
- 行业惯例：在目前的 Web 地图应用中，基础地图广泛采用了缓存，这已经成为行业的惯例，也改变用户对 WebGIS 的期望，他们期望所有的 WebGIS 都能提供缓存这种较好的用户体验。

② 预处理需考虑的因素：在创建缓存之前，需要考虑使用哪种坐标系、采取哪种切片方案；切片方案包括比例尺级别、每一级的比例尺、切片的尺寸（如 256 px×256 px）、切片的起点坐标、切片区域以及图片格式；缓存的创建可能需要很长的时间，这取决于地图的复杂度和切片方案，特别是比例尺的级数和比例尺的大小，比例尺最大的几层一般占据制作缓存的绝大部分时间；缓存最适合不经常变化的地图，如街道地图、影像地图、地形图以及其他基础地图；如果数据经常变化或者数据量不大，可以采用定期更新缓存来保证切片的现势性，也可以不采用切片，而使用动态绘制地图的方法。

（2）算法和系统的优化。WebGIS 应当仔细考虑软件算法和软/硬件系统的优化问题，以到达最佳性能。每一项 GIS 任务都有多种不同的实现方法，发现和采用最优的算法可以大大提高系统的性能。

① GIS 数据库调试也是 WebGIS 的一个重要组成部分，一些基本的技术包括把地理数据统一投影（如 Web 墨卡托投影）。

② 创建空间索引（四叉树、R 树）和属性索引（B 树），保持高效的表空间，并把索引预先加载到内存中，及时更新数据库的统计信息。

③ 根据系统的用户量、数据量、功能模块、后续扩展等实际情况配置足够的硬件和带宽。

（3）降低对互联网带宽的压力。Web 服务器接收客户端的请求并把结果返回给客户端，两者之间的数据传输，特别是地理数据的传输，往往需要相当大的带宽；否则，Web 服务的质量将受到影响。以下方法可以降低对带宽的压力，从而提高 Web 服务的质量。

① 利用浏览器的缓存：浏览器的缓存主要是指对于那些已经下载到浏览器中的内容，无须再次下载。浏览器的缓存内容往往是以 URL 为标识的，因而 REST 风格的 Web 服务便于系统充分利用浏览器的缓存来提高系统的性能。

② 采用 HTTP 压缩：启用 Web 服务器的压缩选项，对 Web 服务的请求和结果进行压缩

后再传输，这样可以降低数据传输量，提高系统的传输效率。

③ 选择适当的数据格式：在很多情况下，JSON 比 XML 更为轻巧，更便于网络传输。

（4）Web 服务的安全保护。很多地理 Web 服务是公开和免费的，但一些企业和政府等机构所发布的 Web 服务可能包含涉及本单位机密、客户隐私或需要收费的内容，这些 Web 服务需要做好安全保障。以下是一些保护 Web 服务安全的基本技术。

① 使用专网和虚拟专用网：在此方案中，Web 服务及其用户共同处于某单位的内网中，通过防火墙等方法与外网隔绝，外网用户无法访问。虚拟专用网（VPN）在互联网上创建一个安全的通道，通过 VPN，即使客户端不在单位里，依然可以登录内网，使用内网的 Web 服务。

② 身份验证：通过用户角色和权限来保护 Web 服务。用户身份可以采用轻型目录访问协议（LDAP）、Windows Active Directory 等来管理。

③ 安全令牌（Token）：Token 为加密字符串，包含加密的授权信息。Token 可通过申请或在用户登录时获得。

④ 采用 HTTPS 传输，采用数据加密传输，避免数据被截获或篡改。

⑤ 反向代理：以反向代理服务器来接收互联网上的连接请求，然后将请求转发给内网的 GIS 服务器，并将从 GIS 服务器上得到的结果返回给客户端。这样，反向代理服务器就可以把 GIS 服务器隐藏在内网中，在 GIS 服务器和可能的恶意攻击之间提供了一道屏障，提供了一个保护。地理 Web 服务反向代理网络部署示意图如图 4.7 所示。

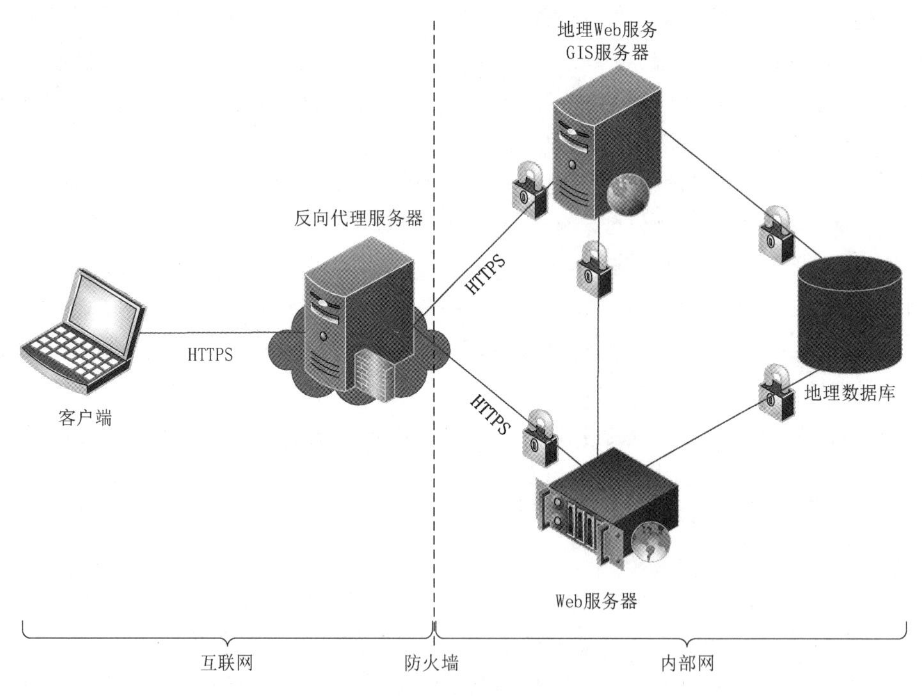

图 4.7　地理 Web 服务反向代理网络部署示意图

第 5 章
地图发布

在 GIS 中，按照数据的存储方式可以将空间数据的存储分为文件存储、地理数据库存储和空间数据库存储。按照数据结构可以将空间数据分为矢量数据和栅格数据两种。地图发布就是对上述具备不同存储方式以及不同类型的空间数据进行加工、编辑以及样式处理后，通过地图发布工具发布成标准的 Web 服务的过程。

地图发布的一般流程包括数据获取、数据校正、投影变换、数据编辑、定制地图样式、地图发布六个主要环节。在某些应用场景下，为了提升 Web 服务的性能，通常会增加地图切片的环节，来实现地图数据的缓存。地图发布的流程如图 5.1 所示。

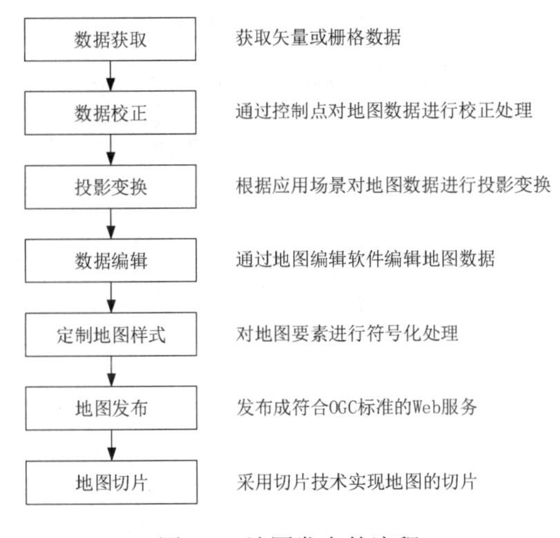

图 5.1　地图发布的流程

5.1 地图发布的常用工具

要完成地图发布，需要借助专业的软件工具才能快速地实现，本节简要介绍地图发布中常用的开源工具及其安装说明。

5.1.1　常用工具简介

在地图发布的每个环节中，都需要对地图数据进行相应的处理，需要用到一些工具，如表 5.1 所示。

表 5.1 地图发布中的常用工具

序 号	流 程 环 节	软 件 名 称	主 要 作 用
1	数据获取	QGIS	对数据进行操作，如存储、组织与显示
2	数据校正	QGIS	对矢量数据和栅格数据进行校正，包括仿射校正、控制点校正等
3	投影变换	QGIS	提供大地坐标和平面坐标间的投影，提供不同椭球体下的地图投影与变换
4	数据编辑	QGIS	对点、线、面要素的数据进行编辑
5	定制地图样式	QGIS	对点、线、面要素的符号化和可视化参数进行设置
6	地图发布	GeoServer	将地图发布成符合 OGC 标准的 Web 服务
7	地图切片	GeoServer	对地图进行动态切片

5.1.2 QGIS 的安装

在本书撰写时，QGIS 的最新版本为 3.30，读者可以前往 QGIS 官方网站下载对应的版本或者最新版本。QGIS 3.30 的官网下载页面如图 5.2 所示。

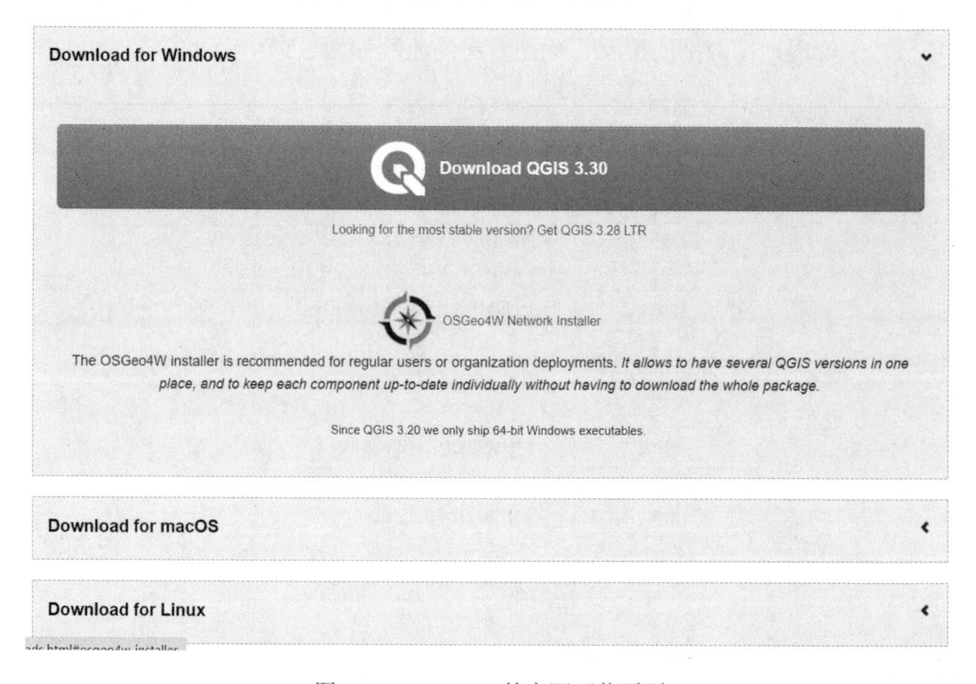

图 5.2 QGIS 3.30 的官网下载页面

按照 QGIS 安装向导，完成许可协议、安装路径的设置后，就可以自动安装 QGIS 了。

5.1.3 GeoServer 的安装

在本书撰写时，GeoServer 的版本为 2.22.4，读者可以前往 GeoServer 的官方网站下载对应的版本或者最新版本。GeoServer 2.22.24 的官网下载页面如图 5.3 所示。

安装 GeoServer 前需要先在本地安装 JDK 1.8。双击 GeoServer 安装运行程序，根据软件的安装向导，逐一设置 GeoServer 的 GPL 许可、安装程序的目录、默认开始菜单、Java 运行环境、数据目录、账号和密码、服务端口号、服务的启动方式，设置完成后软件开始自动安装，安装成功后需要单击“Finish”按钮，完成 GeoServer 的安装。默认的服务端口号是 8090。

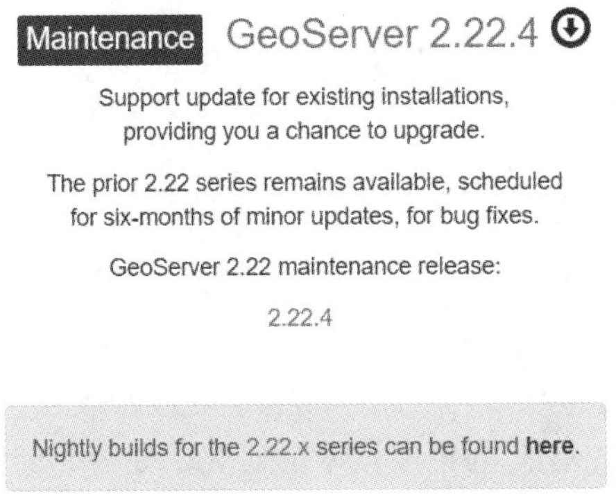

Maintenance GeoServer 2.22.4

Support update for existing installations,
providing you a chance to upgrade.

The prior 2.22 series remains available, scheduled
for six-months of minor updates, for bug fixes.

GeoServer 2.22 maintenance release:

2.22.4

Nightly builds for the 2.22.x series can be found **here**.

图 5.3　GeoServer 2.22.24 的官网下载页面

5.2 地图数据的获取

GIS 数据分为矢量数据和栅格数据两种。

（1）矢量数据由点、线和多边形（面）组成。每个点对应一个属性，点是通过一个坐标来表示的位置，如图书馆的位置。线是通过多个点来表示的，如河流、道路、铁路等线要素地物。线上的点包括端点和节点，连接端点和节点的线称为链或弧。通过线连接三个或更多个点创建的面可以表示多边形，如河流、湖泊覆盖的区域范围。多边形的重要之处在于用一个机制来表示闭合线的外部和内部。

（2）栅格数据是具有行和列的矩阵或网格，每一行和列的交点都是一个单元格或一个像素。每个单元格都有一个值，如高程、遥感图像和数字高程模型都使用栅格数据格式存储，它们有特定数量的高和宽（单位为像素），每个像素代表地面上的特定大小。例如，Landsat 卫星图像的尺寸约为 185 km×185 km，每个像素的大小约为 30 m×30 m。

5.2.1　矢量数据的获取

矢量数据是使用坐标记录的图形数据。矢量数据通常具有关联的信息表，该信息表用于记录数据集中的每个要素（线或面）。

矢量数据的获取方式主要有以下几种：

（1）利用各种定位仪器设备采集空间坐标数据。例如，GPS、平板测图仪等，利用它们可以测得地面上任意一点的地理坐标（通常是经、纬度数据），可以用来描述点、线、面地理实体的空间位置。

（2）通过栅格数据转换而来，该方法在利用遥感数据动态更新 GIS 数据库时尤为有用。

（3）通过纸质地图数字化得到，常用的数字化方式有手扶跟踪数字化和扫描矢量化。

（4）利用已有的数据通过模型运算得到。例如，通过叠加分析、缓冲区分析等空间模型运算都可以生成新的矢量数据。

5.2.2 栅格数据的获取

栅格数据是一种通过离散单元存储数据的文件形式，其将空间分割成规则的格网（栅格），通过栅格来表示地理要素的空间变化。栅格由若干行、列的网格单元组成，网格单元称为像元，像元的位置由其在栅格矩阵中的行、列号定义，像元的位置代表空间对象的属性信息，像元的大小表示空间分辨率，即栅格数据表达的精度。

栅格数据有以下几种获取方式：

（1）地图扫描：通过扫描仪，特别是大幅面扫描仪可以快速获取大量地图的扫描图像。

（2）遥感图像解译：遥感是一种实时、动态地获取地表信息的手段，目前已经广泛应用于各个领域，特别是遥感与 GIS 的集成技术的研究，使得利用遥感数据来动态更新 GIS 空间数据库成为可能。图像是遥感数据的主要表现形式，通过对图像进行解译处理，可以得到各种专题信息，如土地利用、植被覆盖等。这些专题信息通常就是以栅格数据的格式在 GIS 中进行存储管理的。

（3）卫星拍摄或航拍：将光学拍摄成像系统安装在卫星和飞机上来拍摄照片，并生成数字化的栅格数据。

（4）规则点采样：此方法适用于研究区域不大、数据分辨率要求不高的情况。首先将研究区域划为均匀的网格，然后得到并记录每个网格的数值，即可得到该区域的栅格数据。

（5）不规则点采样及内插：由于各方面（如自然条件、人力、物力、财力等）的限制，规则布点的采样不太容易实现，采样点可以不均匀分布，每个栅格点的数值可通过观测数值的内插计算得到。常用的内插计算有三角网插值、趋势面拟合、克里格插值等。此外，等值线内插也可以得到相应的栅格数据，但等值线往往也是通过不规则离散点计算得到的。

（6）其他方法：除了上述方法可以得到原始的栅格数据，还可以通过矢量转栅格运算、栅格图层的运算得到派生的栅格数据。

5.3 地图投影与地图校正

当获取到的原始地图数据的坐标系与最终应用的坐标系不一致时，或者当需要将大地坐标系转换为平面直角坐标系时，需要使用地图投影功能。当获取到的原始地图数据的坐标与目标坐标发生偏移时需要用到地图校正的功能。

5.3.1 地图投影

地图投影是指将地球椭球面上的空间信息表现到平面地图上，或用 GIS 的地图显示出来。地图投影必须采用某种数学法则，使空间信息在地球表面上的位置和地图平面位置一一对应起来。地图投影的目的就是研究这样的数学法则，将不可展开的地球椭球面映射到平面上或可展开成平面的曲面上，使得地球椭球面上的点与平面之上的点一一对应，以满足地图制图的要求，详见 3.2 节。

5.3.2　地图校正

在通过数字化地图来获取空间数据时，由于数字化仪的设备坐标系与用户确定的地理空间坐标系存在不一致的地方，并且由于数字化原图的图纸常常发生变形等原因，需要对数字化原图的数据进行坐标转换和变形误差的消除。有时，来源不同的地图还存在着地图投影与地图比例尺的差异。因此，我们需要空间数据的变换，即空间数据坐标系的变换。空间数据的变换实质上是建立两个坐标系坐标点之间的一一对应关系。

地图校正是为了实现对数字化数据的坐标系转换和图纸变形误差的纠正。在工作学习中，常见的 GIS 软件都具有仿射变换、相似变换和二次变换等地图校正功能。

5.4 使用 QGIS 编辑地图

QGIS 是一款开源的桌面 GIS 软件，可运行在多种平台之上，提供了数据浏览、地图制图、数据管理与编辑、空间数据处理与空间分析、地图服务等功能。本节主要介绍如何采用 QGIS 软件进行地图编辑的相关操作。

5.4.1　QGIS 使用设置

（1）打开 QGIS 软件，对 QGIS 进行设置。

（2）将语言环境设置为简体中文。选择菜单“Setting”→“Options”，在弹出的“Options”对话框中选择“General”→“User interface translation”→“简体中文”，设置完成后需重启 QGIS 软件才能生效。将语言环境设置为简体中文如图 5.4 所示。

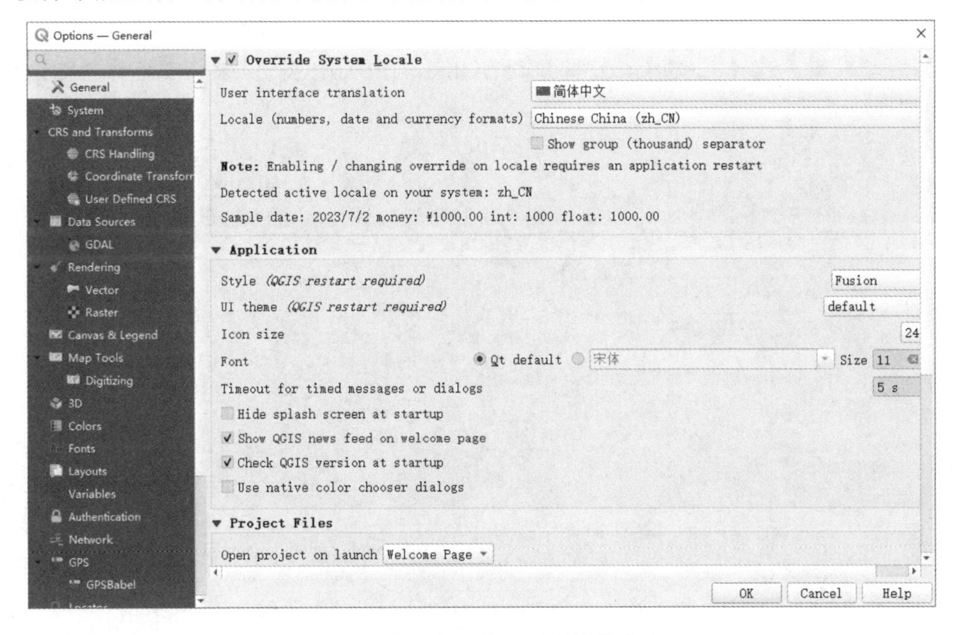

图 5.4　将语言环境设置为简体中文

5.4.2 添加数据

（1）在左边的导航树中选择 shp 文件，将其添加到 QGIS 软件中即可完成数据的添加。用户也可以通过数据管理器添加数据，方法是选择菜单“图层”→“添加图层”→“添加矢量图层”→“浏览器”，双击需要添加的图层即可，如图 5.5 所示。

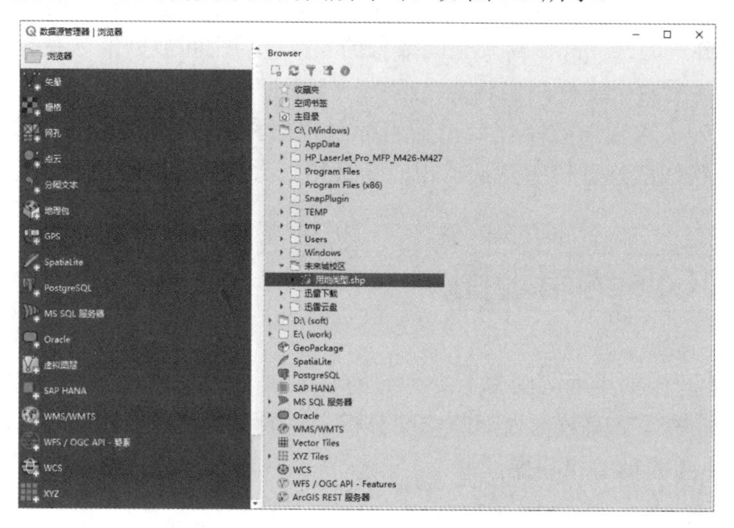

图 5.5 通过数据源管理器添加数据

（2）添加数据后，QGIS 能够以可视化的方式展示图层中的要素信息。在默认情况下，QGIS 使用单一符号、随机颜色对图层渲染，因此，即使采用相同的步骤打开图层，图层渲染的颜色也不一定相同。

5.4.3 编辑数据

（1）启动编辑。选择并右键单击要编辑的图层，在弹出的右键菜单中选择“切换编辑模式”，如图 5.6 所示。

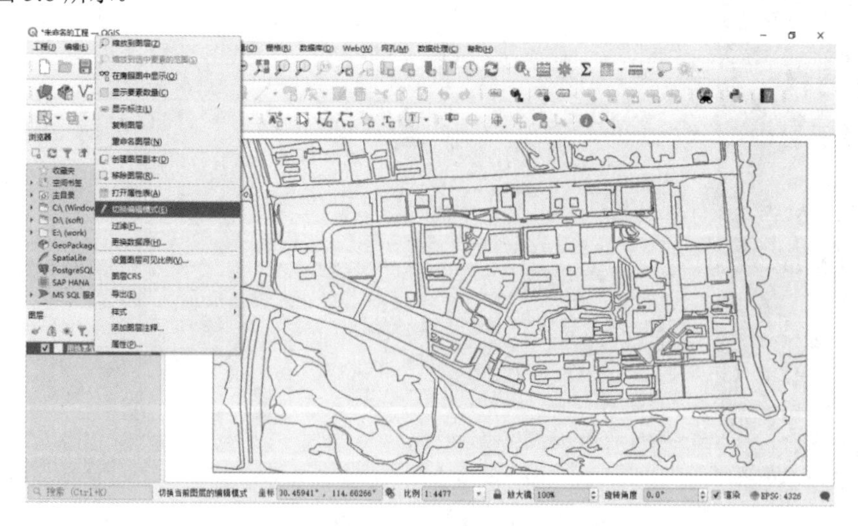

图 5.6 启动编辑的方法

（2）通过编辑工具条（见图 5.7）可以对图层数据进行编辑。编辑工具条包括当前编辑、切换编辑状态、保存、添加多边形要素、顶点工具、修改属性、删除、剪切、复制、粘贴、撤销、重做功能。

图 5.7　编辑工具条

5.5 使用 QGIS 定制地图样式

QGIS 的符号化模块可以对地图的空间数据按照点、线、面要素的类型分别提供不同的符号化方案，通过不同的符号化方案来改变地图的显示样式，使得地图满足应用展示的要求。本节对一个区域的多边形要素进行符号化，使其满足地图制图的要求。

5.5.1　符号化配置

（1）右键单击图层，在弹出的右键菜单中选择“属性”，在弹出的“图层属性”对话框（见图 5.8）中选择“符号化”→“分类”，在“分类”窗口中设置相应的参数即可。

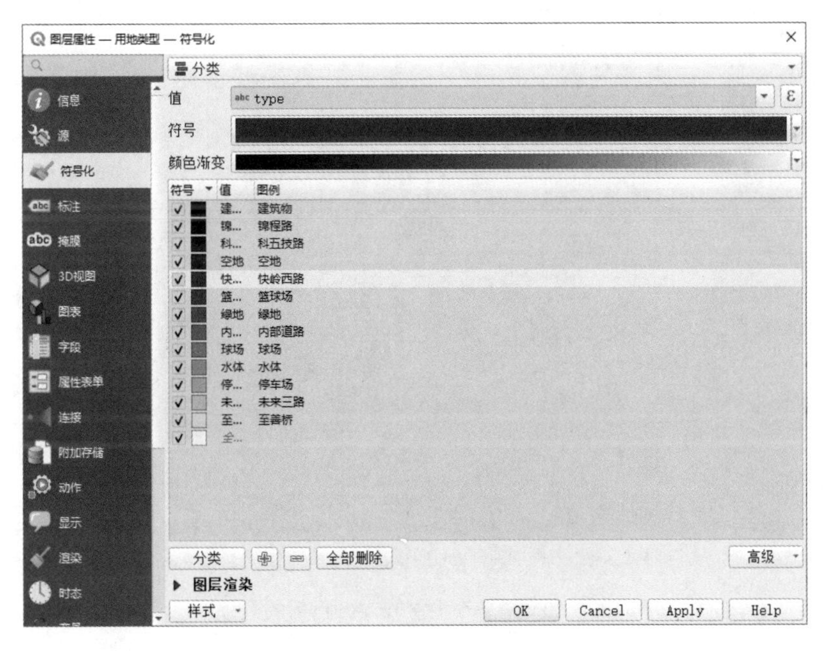

图 5.8　“图层属性”对话框

（2）在“值”的下拉框中选择“type”，选择一个颜色渐变的方案，单击“分类”按钮即可将符号化方案添加到列表中，单击“OK”按钮完成符号化配置。图层符号化的效果如图 5.9 所示。

图 5.9 图层符号化的效果

5.5.2 颜色修改

如果对默认的颜色配置不满意，则可根据自身的需求来修改颜色，例如将建筑物改为淡黄色。在图 5.8 中，单击需要修改颜色的图层上方的“符号”下拉框，在下拉框中选择想要的颜色即可。对各个图层修改颜色后的效果如图 5.10 所示。

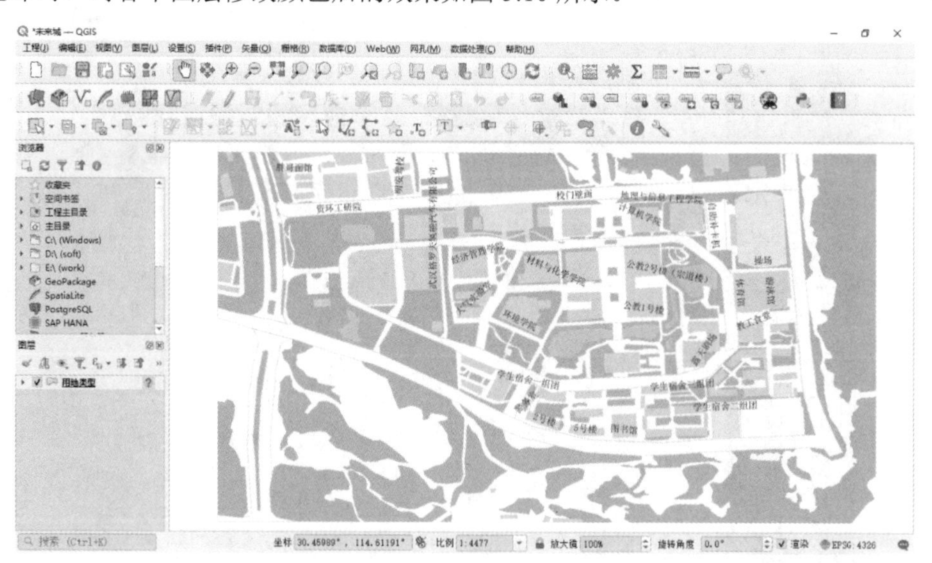

图 5.10 对各个图层修改颜色后的效果

5.5.3 注记配置

（1）右键单击图层，在弹出的右键菜单中选择“属性”，在弹出的“图层属性”对话框中选择“标注”→“单一标注”，在“单一标注”窗口（见图 5.11）中“值”的下拉框中选择“name”，即可修改注记的其他配置信息。

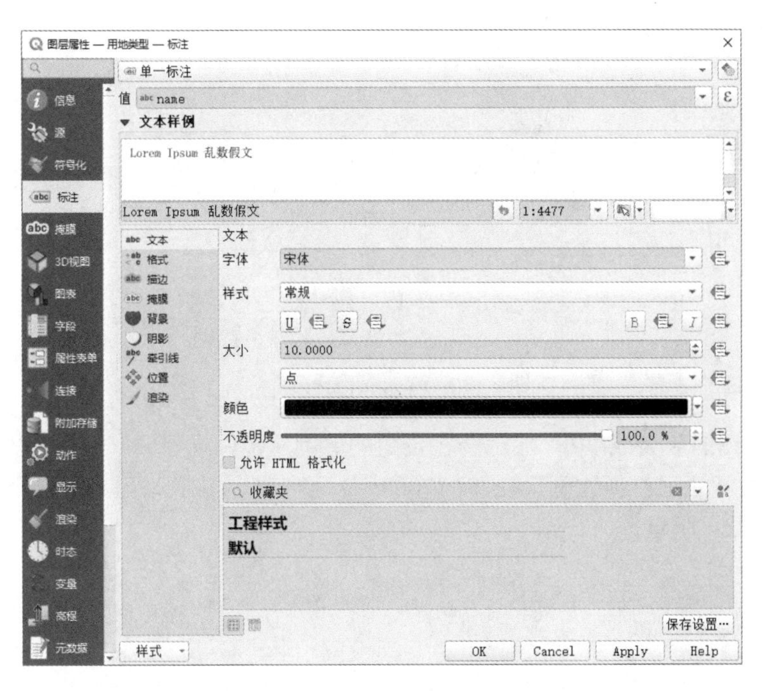

图 5.11　“单一标注”窗口

（2）对注记的文本、格式、描边、掩膜、背景、阴影、牵引线、位置、渲染等设置项进行修改，设置完成后单击“OK”按钮。配置注记后的效果如图 5.12 所示。

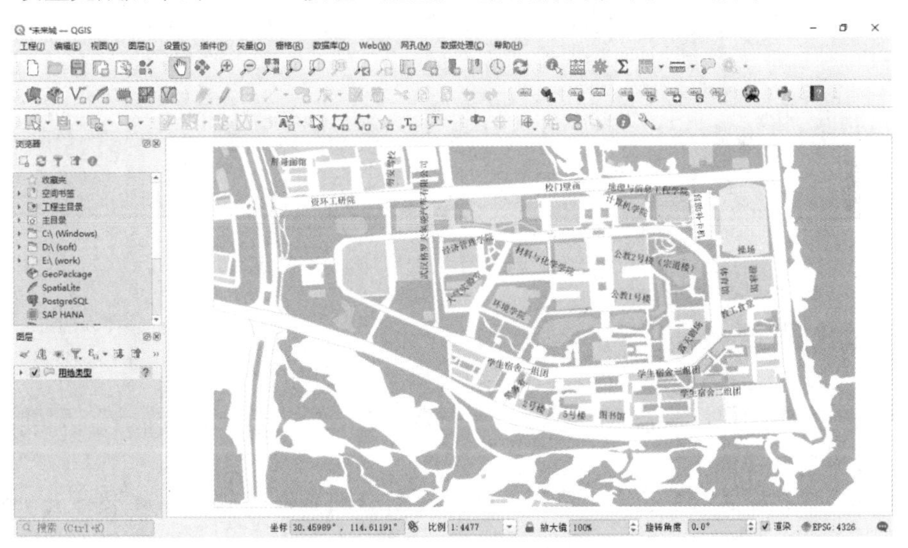

图 5.12　配置注记后的效果

5.5.4　比例尺配置

通常，在地图放大到一定级别时才会显示注记，因此需要为注记配置比例尺。

（1）右键单击图层，在弹出的右键菜单中选择“属性”，在弹出的“图层属性”对话框中选择“标注”→“基于规则的标注”可弹出“Edit Rule”对话框（见图 5.13），在“Edit Rule”对话框中设置合适的范围后单击“OK”按钮即可。此处设置的比例尺范围为 1 : 17000～0。

图 5.13 “Edit Rule”对话框

（2）随着地图的放大或缩小，注记会在设定的比例尺范围内显示。当比例尺在 1∶17000～0 之外时，不显示注记；当比例尺在 1∶17000～0 之内时，显示注记。不同比例尺下的注记显示效果如图 5.14 所示。

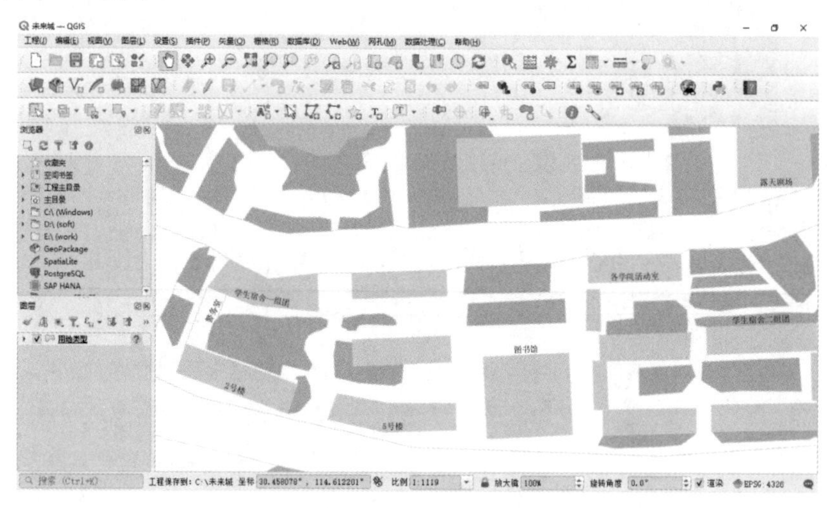

图 5.14 不同比例尺下的注记显示效果

5.5.5 样式导出

（1）右键单击图层，在弹出的右键菜单中选择“样式”→“保存样式”，可弹出“保存图层样式”对话框。

（2）在“保存样式”下拉框中选择“保存为 SLD 格式样式文件”，如图 5.15 所示。

图 5.15 选择“保存为 SLD 格式样式文件”

（3）选择保存的路径，将样式命名为 ylc.sld。

5.6 使用 GeoServer 发布地图

5.6.1　启动 GeoServer 服务

（1）选择菜单“开始”→“GeoServer”→“Start GeoServer”即可启动 GeoServer 服务。GeoServer 服务启动完毕后的信息如图 5.16 所示。

```
C:\Windows\system32\cmd.exe
02 七月 12:42:27 INFO [gwc.config] - Initializing GeoServer specific GWC configuration from gwc-gs.xml
02 七月 12:42:27 INFO [config.GeoserverXMLResourceProvider] - Will look for 'geowebcache-diskquota.xml' in directory 'C:
\Users\mf\Desktop\论文\geoserver-2.19.5-bin\data_dir\gwc'.
02 七月 12:42:27 INFO [config.GeoserverXMLResourceProvider] - Will look for 'geowebcache-diskquota-jdbc.xml' in director
y 'C:\Users\mf\Desktop\论文\geoserver-2.19.5-bin\data_dir\gwc'.
02 七月 12:42:27 INFO [diskquota.ConfigLoader] - DiskQuota configuration is not readable: gwc/geowebcache-diskquota.xml
02 七月 12:42:27 INFO [diskquota.ConfigLoader] - DiskQuota configuration is not readable: gwc/geowebcache-diskquota.xml
02 七月 12:42:27 INFO [diskquota.DiskQuotaMonitor] - Setting up disk quota periodic enforcement task
02 七月 12:42:27 INFO [diskquota.DiskQuotaMonitor] - 0 layers configured with their own quotas.
02 七月 12:42:27 INFO [diskquota.DiskQuotaMonitor] - 22 layers attached to global quota 500.0 MB
02 七月 12:42:27 INFO [diskquota.DiskQuotaMonitor] - Disk quota periodic enforcement task set up every 10 SECONDS
02 七月 12:42:27 INFO [geowebcache.GeoWebCacheDispatcher] - Invoked setServletPrefix(gwc)
02 七月 12:42:27 INFO [georss.GeoRSSPoller] - Initializing GeoRSS poller in a background job...
02 七月 12:42:27 INFO [georss.GeoRSSPoller] - No enabled GeoRSS feeds found, poller will not run.
02 七月 12:42:27 INFO [wms.WMSService] - Will NOT recombine tiles for non-tiling clients.
02 七月 12:42:27 INFO [wms.WMSService] - Will proxy requests to backend that are not getmap or getcapabilities.
02 七月 12:42:30 INFO [geoserver.config] - Initiated CatalogTimeStampUpdater
02 七月 12:42:30 WARN [gce.imagemosaic] - Unable to set ordering between tiff readers spi
02 七月 12:42:34 INFO [geoserver.security] - Start reloading user/groups for service named default
02 七月 12:42:34 INFO [geoserver.security] - Reloading user/groups successful for service named default
02 七月 12:42:34 INFO [geoserver.security] - AuthenticationCache Initialized with 1000 Max Entries, 300 seconds idle tim
e, 600 seconds time to live and 3 concurrency level
02 七月 12:42:34 INFO [geoserver.security] - AuthenticationCache Eviction Task created to run every 600 seconds
2023-07-02 12:42:34.551:INFO:oejsh.ContextHandler:main: Started o.e.j.w.WebAppContext@5a8806ef{GeoServer,/geoserver,file
:///C:/Users/mf/Desktop/%E8%AE%BA%E6%96%87/geoserver-2.19.5-bin/webapps/geoserver/,AVAILABLE}{C:\Users\mf\Desktop\论文\g
eoserver-2.19.5-bin\webapps\geoserver}
2023-07-02 12:42:34.581:INFO:oejs.AbstractConnector:main: Started ServerConnector@477dc93{HTTP/1.1, (http/1.1)}{0.0.0.0:
8090}
2023-07-02 12:42:34.584:INFO:oejs.Server:main: Started @16682ms
```

图 5.16　GeoServer 服务启动完毕后的信息

（2）在浏览器输入“http://localhost:8090/geoserver/web/”，打开 GeoServer 主界面。选择菜单“开始”→“GeoServer”→“GeoServer Web Admin Page”也可以打开 GeoServer 主界面。

（3）登录。用户名和密码均为安装 GeoServer 时设置的用户名和密码。默认的用户名为 admin，默认的登录密码为 geoserver。登录 GeoServer 后的界面如图 5.17 所示。

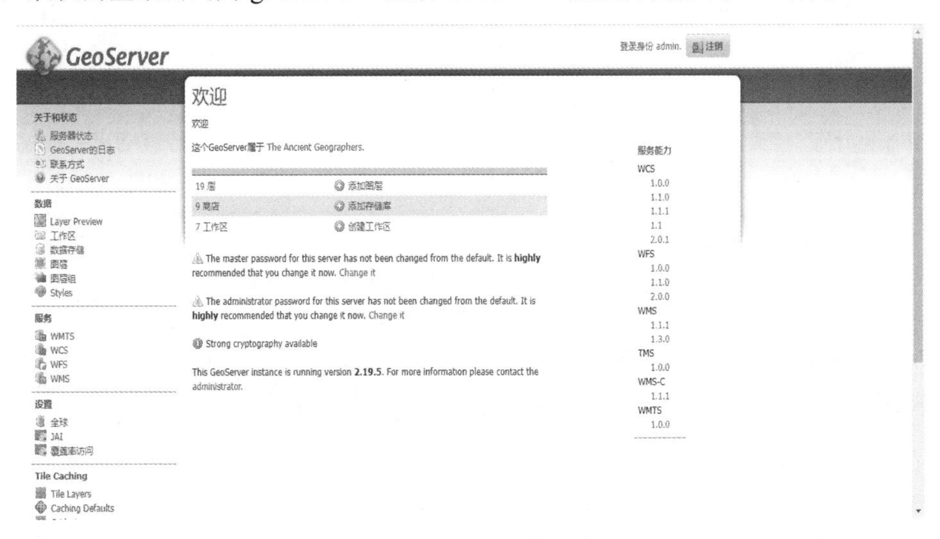

图 5.17　登录 GeoServer 后的界面

5.6.2 编写样式文件

（1）在 GeoServer 主界面左侧的工具栏单击“Styles”可进入“Styles”管理界面，如图 5.18 所示。可以单击某个样式进行编辑，也可以新建一个样式。

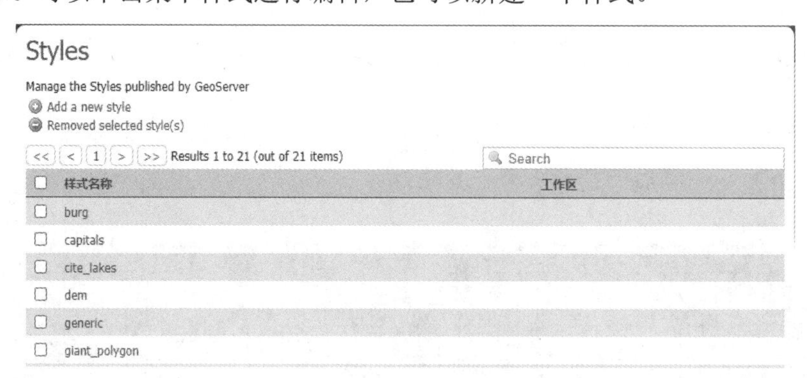

图 5.18 “Styles”管理界面

（2）这里将 5.5.5 节导出的 QGIS 样式文件上传至 GeoServer 中。在“Styles”管理界面中，单击“Add a new style”，可弹出“New style”对话框。在该对话框中单击“选择文件”按钮，可将 5.5.5 节导出的 QGIS 样式文件的内容加载到 GeoServer 中，单击“Upload…”，如图 5.19 所示。

图 5.19 上传样式文件

（3）单击“Validate”按钮后可以对上传的样式文件进行验证，验证无误后单击“Apply”按钮。此时即可将样式文件上传到 GeoServer 中，保存为 cite:ydlx。

5.6.3 发布地图

（1）在 GeoServer 主界面左侧的工具栏单击“工作区”，可弹出“工作区”管理界面（见

图 5.20），单击“添加新的工作区”后设置工作区的名称及命名空间 URL 等信息，完成新的工作区的添加。

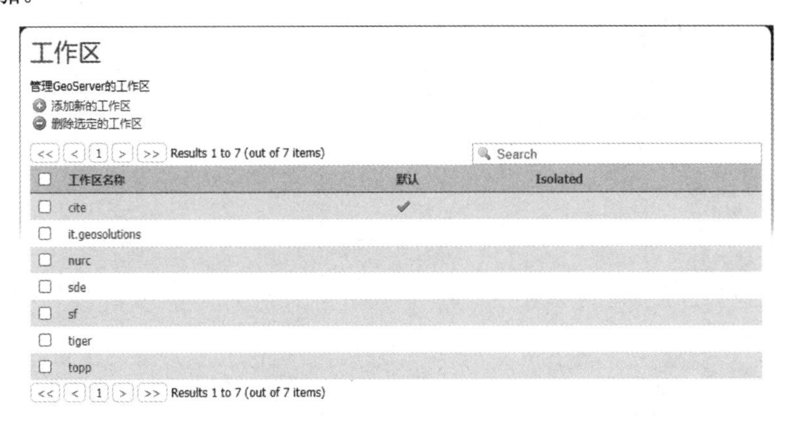

图 5.20　“工作区”管理界面

（2）在 GeoServer 主界面左侧的工具栏单击“数据存储”，可弹出“数据存储”管理界面（见图 5.21），在该界面中为工作区添加一个数据存储。

数据存储

管理GeoServer的数据存储

添加新的数据存储

删除选定的数据存储

Results 1 to 9 (out of 9 items)　Search

数据类型	工作区	数据存储名称	类型	启用?
	nurc	arcGridSample	ArcGrid	✔
	nurc	img_sample2	WorldImage	✔
	nurc	mosaic	ImageMosaic	✔
	tiger	nyc	Shapefile	✔
	sf	sf	Shapefile	✔
	sf	sfdem	GeoTIFF	✔
	topp	states_shapefile	Shapefile	✔
	topp	taz_shapes	Shapefile	✔
	nurc	worldImageSample	WorldImage	✔

Results 1 to 9 (out of 9 items)

图 5.21　“数据存储”管理界面

（3）GeoServer 可以支持多种数据格式，本节以 Shapefile 文件为例进行介绍。单击图 5.21 中的“添加新的数据存储”，可弹出“新建数据源”管理界面（见图 5.22），选择 Shapefile 文件格式的数据源。

新建数据源

选择你要配置的数据源的类型

s矢量数据源

Directory of spatial files (shapefiles) - Takes a directory of shapefiles and exposes it as a data store
GeoPackage - GeoPackage
PostGIS - PostGIS Database
PostGIS (JNDI) - PostGIS Database (JNDI)
Properties - Allows access to Java Property files containing Feature information
Shapefile - ESRI(tm) Shapefiles (*.shp)
Web Feature Server (NG) - Provides access to the Features published a Web Feature Service, and the ability to perform transactions on the server (when supported / allowed).

图 5.22　“新建数据源”管理界面

（4）选择工作区，填写数据源的名称、Shapefile 文件的路径、字符集等参数。中文图层字符集一般选择 GB2312 或者 UTF-8，数据源为一个完整的包含.shp、.dbf、.shx 等文件的 Shapefile 文件，如图 5.23 所示。

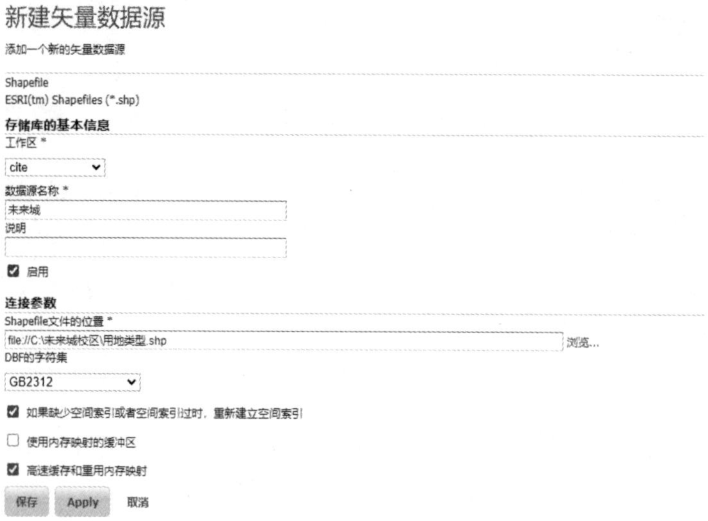

新建矢量数据源

添加一个新的矢量数据源

Shapefile

ESRI(tm) Shapefiles (*.shp)

存储库的基本信息

工作区 *

cite

数据源名称 *

未来城

说明

启用

连接参数

Shapefile文件的位置 *

file://C:\未来城校区\用地类型.shp 浏览...

DBF的字符集

GB2312

如果缺少空间索引或者空间索引过时，重新建立空间索引

使用内存映射的缓冲区

高速缓存和重用内存映射

保存 Apply 取消

图 5.23　Shapefile 文件的存储参数设置

（5）单击“保存”按钮后，系统会将此数据源下的所有数据图层进行列表展示，选择需要发布的图层。

（6）配置发布参数。选择投影坐标系为 EPSG:4326，单击“从数据中计算”，系统会自动计算出图层的边界，如图 5.24 所示。

图 5.24　配置发布的参数

（7）样式选择。切换到发布选项卡，将图层发布界面下使用的样式文件选择为 5.6.2 节上传的样式文件，文件名为 cite:ydlx，如图 5.25 所示。

图 5.25　设置图层的样式文件

（8）图层预览。在 GeoServer 主界面左侧的工具栏单击“Layer Preview”，在弹出的“Layer Preview”管理界面找到发布的图层，选择“OpenLayers”，系统会自动打开一个新的页面展示发布的地图数据。图层预览效果如图 5.26 所示。

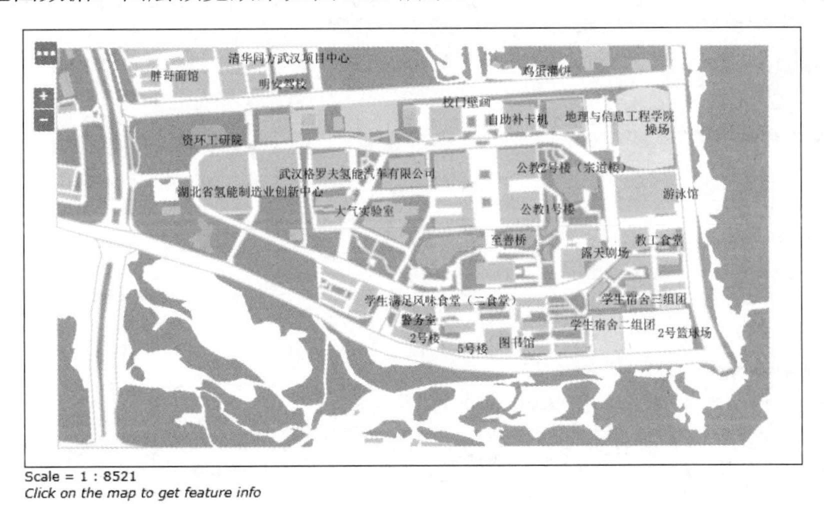

图 5.26　图层预览效果

5.7 使用 GeoServer 实现地图切片

5.7.1　地图栅格切片的实现

（1）选择图层。找到需要实现地图栅格切片的图层，切换到“TileCaching”选项卡，设置地图栅格切片的参数，选择切片方案，设置图层的 GridSet，选择添加 EPSG:4326 的切片方案，如图 5.27 所示。

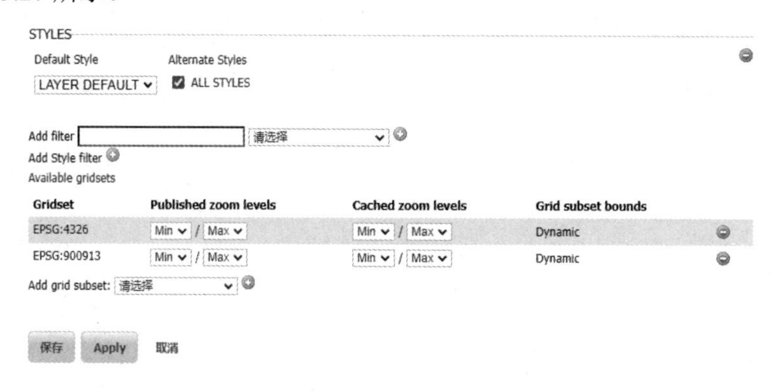

图 5.27　设置图层切片方案

（2）自定义切片方案。除了可以选择 GeoServer 提供的切片方案，用户也可以自定义切片方案。选择导航树中的“GridSet”，打开“GridSet”管理界面，新增一个切片方案，填写切片方案的名称、参考坐标系、数据范围、切片图片的大小、切片的级数等参数，保存为新的切片方案，供地图栅格切片选择使用。自定义切片方案如图 5.28 所示。

Name *
EPSG:4326
Description
A default WGS84 tile matrix set where the first zoom level covers the world with two tiles on the horizontal axis and one tile over the vertical axis and each subsequent zoom level is calculated by half the resolution of its previous one. Tiles are 256px wide.
Coordinate Reference System
EPSG:4326　查找　EPSG:WGS 84...
Units: °
Meters per unit: 111319.49079327358
Gridset bounds

最小 X	最小 Y	最大 X	最大 Y
-180	-90	180	90

Compute from maximum extent of CRS
Tile width in pixels *
256
Tile height in pixels *
256

Tile Matrix Set

Define grids based on: Resolutions　Scale denominators

Level	Pixel Size	Scale	Name	Tiles
0	0.703125	1: 279,541,132.0143589	EPSG:4326:0	2 x 1
1	0.3515625	1: 139,770,566.00717944	EPSG:4326:1	4 x 2
2	0.17578125	1: 69,885,283.00358972	EPSG:4326:2	8 x 4

取消

图 5.28　自定义切片方案

5.7.2　地图矢量切片的实现

（1）下载地图矢量切片扩展包。GeoServer 默认不带地图矢量切片的功能，需要安装扩展包，才能提供地图矢量切片。进入 GeoServer 官网的下载页面中单击“Extensions”→“Output

Formats”→“Vector Tiles”，下载地图矢量切片的插件，如图 5.29 所示。也可以进入到 GeoServer 官网的归档页面（https://build.geoserver.org/geoserver/），选择对应的版本下载。

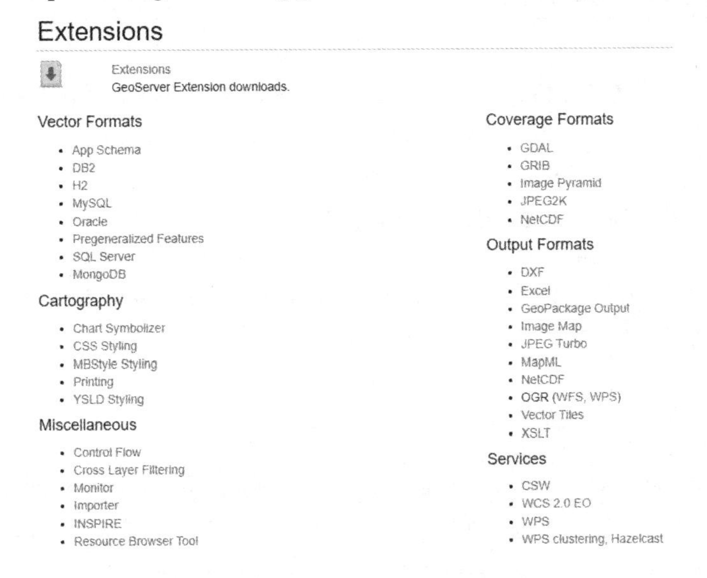

图 5.29　下载地图矢量切片的插件

（2）安装地图矢量切片扩展包。将下载的对应版本的地图矢量切片扩展包 geoserver-2.22-SNAPSHOT-vectortiles-plugin.zip 中的所有 jar 包解压到 GeoServer 的安装路径下的“webapps\geoserver\WEB-INF\lib”文件夹，重启 GeoServer 服务。

（3）插件安装成功以后，找到需要实现地图矢量切片的图层，切换到“TileCaching”选项卡，在“Tile Image Formats”下面会多出地图矢量切片格式的选项，如 application/json;type=geojson、application/json;type=topojson、application/json;type=utfgrid、application/vnd.mapbox-vector-tile，勾选这几个选项即可完成地图矢量切片的设置，如图 5.30 所示。

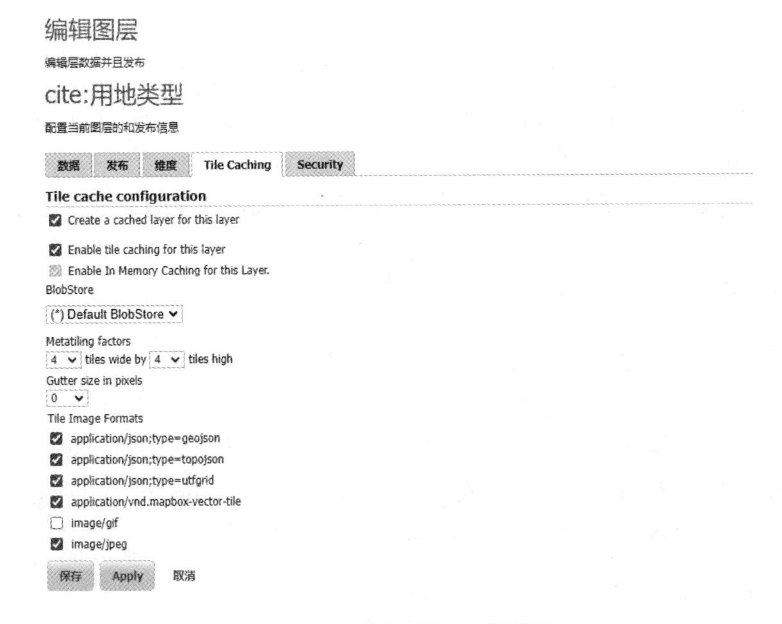

图 5.30　地图矢量切片的设置

5.8 地图服务的调用

GeoServer 可以发布 WMS、WFS、WMTS 三种 OGC 标准的 Web 服务，可以根据实际情况调用对应的 Web 服务。

5.8.1 Web 地图服务（WMS）的调用

在“Layer Preview”管理界面中选择要调用的图层，在“Select One”下拉框中选择需要访问的 WMS 服务的类型，如图 5.31 所示。

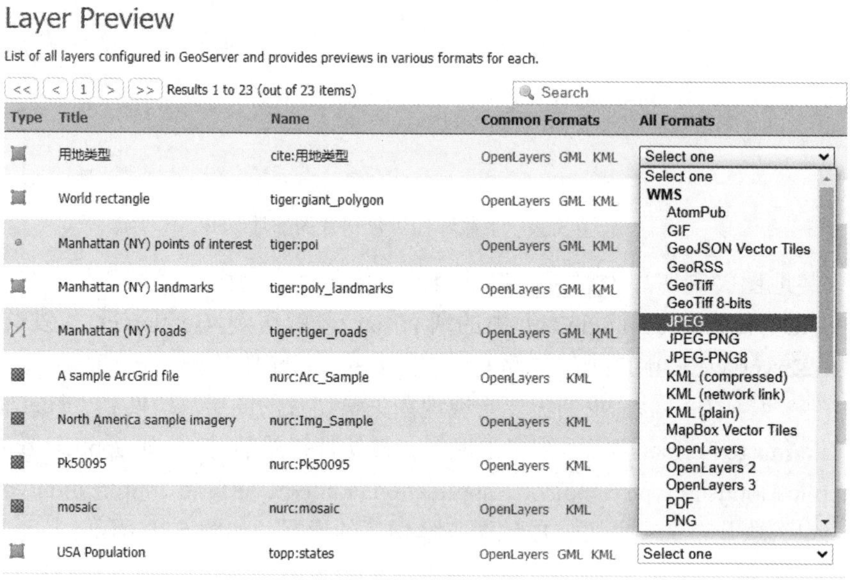

图 5.31　选择需要访问的 WMS 服务的类型

以访问 JPEG 格式的服务为例，WMS 的接口为 http://localhost:8080/geoserver/tiger/wms?service= WMS&version=1.1.0&request=GetMap&layers=tiger:giant_polygon&bbox=-180.0,-90.0,180.0,90.0&width=768 &height=384&srs=EPSG:4326&styles=&format=image/jpeg。

5.8.2 Web 要素服务（WFS）的调用

在“Layer Preview”管理界面中选择要调用的图层，在“Select One”下拉框中选择需要访问的 WFS 服务的类型，如图 5.32 所示。

以访问 GeoJSON 格式的服务为例，访问 WFS 的接口为 http://localhost:8080/geoserver/tiger/ows?service=WFS&version=1.0.0&request=GetFeature&typeName=tiger:giant_polygon&maxFeatures=50&outp utFormat=application/json。

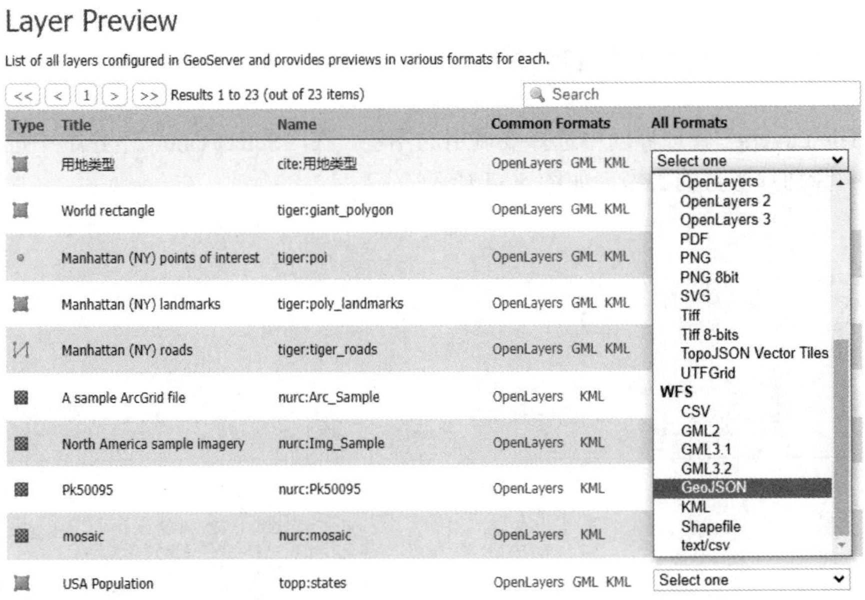

Layer Preview

List of all layers configured in GeoServer and provides previews in various formats for each.

<< < 1 > >> Results 1 to 23 (out of 23 items)　Search

Type	Title	Name	Common Formats	All Formats
	用地类型	cite:用地类型	OpenLayers GML KML	Select one
	World rectangle	tiger:giant_polygon	OpenLayers GML KML	
	Manhattan (NY) points of interest	tiger:poi	OpenLayers GML KML	
	Manhattan (NY) landmarks	tiger:poly_landmarks	OpenLayers GML KML	
	Manhattan (NY) roads	tiger:tiger_roads	OpenLayers GML KML	
	A sample ArcGrid file	nurc:Arc_Sample	OpenLayers KML	
	North America sample imagery	nurc:Img_Sample	OpenLayers KML	
	Pk50095	nurc:Pk50095	OpenLayers KML	
	mosaic	nurc:mosaic	OpenLayers KML	
	USA Population	topp:states	OpenLayers GML KML	Select one

OpenLayers
OpenLayers 2
OpenLayers 3
PDF
PNG
PNG 8bit
SVG
Tiff
Tiff 8-bits
TopoJSON Vector Tiles
UTFGrid
WFS
CSV
GML2
GML3.1
GML3.2
GeoJSON
KML
Shapefile
text/csv

图 5.32　选择需要访问的 WFS 服务的类型

5.8.3　Web 切片服务（WMTS）的调用

在“Tile Layers”管理界面中选择要调用的图层，在“Select One”下拉框中选择需要访问的 WMTS 服务的类型，如图 5.33 所示。

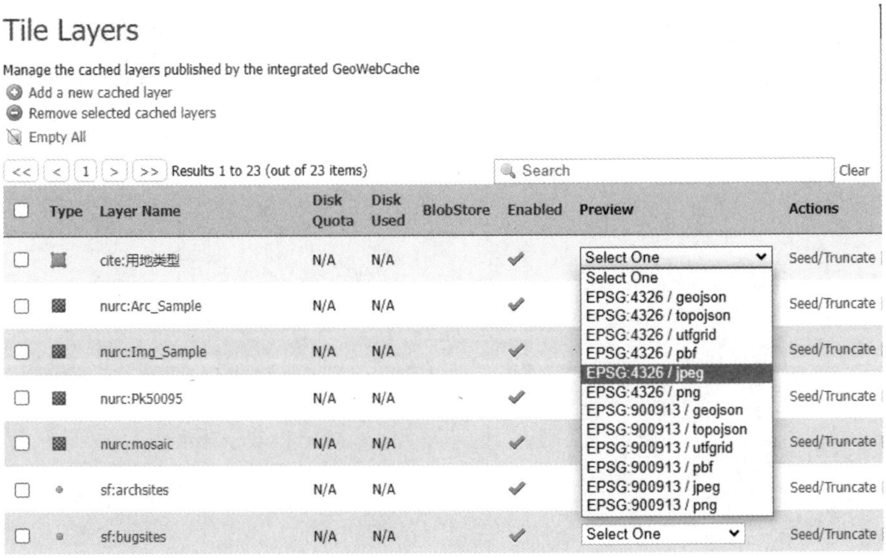

Tile Layers

Manage the cached layers published by the integrated GeoWebCache
Add a new cached layer
Remove selected cached layers
Empty All

<< < 1 > >> Results 1 to 23 (out of 23 items)　Search　Clear

	Type	Layer Name	Disk Quota	Disk Used	BlobStore	Enabled	Preview	Actions
		cite:用地类型	N/A	N/A		✔	Select One	Seed/Truncate
		nurc:Arc_Sample	N/A	N/A		✔		Seed/Truncate
		nurc:Img_Sample	N/A	N/A		✔		Seed/Truncate
		nurc:Pk50095	N/A	N/A		✔		Seed/Truncate
		nurc:mosaic	N/A	N/A		✔		Seed/Truncate
		sf:archsites	N/A	N/A		✔		Seed/Truncate
		sf:bugsites	N/A	N/A		✔	Select One	Seed/Truncate

Select One
EPSG:4326 / geojson
EPSG:4326 / topojson
EPSG:4326 / utfgrid
EPSG:4326 / pbf
EPSG:4326 / jpeg
EPSG:4326 / png
EPSG:900913 / geojson
EPSG:900913 / topojson
EPSG:900913 / utfgrid
EPSG:900913 / pbf
EPSG:900913 / jpeg
EPSG:900913 / png

图 5.33　选择需要访问的 WMTS 服务的类型

以访问 EPSG:4326/JPEG 格式的服务为例，访问 WMTS 的接口为 http://localhost:8080/geoserver/gwc/demo/nurc:Pk50095?gridSet=EPSG:4326&format=image/jpeg。

5.8.4 地图矢量切片服务的调用

在“Tile Layers”管理界面中选择要调用的图层，在“Select One”下拉框中选择需要访问的地图矢量切片服务的类型，如图 5.34 所示。

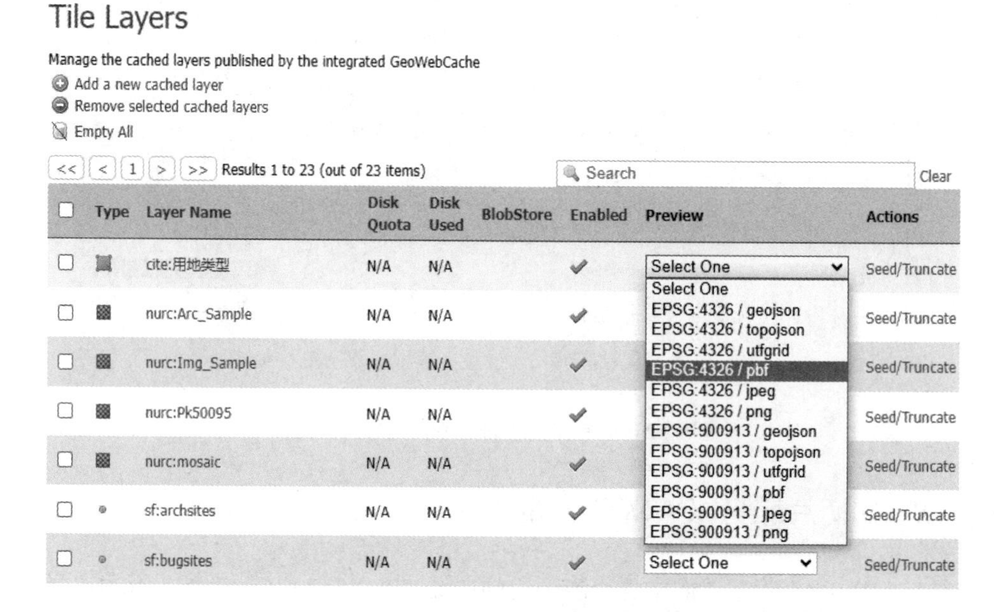

图 5.34 选择需要访问的地图矢量切片服务的类型

以访问 EPSG:4326/PBF 格式的服务为例，访问地图矢量切片服务的接口为 http://localhost:8080/geoserver/gwc/demo/cite:ydlx?gridSet=EPSG:4326&format=application/vnd.mapbox-vector-tile。

第 6 章 WebGIS 客户端开发

开发一个 WebGIS 应用不需要完全从零开始。随着 WebGIS 和互联网技术的发展，以及庞大的 GIS 应用市场和需求，国内外涌现出了很多优秀前端框架。表 6.1 列出了主流前端框架，并对这些前端框架的优缺点进行了简要说明，读者可根据自己的需求选择开发框架，本章主要使用 OpenLayers 进行 WebGIS 客户端开发。

表 6.1　WebGIS 主流前端框架的优缺点

前端框架	优　点	缺　点
OpenLayers	较重量级的开源库，二维 GIS 功能最丰富全面，有很多演示的样例，结构清晰、简单易用	地图样式简单，难以定制美观的可视化效果
Leaflet	轻量级的前端地图可视化库，开源、体积小、结构清晰、简单易用	不支持 WebGL 渲染，性能有瓶颈，对复杂 GIS 应用的支持力度不足
ArcGIS JavaScript API	二三维一体化，结合 ArcGIS Server 开发 WebGIS 的效率很高，配合服务器的能力可以实现复杂 GIS 应用，自带很多示例	ESRI 公司的闭源库，接口和教程全英文，上手难度大
Mapbox	开源库，WebGL 渲染机制、二三维一体化，提供的专题地图更具美感	需要注册 Key，一般依赖于 Mapbox 公司提供的地图服务，对网络连接有较高的依赖性；部分配套功能和服务需要付费
Cesium	重量级开源的三维引擎，WebGL 渲染机制、二三维一体化可视化表达；经/纬度坐标系、支持球体	结构复杂，上手难度大
百度地图 JavaScript API GL	非开源的轻量级库，提供了地图、检索、导航、实时交通等常用服务	需要注册 Key，接口开发者有免费的限额，对复杂 GIS 应用的支持力度不足

6.1 OpenLayers 简介

OpenLayers 是最早的 WebGIS 开源库之一，迭代开发的历史较长，目前是 WebGIS 中功能齐全、资料和教程丰富的框架，同时其学习曲线比较平缓，很容易上手。OpenLayers 采用了 Canvas、WebGL 和 HTML5 中最新的技术来构建框架，可以在移动设备上运行。

OpenLayers 支持多种地图来源，包括天地图（Tianditu）、百度地图（Baidu Map）、谷歌地图（Google Map）、必应地图（Bing Map）、OpenStreetMap（OSM）等在线地图，可以对图片地图进行叠加，可对接 OGC 制定的各种标准服务，如 WMS、WFS 和 WMTS 等 Web 服务，能通过远程服务的方式将地图数据加载到浏览器中并进行显示。另外，OpenLayers

还提供了丰富的图形、空间交互、地图渲染和投影转换的 API。

6.2 OpenLayers 体系架构

设计 OpenLayers 是为了能够在客户端更好地展现和操作地图。OpenLayers 将抽象事物具体化为类，其核心类是 Map、Layer、Source、View，几乎所有的动作都是围绕这几个核心类展开的，以实现地图加载和相关操作。OpenLayers 的体系架构如图 6.1 所示。

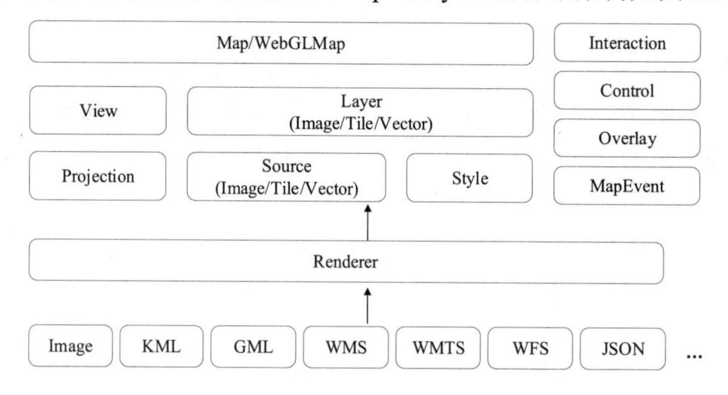

图 6.1 OpenLayers 的体系架构

由图 6.1 可见，OpenLayers 把整个地图看成一个地图容器（Map），核心部分是与地图表现相关的视图（View）、地图图层（Layer）、对应图层的数据源（Source）、矢量图形样式（Style）。除此之外，地图容器中还有地图交互（Interaction）、操作控件（Control）、覆盖层（Overlay），以及绑定在 Map 和 Layer 上的一系列地图事件（MapEvent）。OpenLayers 体系架构的底层是 OpenLayers 的数据源，即 Image、GML、KML、JSON、OGC 的 Web 服务等，它们是 source 和 format 命名空间下的子类，这些数据经过 Render（渲染器）渲染后，显示在地图容器中的地图图层（Layer）上。

OpenLayers 的体系架构主要有以下特点：

（1）OpenLayers 将地图图层（Layer）与数据源（Source）分离，并将地图视图相关类（如投影、分辨率、中心点设置等）抽离为视图（View），地图数据的加载和显示更为灵活。

（2）OpenLayers 将地图交互操作的相关内容抽离，封装为各种交互（Interaction）类，如涉及地图交互的要素选择、绘图，以及图形要素编辑的操作、缩放、拖动、旋转等。

（3）OpenLayers 在地图容器中用覆盖层（Overlay）来承载和表现诸如地图标注（Marker、Popup）等 HTML 元素内容。

（4）OpenLayers 优化了空间几何对象（Geometry）类，专注于管理空间图形，更简便、易用。

（5）OpenLayers 在矢量图层中叠加了矢量要素（Feature），由图形（geometry）、属性（properties）、样式（style）组成。

OpenLayers 的空间数据是由点、线、面要素构成的，以 ol/geom/Geometry 类为基本类，扩展出简单图形和图形集合，其中简单图形又派生出了点、线、面、圆、多线、多面等图形。Geometry 类与子类的继承关系如图 6.2 所示。

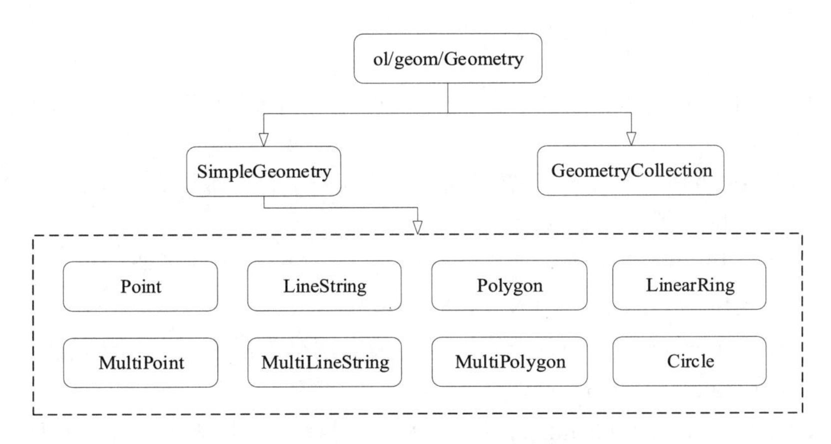

图 6.2　Geometry 类和子类的继承关系

OpenLayers 的地图数据是通过地图图层（Layer）组织渲染的，且通过数据源（Source）设置具体的地图数据来源，因此地图图层和数据源就像形体和它的影子一样形影不离，密切相关。地图数据可根据数据源分为 Image、Tile、Vector 三大类，对应设置到这三大类的地图图层中。地图图层与数据源的关系如图 6.3 所示，其中矢量图层 Vector 通过 Style 来设置矢量数据渲染的方式和外观。

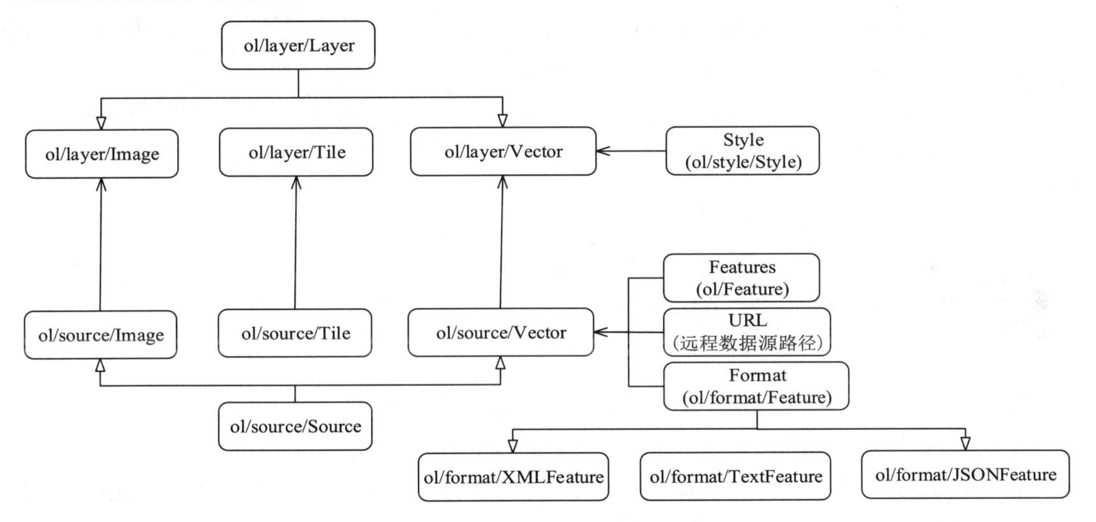

图 6.3　地图图层与数据源的关系

6.3 OpenLayers 常用接口

OpenLayers 的常用接口可参考官网文档（https://OpenLayers.org/en/latest/APIdoc/），其命名空间较多，类与类之间继承关系复杂，下面对常用的接口进行介绍。

（1）Map（ol/Map）：地图容器，以 Canvas 渲染空间矢量、切片数据，加载地图控件，但对矢量数据支撑有限。

（2）WebGLMap（ol/WebGLMap）：使用 WebGL 渲染地图容器，渲染性能更高。

（3）View（ol/View）：地图视图，可定义视图的投影坐标系，控制地图中心位置、分辨率、显示级别。

（4）Layer（ol/Layer/Base）：地图图层，派生出多个图层子类，用于将数据源挂载到地图容器中。

（5）Source（ol/source/Source）：数据源，派生出多个数据源子类，加载空间数据并设置地图图层（Layer）的数据源进行显示。

（6）Format（ol/format/Feature）：数据解析器，派生出多个解析器子类，用于读/写各类格式数据，如 GeoJSON、KML、GPX、WKT 等。

（7）Feature（ol/Feature）：地理要素对象，矢量数据要素单位，包含属性、空间几何对象和样式，挂载到 Source 中进行显示。

（8）Geometry（ol/geom/Geometry）：空间几何对象，派生出点、线、面等几何子类。

（9）Style（ol/style/Style）：显示样式类，通过其子类渲染地理要素样式，包括填充样式、边线样式、图标样式、文字样式。

（10）Overlay（ol/Overlay）：覆盖层，脱离地图图层逻辑，直接叠加在地图上显示的要素，关联一个 HTML 元素为锚点，对一些专题图和个性化定制非常有用。

（11）Control（ol/control/Control）：操作控件，提供了多种常用的地图控件，如缩放控件、鼠标位置控件、鹰眼、比例尺等。

（12）Interaction（ol/interaction/Interaction）：地图交互，提供鼠标、键盘等操作的地图交互接口，如选择交互、拖曳平移交互、绘制交互、单击交互等。

（13）Projection（ol/pro/Projection）：地图投影，定义投影信息、提供投影转换方法。

（14）MapEvent（ol/MapEvent）：地图事件，用于地图交互操作，如单击、双击、拖曳、鼠标移动等事件。

6.4 OpenLayers 开发方式

OpenLayers 主要提供两种开发方式，一种是通过 HTML 的 Script 标签引入 ol.js 文件；另一种是模块加载，推荐使用后一种方式进行开发。

OpenLayers 官方网站提供了脚手架命令来快速创建 ol 工程，可自动配置依赖的模块和运行、打包脚本，其本质也是模块加载方式。

6.4.1 通过 HTML 的 Script 标签引入 ol.js 文件

通过 OpenLayers 官网可下载最新开发资源，在本书撰写时，OpenLayers 的最新版本为 7.3.0，该版本的官网下载页面如图 6.4 所示，建议使用可运行的工程套件 v7.3.0-site，它包含入门教程、源码、API 接口文档、API 使用 Demo，方便离线学习。

解压后的工程目录比较清晰，进入 v7.3.0-site/en/latest 目录可看到 OpenLayers 工程核心目录，如图 6.5 所示。

其中，apidoc 中存放的是接口文档；examples 中存放的是接口使用样例，它们与官方网站的 API 和 Example 是一致的；ol 中存放的是源码，其下 dist 子目录是打包压缩后的发布版，如图 6.6 所示。

The `ol` package

The recommended way to use OpenLayers is to work with the ol package.

To add OpenLayers to an existing project, install the latest with `npm`:

```
npm install ol
```

If you are starting a new project from scratch, see the quick start docs for more information.

Hosted build for development

If you want to try out OpenLayers without downloading anything (**not recommended for production**), include the following in the head of your html page:

```
<script src="https://cdn.jsdelivr.net/npm/ol@v7.3.0/dist/ol.js"></script>
<link rel="stylesheet" href="https://cdn.jsdelivr.net/npm/ol@v7.3.0/ol.css">
```

The full build of the library does not include all dependencies: the `geotiff` and `ol-mapbox-style` packages are omitted. If you use these, you'll need to add additional script tags.

Downloads for the v7.3.0 release

Archive	Description
v7.3.0-site.zip	Includes examples and documentation.
v7.3.0-package.zip	Includes sources and the full build of the library.

See the v7.3.0 release page for a changelog and any special upgrade notes.

For archives of previous releases, see the complete list of releases.

图 6.4 OpenLayers 7.3.0 的官网下载页面

名称	修改日期	类型
apidoc	2023/3/27 14:15	文件夹
examples	2023/3/27 14:15	文件夹
ol	2023/3/27 14:15	文件夹

图 6.5 OpenLayers 工程核心目录

名称	修改日期	类型	大小
control	2023/3/27 14:15	文件夹	
dist	2023/3/27 14:15	文件夹	
events	2023/3/27 14:15	文件夹	
extent	2023/3/27 14:15	文件夹	
format	2023/3/27 14:15	文件夹	
geom	2023/3/27 14:15	文件夹	
interaction	2023/3/27 14:15	文件夹	
layer	2023/3/27 14:15	文件夹	
pointer	2023/3/27 14:15	文件夹	
proj	2023/3/27 14:15	文件夹	
render	2023/3/27 14:15	文件夹	
renderer	2023/3/27 14:15	文件夹	
reproj	2023/3/27 14:15	文件夹	
source	2023/3/27 14:15	文件夹	
structs	2023/3/27 14:15	文件夹	
style	2023/3/27 14:15	文件夹	
tilegrid	2023/3/27 14:15	文件夹	
vec	2023/3/27 14:15	文件夹	
webgl	2023/3/27 14:15	文件夹	
worker	2023/3/27 14:15	文件夹	
array.d.ts	2023/3/5 7:44	TypeScript 源文件	5 KB
array.d.ts.map	2023/3/5 7:44	MAP 文件	1 KB
array.js	2023/3/5 7:44	JavaScript 源文件	6 KB

图 6.6 OpenLayers 工程核心目录 ol 中的内容

（1）引用本地 ol.js。首先把 ol 文件夹复制到工程目录，在项目中以相对路径的方式进行引用，代码如下：

```
<script src="./ol/dist/ol.js"></script>
<link rel="stylesheet" href="./ol/ol.css">
```

（2）引用在线 ol.js。如果不想本地部署，可以直接使用内容分发网络（Content Delivery Network，CDN）在线引入，代码如下：

```
<script src="https://cdn.jsdelivr.net/npm/ol@v7.3.0/dist/ol.js"></script>
<link rel="stylesheet" href="https://cdn.jsdelivr.net/npm/ol@v7.3.0/ol.css">
```

通过 HTML 的 Script 标签引入 ol.js 文件后会生成 ol 全局变量并加载全部模块，开发时可以直接使用，例如下面的示例代码。

```
const map = new ol.Map({
    target: 'map',
    layers: [
        new ol.layer.Tile({
            source: new ol.source.OSM()
        })
    ],
    view: new ol.View({
        center: [0, 0],
        zoom: 2
    })
})
```

6.4.2 模块加载

模块加载方式需要先安装 Node.js 运行环境，该运行环境包含 npm 包管理工具；然后执行脚手架命令快速创建基于 OpenLayers 的应用开发工程。在下面的代码中，ol-app 是脚手架名称，my-app 是新建的工程名。

```
npm create ol-app my-app
cd my-app
npm start
```

对于已经存在的 npm 工程，可以执行以下命令安装最新版 OpenLayers 库。本书采用这种方式，先用 Vue 脚手架创建工程，再安装 OpenLayers 库进行开发。

```
npm install ol
```

在工程中安装 OpenLayers 库的依赖模块后，根据需要使用 import 动态加载模块，代码如下：

```
// 引入需要的模块类
import Map from 'ol/Map.js';
import OSM from 'ol/source/OSM.js';
import TileLayer from 'ol/layer/Tile.js';
```

```
import View from 'ol/View.js';

// 用 Map 模块创建 map 容器对象
const map = new Map({
    target: 'map',
    layers: [
        new TileLayer（{
            source: new OSM()
        }）
    ],
    // 用 View 模块创建实体对象
    view: new View({
        center: [0, 0],
        zoom: 2
    })
})
```

6.5 OpenLayers 入门

通过前文学习，读者已经对 WebGIS 和 OpenLayers 有了概要认识。本节基于 OpenLayers 7.3.0 和模块加载方式介绍 OpenLayers 的开发入门，在讲解中还会引入 Vue3、element-plus 等比较流行的框架。

6.5.1 开发环境准备

1. 安装 VSCode

Visual Studio Code（VSCode）是一款由微软开发的、跨平台的免费源代码编辑器，它界面简洁、小巧轻便，可以支持多种语言，具有高度的可配置性和可扩展性，依赖第三方扩展来提供更强大的功能。

进入 VSCode 官网下载最新安装包，本书选择的是 Windows 的 64 位安装包，然后双击开始安装，设置安装路径后一直单击“下一步”按钮即可。

打开 VSCode 软件，单击左侧活动栏的 EXTENSIONS 扩展菜单，在扩展库中输入“volar”来搜索 Volar 插件，安装 Vue Language Features（Volar）插件，如图 6.7 所示，该插件可对 Vue3 文件进行语法检查。

另外一款开发工具 WebStorm，它是 JetBrains 公司旗下一款 JavaScript 开发工具，提供了很多便捷智能的功能，如代码补全、质量分析、代码导航等，被誉为“Web 前端开发神器”“最智能的 JavaScript IDE”，但它不是免费开发工具。WebStorm 可在 JetBrains 公司官网下载。

2. 安装 Node.js

Node.js 是一个基于 Chrome V8 引擎的 JavaScript 运行环境，发布于 2009 年 5 月。Node.js 采用事件驱动、非阻塞式 I/O 模型，让 JavaScript 可以像 PHP、Python、Perl、Ruby 等语言一样运行在服务端平台。Node.js 赋予了 JavaScript 很多能力，如读/写文件、发起跨域的网络请求、连接数据库等。很多功能强大的工具和框架如雨后春笋般层出不穷，让前端开发方式变得更高效、更智能，开发边界也因 Node.js 变得很广，前端工程师可以胜任后端工作，变为全栈工程师。

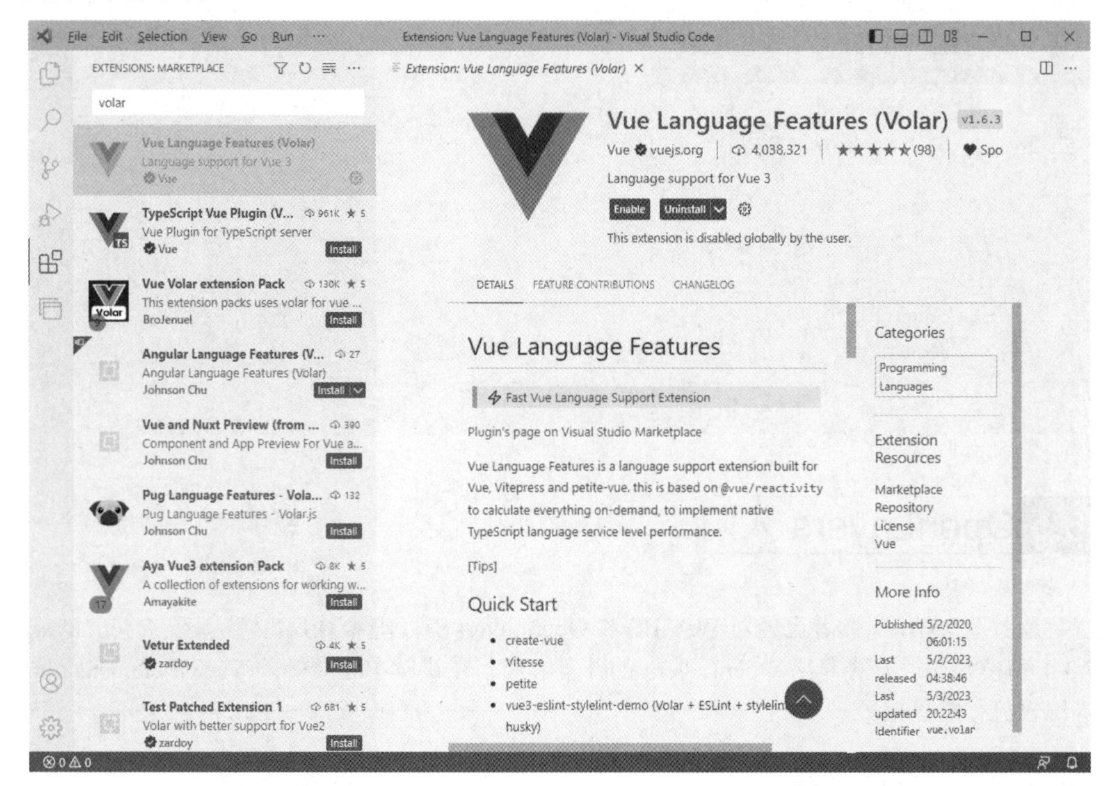

图 6.7　在 VSCode 中安装 Volar 插件

在 Node.js 官网可下载最新安装包，本书下载的是 LTS 稳定版 Windows 的 64 位安装包，双击该安装包即可开始安装，设置安装路径后一直单击“下一步”按钮即可完成安装。

Node.js 内部已经集成了 npm 包管理工具，安装 Node.js 后可以直接使用。打开 cmd 命令行窗口，输入“node -v”和“npm -v”能正常显示版本，说明已经成功安装。Node.js 和 npm 的版本查询如图 6.8 所示。

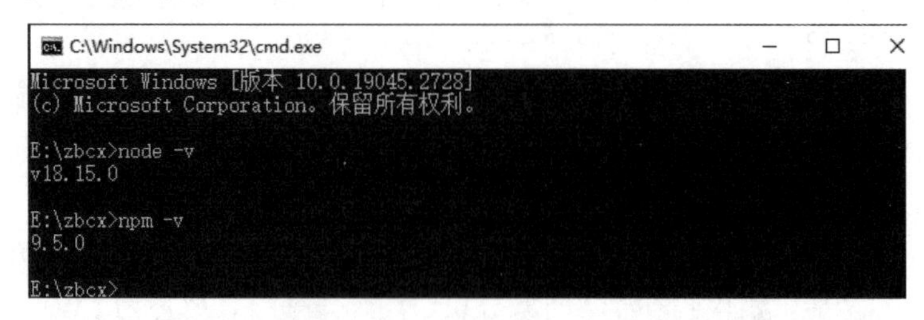

图 6.8　Node.js 和 npm 的版本查询

Node.js 的开发会非常频繁使用 npm，可以参考官网文档学习 npm 的使用方法，尤其是 npm 命令的使用（见图 6.9）。

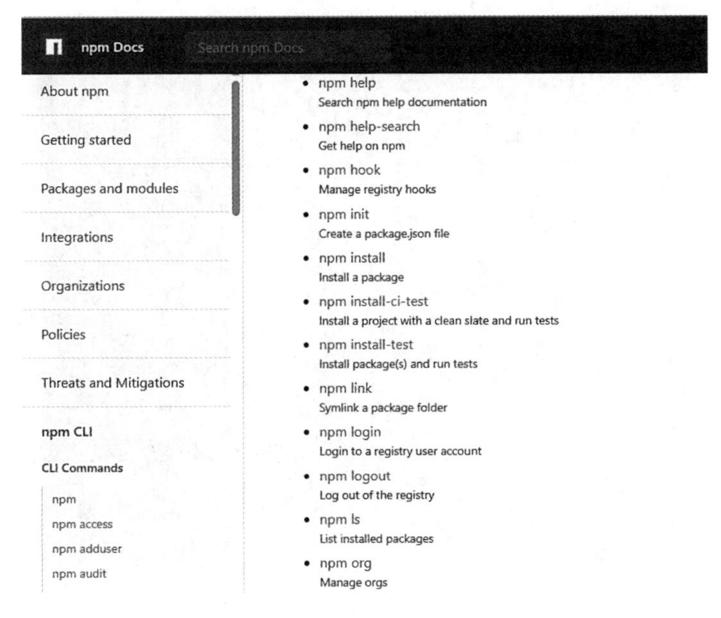

图 6.9　npm 官方命令文档

3. 创建 Vue 工程

Vue 是一套用于构建用户界面的渐进式框架，通过简单的 API 即可实现响应式的数据绑定和组合的视图组件。Vue 与 Angular、React 一样，都是为了降低开发者的繁重工作，因为它们简单易学、开发效率和系统性能高，所示很多软件企业都以它们为基础开发框架。Vue 官方网站针对 Vue 的应用提供了 Vue 全家桶工具，开发者可以按需加载使用。

- Vue3：核心部件，实现数据响应式、虚拟节点控制、组件渲染等基础功能。
- VueRouter：路由管理部件，实现组件与路由映射、页面加载等调度功能。
- Pinia：数据的存储部件，允许跨组件使用和共享状态。

（1）Vue 脚手架。在 Node.js 环境就绪的情况下输入“npm init vue@latest”命令，会自动安装并执行官方最新脚手架 Create-Vue，它使用 Vite 构建工具创建工程。旧版的脚手架使用 Webpack 构建工具创建工程。

根据交互提示输入项目名 wegis_ol7，安装依赖模块 Vue Router、Pinia、ESLint、Prettier；也可以直接按下回车键，在项目创建后，通过“npm install”命令根据需要安装依赖模块，如图 6.10 所示。

其中，ESLint 是代码检查工具，用于统一开发者的编码风格；Prettier 是一个前端的代码格式化工具。创建的工程目录如图 6.11 所示。

node_modules 是执行“npm install”命令后安装的依赖模块；public 是 Vue 工程的静态文件；src 是源码文件根目录；.eslintrc.cjs 是 ESLint 的配置文件；.prettierrc.json 是 Prettier 的配置文件；index.html 是系统的根页面；package.json 是 npm 创建的工程（包）描述文件，定义了依赖的模块和版本、可执行命令；vite.config.js 是 Vite 构建工具的配置文件，包括代理、运行、打包工程。

（2）运行工程。在命令行窗口中继续依次执行图 6.10 中“Now run”提示下的命令，安装依赖模块并启动项目，如图 6.12 所示。其中，“npm run format”命令会根据 package.json 下载依赖模块，“npm run dev”命令会启动项目，并生成访问地址。

```
C:\Windows\System32\cmd.exe

E:\zbcx>npm init vue@latest
Need to install the following packages:
  create-vue@3.6.1
Ok to proceed? (y) y

Vue.js - The Progressive JavaScript Framework

√ Project name: ... webgis_ol7
√ Add TypeScript? ... No / Yes
√ Add JSX Support? ... No / Yes
√ Add Vue Router for Single Page Application development? ... No / Yes
√ Add Pinia for state management? ... No / Yes
√ Add Vitest for Unit Testing? ... No / Yes
√ Add an End-to-End Testing Solution? » No
√ Add ESLint for code quality? ... No / Yes
√ Add Prettier for code formatting? ... No / Yes

Scaffolding project in E:\zbcx\webgis_ol7...

Done. Now run:

  cd webgis_ol7
  npm install
  npm run format
  npm run dev

E:\zbcx>
```

图 6.10　通过“npm install”命令根据需要安装依赖模块

名称	修改日期	类型	大小
.vscode	2023/5/17 20:00	文件夹	
node_modules	2023/5/17 20:01	文件夹	
public	2023/5/17 20:00	文件夹	
src	2023/5/17 20:00	文件夹	
.eslintrc.cjs	2023/5/17 20:00	JavaScript 源文件	1 KB
.gitignore	2023/5/17 19:59	Git Ignore 源文件	1 KB
.prettierrc.json	2023/5/17 20:00	JSON 源文件	1 KB
index.html	2023/5/17 19:59	Microsoft Edge ...	1 KB
package.json	2023/5/17 20:12	JSON 源文件	1 KB
package-lock.json	2023/5/17 20:00	JSON 源文件	127 KB
README.md	2023/5/17 20:00	Markdown 源文件	1 KB
vite.config.js	2023/5/17 19:59	JavaScript 源文件	1 KB

图 6.11　创建的工程目录

图 6.12　安装依赖模块并启动项目

项目启动成功后会显示服务地址，在浏览器中输入“http://localhost:5173/”可进行访问。项目运行页面如图 6.13 所示，到此一个 Vue 工程就已经搭建完毕。

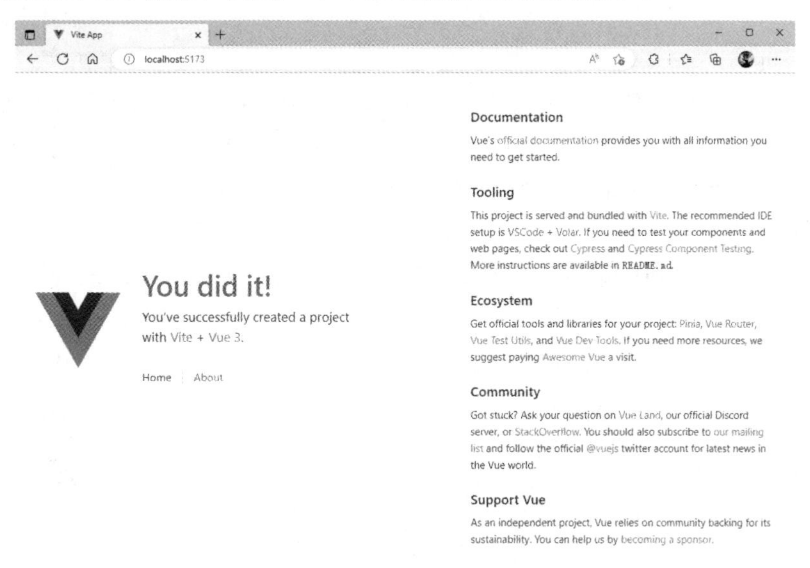

图 6.13　项目运行页面

（3）安装开发依赖模块。执行以下命令安装后续实践中需要的 OpenLayers、Element-plus、Axios 模块。

```
npm install ol
npm install element-plus
npm install axios
```

上述命令会把对应的模块下载到 node_models 中，并在 package.json 中记录依赖模块，如图 6.14 所示。

```
{
  "name": "webgis_demo",
  "version": "0.0.0",
  "private": true,
  ▷ Debug
  "scripts": {
    "dev": "vite --host 0.0.0.0",
    "build": "vite build",
    "preview": "vite preview",
    "lint": "eslint . --ext .vue,.js,.jsx,.cjs,.mjs --fix --ignore-path .gitignore",
    "format": "prettier --write src/"
  },
  "dependencies": {
    "axios": "^1.3.4",
    "echarts": "^5.4.2",
    "element-plus": "^2.3.1",
    "monaco-editor": "^0.37.1",
    "ol": "^7.3.0",
    "pinia": "^2.0.32",
    "vue": "^3.2.47",
    "vue-router": "^4.1.6"
  },
  "devDependencies": {
    "@rushstack/eslint-patch": "^1.2.0",
    "@vitejs/plugin-vue": "^4.0.0",
    "@vue/eslint-config-prettier": "^7.1.0",
    "eslint": "^8.34.0",
    "eslint-plugin-vue": "^9.9.0",
    "prettier": "^2.8.4",
    "sass": "^1.60.0",
    "vite": "^4.1.4"
  }
}
```

图 6.14　在 package.json 中记录依赖模块

6.5.2 地图控件

1. 创建地图

在 webgis_ol7 工程文件夹上单击鼠标右键，在弹出的右键菜单中选择"通过 Code 打开"，即可用安装好的 VSCode 打开工程文件。Vite 构建工具会自动启动项目，并在终端窗口中显示项目的访问路径 http://localhost:4000/，如图 6.15 所示。采用"npm run dev"命令启动项目时，端口号就不是 4000。

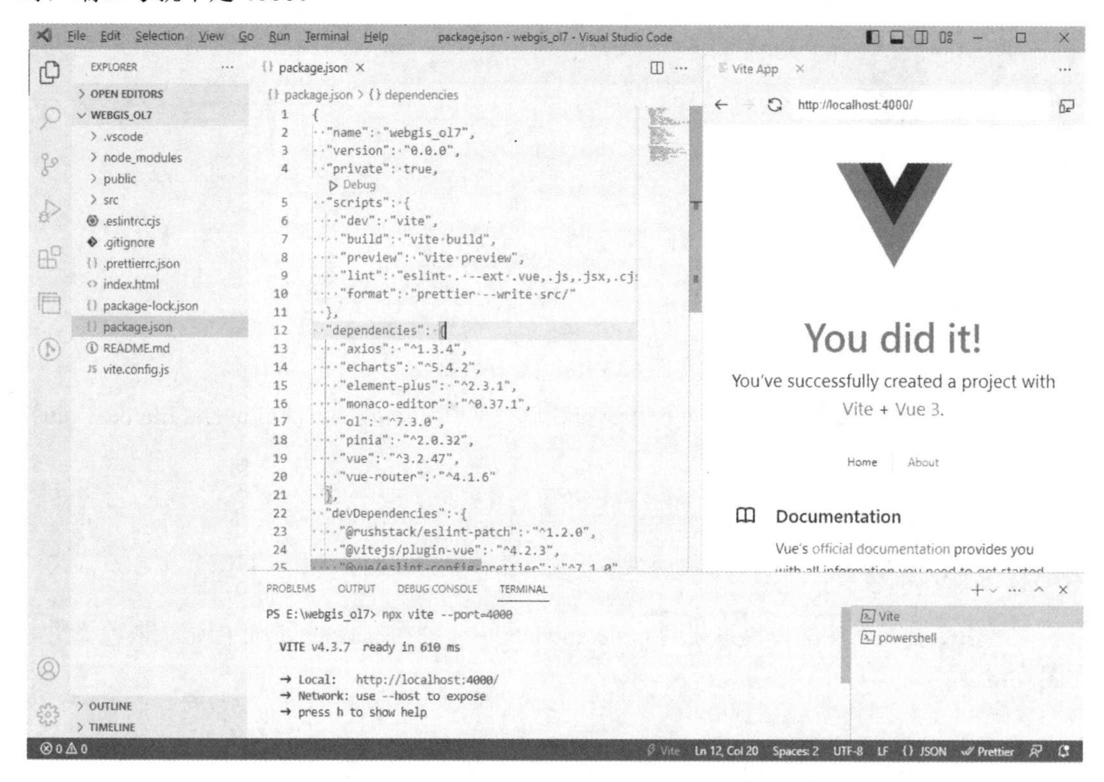

图 6.15 使用 VSCode 打开 webgis_ol7 工程

也可以通过选择菜单"View"→"Terminal"打开终端窗口查看启动工程后输出的信息，如图 6.16 所示。

```
PS E:\zbcx\webgis_ol7> npx vite --port=4000

  VITE v4.2.1  ready in 496 ms

  ➜  Local:   http://localhost:4000/
  ➜  Network: use --host to expose
  ➜  press h to show help
```

图 6.16 启动工程后输出的信息

开发环境已经准备就绪，现在使用 OpenLayers 创建一个地图，总体思路如下：

（1）在工程中引入 ol.css 样式，并在业务功能代码中按需引入 OpenLayers 包。在 src/main.js 文件中引入 OpenLayers、Element-plus 依赖资源。代码如下：

```
import { createApp } from 'vue'
import { createPinia } from 'pinia'

// 引入 element 资源
import ElementPlus from 'element-plus'
import 'element-plus/dist/index.css'
import zhCn from 'element-plus/dist/locale/zh-cn'

// 引入 ol.css 样式，类文件按需引入
import 'ol/ol.css'
import App from './App.vue'
import router from './router'
import './assets/main.css'
const app = createApp(App)
app.use(createPinia())
app.use(router)
app.use(ElementPlus, { locale: zhCn })
app.mount ('#app')
```

（2）在 HTML 中定义一个元素作为地图容器，使用 ol/Map 类构造地图对象，按需要给地图添加图层和地图控件。在 src/views 目录下创建 Map.vue 组件，根据 Vue 规范进行编写。

① 在<template>中创建一个 HTML 元素，将其 ID 赋给 Map 的 target 作为地图容器。

② 创建视图对象，设置视图投影（默认是 EPSG:3857)、视图中心点、视图显示级别。

③ 此时 OpenLayers 地图已经创建完成，但视图区是空白的。通过创建 ol/layer/Tile 切片图层并绑定 ol/source/XYZ 数据源显示在线地图。代码如下：

```
import Map from 'ol/Map.js'
import View from 'ol/View.js'
import TileLayer from 'ol/layer/Tile.js'
import XYZ from 'ol/source/XYZ.js'
import * as olProj from 'ol/proj'

import { onMounted } from 'vue'

// 1-定义外部参数
const props = defineProps({
    viewConf: { type: Object, default: () => ({}) },
    defLyrs: { type: Array, default: () => ['vec_c', 'cva_c'] }
})
// 2-定义地图创建完毕的事件
const emit = defineEmits(['created'])
// 3-组件挂载后创建地图
onMounted(() =>
{
    // 用传入的 View 配置覆盖默认配置
    const viewOpts = Object.assign({
```

```
        projection: 'EPSG：3857',
        center: [12758417.315499168, 3562866.9013162893],
        zoom: 16.5,
    }, props.viewConf)
    const layerOptions =
    [
        {key: 'img_c', title: '天地图影像', option: {projection: 'EPSG:4326',
        url: `http://t{0-7}.tianditu.gov.cn/img_c/wmts?SERVICE=WMTS&
        REQUEST=GetTile&VERSION=1.0.0&LAYER=img&STYLE=default&TILEMATRIXSET=c&
        FORMAT=tiles&TILEMATRIX={z}&TILEROW={y}&TILECOL={x}&tk=${cxApp.tianKey}`}
        },
        {key: 'vec_c', title: '天地图', option: {projection: 'EPSG:4326',
        url: `http://t{0-7}.tianditu.gov.cn/vec_c/wmts?SERVICE=WMTS&
        REQUEST=GetTile&VERSION=1.0.0&LAYER=vec&STYLE=default&TILEMATRIXSET=c&
        FORMAT=tiles&TILEMATRIX={z}&TILEROW={y}&TILECOL={x}&
        tk=${cxApp.tianKey}`}
        },
        {key: 'cva_c', title: '天地图注记', option: {projection: 'EPSG:4326',
        url: `http://t{0-7}.tianditu.gov.cn/cva_c/wmts?SERVICE=WMTS&
        REQUEST=GetTile&VERSION=1.0.0&LAYER=cva&STYLE=default&TILEMATRIXSET=c&
        FORMAT=tiles&TILEMATRIX={z}&TILEROW={y}&TILECOL={x}&
        tk=${cxApp.tianKey}`}
        },
        {key: 'gaode', title: '切片地图', option: {projection: 'EPSG:3857',
        Url: 'http://mapcdn.lshida.com/maps/vt?lyrs=m@292000000&hl=zh-CN&
        gl=cn&src=app&x={x}&y={y}&z={z}&s='}
        }
    ]
    const map = new Map({
        // 3.1-设置地图的 DOM 容器
        target: 'mapDom',
        // 3.2-设置地图的视图配置，projection 默认是 EPSG:3857（Web 墨卡托平面坐标系）
        view: new View(viewOpts),
        // 3.3-创建显示的图层序列
        layers: layerOptions.filter(item => props.defLyrs.includes(item.key))
        .map(item =>
        {
            return new TileLayer({
                properties: {
                    name: item.key,
                    title: item.title
                },
                source: new XYZ(item.option)})
            })
        })
        // 3.4-触发创建完毕的事件，传回地图对象
```

```
        emit('created', map)
    })
</script>
<template>
    <div id="mapDom" class="map"></div>
</template>
<style>
    .map {width: 100%;height: 100%;}
</style>
```

（3）把地图组件添加到 Vue 路由。在 src/router/index.js 文件中引入上面 Map 组件，并配置路由。代码如下：

```
import { createRouter, createWebHistory } from 'vue-router'
import Map from '../views/Map.vue'
// 构造路由表
const routes = [{
    path: '/',
    name: 'Map',
    component: Map
}]
// 构造路由对象
const router = createRouter({
    history: createWebHistory(import.meta.env.BASE_URL),
    routes: routes
})
export default router
```

在浏览器输入“http://localhost:4000/”预览地图，如图 6.17 所示。

到这里我们就学会了基础的路由配置和地图创建。为了更好地辅助初学 WebGIS 的读者学习和理解 Vue、OpenLayers，OpenLayers 源码工程采用信息化系统的方式搭建，使用面向对象和软件设计的思想对基础组件和类进行封装。因此，后续实践代码都基于上面的 Map 组件进行增量开发，源码工程中部分源码和上面展示有所不同。

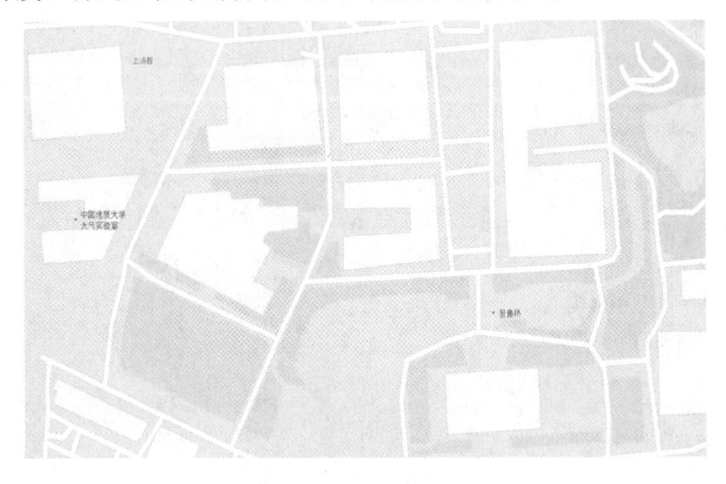

图 6.17　地图预览效果

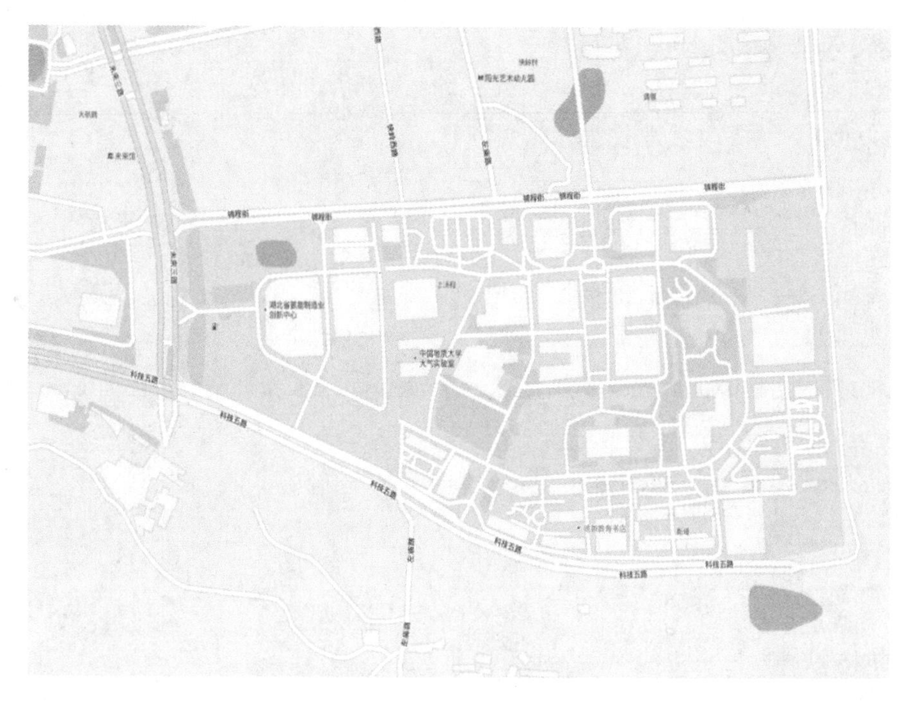

图 6.17　地图预览效果（续）

2．地图控件

地图操作是 GIS 应用的基础，主要包括地图放大、缩小、移动和复位等，具体交互方式有很多，如地图双击放大、拉框放大、拖动滑块缩放、键盘控制缩放等。但其实现的核心方法相同，使用的都是 OpenLayers 中 ol/View 视图类。

在 src/views/control 目录下创建 MapOper.vue 文件，引入上面写好的 Map.vue 组件复用地图创建，在地图创建完成的 created 事件上绑定 createControl 方法创建地图控件。关键代码如下：

```
import Map from '../Map.vue'

let view = null
let zoom = null
let center = null
let rotation = null
const createControl = map =>
{
    view = map.getView()
    // 记录初始状态
    zoom = view.getZoom()
    center = view.getCenter()
    rotation = view.getRotation()
}
// 缩放控制
const onZoom = isZoomIn =>
{
    if (!view)
```

```
        return
        // 获取当前级别
        const curZoom = view.getZoom()
        // 放大增加一级，缩小减小一级
        view.setZoom(isZoomIn ? curZoom + 1 : curZoom - 1)
    }
    // 移动到武汉
    const onMoveWh = () =>
    {
        if (!view)
        return
        view.setCenter([114.31667, 30.51667])
        view.setZoom(12)
    }
    // 复位
    const onRestore = () =>
    {
        if (!view)
            return
            view.setZoom(zoom)
        view.setCenter(center)
        view.setRotation(rotation)
    }
    </script>
    <template>
        <Map @created="createControl"></Map>
        <div class="control">
            <el-button @click="onZoom(true)">放大一级</el-button>
            <el-button @click="onZoom(false)">缩小一级</el-button>
            <el-button @click="onMoveWh('bar')">移动到武汉</el-button>
            <el-button @click="onRestore('bar')">复位</el-button>
        </div>
    </template>
    <style>
        .control {position: absolute;left:80px;top:10px;}
    </style>
```

3．缩放控件

OpenLayers 封装了缩放按钮控件（ol/control/Zoom）、缩放滑块控件（ol/control/ZoomSlider）和缩放到范围控件（ol/control/ZoomToExtent）。创建这些控件时可以传入 CSS 的样式类名进行自定义，也可通过默认样式进行定制。

在 src/views/control 目录下创建 Zoom.vue 文件，引入上面写好的 Map.vue 组件复用地图创建，在地图创建完成的 created 事件上绑定 createZoom 方法创建缩放控件，把创建的缩放控件添加到地图实例 map 对象。关键代码如下：

```
<script setup>
import Zoom from 'ol/control/Zoom.js'
```

```
import ZoomSlider from 'ol/control/ZoomSlider.js'
import ZoomToExtent from 'ol/control/ZoomToExtent.js'
import Map from '../Map.vue'

const createZoom = map =>
{
    // 创建缩放按钮控件
    const zoom = new Zoom()
    // 创建缩放滑块控件
    const zoomSlider = new ZoomSlider()

    // 创建缩放到范围控件，默认使用 View 的投影范围
    const zoomToExtent = new ZoomToExtent()
    // 将缩放按钮控件添加到地图
    map.addControl(zoom)
    map.addControl(zoomSlider)
    map.addControl(zoomToExtent)
}
</script>
<template>
    <Map @created="createZoom" :defaultControl="[]"></Map>
</template>
```

地图的默认控件包含 Zoom 控件；通过给 defaultControl 参数赋予空数据，在地图实例化时可不创建默认控件。

4．比例尺控件

地图比例尺用于表示图上距离对比实际距离的缩放程度。OpenLayers 提供了比例尺控件（ol/control/ScaleLine）。创建比例尺时可以通过 units 参数控制比例尺单位，通过 bar 参数控制是线形比例尺还是条形比例尺。

在 src/views/control 目录下创建 ScaleLine.vue 文件，引入上面写好的 Map.vue 组件复用地图创建，在地图创建完成的 created 事件上绑定 createScale 方法创建比例尺控件，把创建好的比例尺控件添加到地图实例 map 对象。关键代码如下：

```
<script setup>
import ScaleLine from 'ol/control/ScaleLine.js'
import Map from '../Map.vue'
let olmap = null
let scale = null
const createScale = map =>
{
    olmap = map
    // 创建默认的比例尺
    onScaleChange()
}
const onScaleChange = type =>
{
```

```
        if (!olmap)
            return
        // 移除旧比例尺控件
        scale && olmap.removeControl(scale)
        // 创建新比例尺控件
        scale = new ScaleLine({ bar: type === 'bar' })
        // 将比例尺控件添加到地图
        olmap.addControl(scale)
    }
</script>
<template>
    <Map @created="createScale"></Map>
    <div class="control">
        <el-button @click="onScaleChange('line')">比例尺线</el-button>
        <el-button @click="onScaleChange('bar')">比例尺条</el-button>
    </div>
</template>
<style>
    .control {position: absolute;left:80px;top:10px;}
</style>
```

5．鹰眼控件

地图鹰眼又称为鸟瞰图或缩略图。鹰眼比主图的可视范围大，鹰眼中的方框可直观展示当前主图的可视范围。在鹰眼中拖曳方框可以同步移动主图。OpenLayers 封装了鹰眼控件（ol/control/OverviewMap），在创建鹰眼控件时要配置默认折叠状态、鹰眼中展示的地图图层。

在 src/views/control 目录下创建 OverviewMap.vue 文件，引入上面写好的 Map.vue 组件复用地图创建，在地图创建完成的 created 事件上绑定 createOverviewMap 方法创建鹰眼控件，把创建的鹰眼控件添加到地图实例 map 对象。关键代码如下：

```
<script setup>
import OverviewMap from 'ol/control/OverviewMap.js'
import TileLayer from 'ol/layer/Tile.js'
import Map from '../Map.vue'

const createOverviewMap = map =>
{
    // 获取主地图
    const baseLayer = map.getLayers().item(0)
    // 创建鹰眼控件
    const miniMap = new OverviewMap({
        collapsed: false,
        layers: [new TileLayer({ source: baseLayer.getSource() })]
    })
    // 将鹰眼控件添加到地图
    map.addControl(miniMap)
}
</script>
```

```
<template>
    <Map @created="createOverviewMap"></Map>
</template>
<style>
</style>
```

6. 鼠标位置控件

鼠标位置控件用于显示当前地图中鼠标焦点处的空间坐标值，直观展示了当前鼠标位置，可更好地辅助用户操作。OpenLayers 提供了鼠标位置控件（ol/control/MousePosition），默认显示在地图右上角，可以通过 className 参数修改样式，通过 targe 参数设置坐标显示的 HTML 的元素容器。

在 src/views/control 目录下创建 MousePosition.vue 文件，引入上面写好的 Map.vue 组件复用地图创建，在地图创建完成的 created 事件上绑定 createMousePosition 方法创建鼠标位置控件，把创建好的鼠标位置控件添加到地图实例 map 对象。关键代码如下：

```
<script setup>
import MousePosition from 'ol/control/MousePosition.js'
import Map from '../Map.vue'
const createMousePosition = map =>
{
    // 创建鼠标位置控件
    const control = new MousePosition({className: 'mousPos'})
    map.addControl(control)
}
</script>
<template>
    <Map @created="createMousePosition"></Map>
</template>
<style>
    .mousPos {position: absolute;top: 8px;right: 8px;color:red;}
</style>
```

7. 图层控件

图层控件用于管理地图容器中已加载的图层，方便用户控制图层的显示隐藏、叠加顺序等操作，与实际应用需求的相关度较高。OpenLayers 中没有提供图层控件，结合 Layer 中的 setVisible 方法可实现一个简单的图层开关，以列表的形式显示地图容器中的图层，通过复选框的勾选控制图层的显示和隐藏。另外，通过 Layer 中的 setOpacity 可以设置图层透明度，通过 setZIndex 可以设置图层的叠加顺序。

在 src/views/control 目录下创建 LayerManage.vue 文件，引入上面写好的 Map.vue 组件复用地图创建，在地图创建完成的 created 事件上绑定 createLayerManage 方法创建图层开关。关键代码如下：

```
<script setup>
import { ref } from 'vue'
import Map from '../Map.vue'
```

```
const checks = ref([])
let olmap = null
let layers = []
const createLayerManage = map =>
{
    olmap = map
    layers = map.getLayers().getArray().map(layer =>
    {
        checks.value.push(layer.get('name'))
        return {
            name: layer.get('name'),
            title: layer.get('title'),
            layer
        }
    })
}
// 图层开关
const onCheckChange = () =>
{
    if (!olmap)
        return
    layers.forEach(layer =>
    {
        layer.layer.setVisible(checks.value.includes(layer.name))
    })
}
</script>
<template>
    <Map @created="createLayerManage"></Map>
    <el-card class="control">
        <el-checkbox-group v-model="checks" @change="onCheckChange">
            <el-checkbox v-for="layer in layers" :key="layer.name"
                    :label="layer.name">{{layer.title}}</el-checkbox>
        </el-checkbox-group>
    </el-card>
</template>
<style>
    .control {position: absolute;right:5px;top:10px;width: 400px;}
</style>
```

第 7 章 OpenLayers 多源数据汇聚

随着互联网地图应用的不断发展，目前涌现出了大量网络地图服务资源，如天地图、百度地图、高德地图、谷歌地图、OpenStreetMap、必应地图等。此外还有 ESRI、超图、中地数码、ZGIS 等 GIS 厂商提供的自定义格式 GIS 数据，以及其他企事业单位或研究机构提供的各种格式 GIS 数据等。数据来源丰富、格式各异，如何将这些多元异构数据汇聚到 Web 端展示，实现数据的无缝融合，是 WebGIS 应用中面临的首个要解决的问题。

针对多元数据汇聚，OpenLayers 封装了 ol/layer/Layer 及相关子类作为渲染地图数据的图层容器，封装了 ol/source/Source 及相关子类作为 GIS 数据源载体，常用的有矢量图层（ol/layer/Vector）、切片图层（ol/layer/Tile）、矢量切片图层（ol/layer/VectorTile）、图像图层（ol/layer/Image）；数据源更丰富，如矢量数据源（ol/source/Vector）、WMS 数据源（ol/source/WMS）、WMTS 数据源（ol/source/WMTS）、XYZ 切片数据源（ol/source/XYZ）等。

在地图应用中，通常需要根据不同数据源选择对应的 Layer 和 Source 进行加载渲染，例如：

（1）切片数据源：一般使用 ol/layer/Tile + ol/source/Tile 加载地图切片，也可以使用 ol/layer/Image + ol/source/Image 加载图片。

（2）矢量数据源：一般使用 ol/layer/Vector + ol/source/Vector 加矢量数据。将矢量数据加载到 source 对象的方式有两种：一种方式是把获取到的矢量数据创建成矢量要素（Feature），再用 addFeature 和 addFeatures 进行添加；另一种方式是利用 URL + format 把 URL 地址下的矢量数据通过数据解析器（Format）加载到 source 对象。

7.1 公共地图数据

公共地图数据是网络上各大 GIS 厂商和机构提供的基础地图服务，一般均为切片形式的地图，可以直接调用，如天地图、百度地图、高德地图、OpenStreetMap、谷歌地图等，这些地图的图面精美、数据范围大、数据会定期得到更新，为 WebGIS 应用开发提供了便利。

目前 OpenLayers 针对 OpenStreetMap、必应地图等部分数据源提供了专门的接口，对其他未封装的公共数据服务可以使用 ol/source/XYZ 来加载。

7.1.1 天地图

天地图是国内常用的免费地图，采用 CGCS2000，可以与 WGS84 进行叠加。使用天地图数据时需要授权的 Key，官方申请网址为 http://lbs.tianditu.gov.cn/server/guide.html。

在 src/views/dataService 目录下创建 PublicMap.vue 文件，添加 createLyrTian 方法创建天地图。引入上面写好的 Map.vue 组件复用地图创建，在地图创建完成的 created 事件上绑定 onMapCreate 方法，调用 createLyrTian 创建图层并添加到地图实例 map 对象。天地图数据主要是通过 ol/source/XYZ 加载的，关键代码如下：

```
const createLyrTian = () =>
{
    // 用户的 Key
    const key = ''
    return new TileLayer({
        properties: {
            name: 'tian',
            title: '天地图',
        },
        source: new XYZ({
            projection: 'EPSG:4326',
            url: `http://t{0-7}.tianditu.gov.cn/vec_c/wmts?SERVICE=WMTS&
            REQUEST=GetTile&VERSION=1.0.0&LAYER=vec&STYLE=default&
                TILEMATRIXSET=cFORMAT=tiles&TILEMATRIX={z}&TILEROW={y}&
                TILECOL={x}&tk=${key}`
        })
    })
}
const onMapCreate = map =>
{
    map.addLayer(createLyrTian())
}
```

天地图的预览效果如图 7.1 所示，右上角是上面代码开发的图层控件。

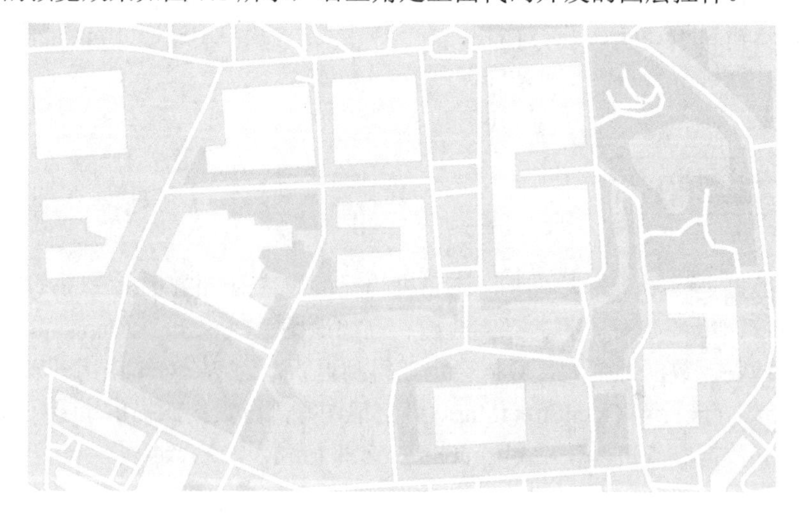

图 7.1　天地图的预览效果

7.1.2　高德地图

高德地图采用的是火星坐标系，它与 CGCS2000 和 WGS84 叠加时有偏移，纠偏过程将在 8.6 节介绍。

在 src/views/dataService/PublicMap.vue 文件中新增 createLyrGd 方法，在地图创建完成事件 created 绑定的 onMapCreate 方法中调用 createLyrGd 创建图层，并将图层添加到地图实例 map 对象。高德地图数据主要是通过 ol/source/XYZ 加载的，关键代码如下：

```
const createLyrGd = () =>
{
    return new TileLayer({
        properties: {
            name: 'gaode',
            title: '高德地图',
        },
        source: new XYZ({
            url: 'http://webrd0{1-4}.is.autonavi.com/appmaptile?lang=zh_cn&size=1&
                                        scl=1&style=8&lstyle=7&x={x}&y={y}&z={z}'
        })
    })
}
const onMapCreate = map =>
{
    map.addLayer(createLyrGd())
}
```

7.1.3　百度地图

百度地图采用的是百度坐标系，与 CGCS2000 和 WGS84 叠加时有偏移，纠偏过程将在 8.6 节介绍。

在 src/views/dataService/PublicMap.vue 文件中新增 createLyrBd 方法，在地图创建完成事件 created 绑定的 onMapCreate 方法中调用 createLyrBd 创建图层，并将图层添加到地图实例 map 对象。百度地图数据主要是通过 ol/source/TileImage 加载的，关键代码如下：

```
const createLyrBd = () =>
{
    let url = 'http://online{0-3}.map.bdimg.com/onlinelabel/?qt=tile&
                                x={x}&y={y}&z={z}&styles=pl&udt=20191119&scaler=1&p=1'
    // 构造分辨率序列
    const resolutions = []
    for (let i = 0; i < 19; i++)
        resolutions.push(Math.pow(2, 18 - i))
    // 创建切片规则对象
    const tileGrid = new TileGrid({
        origin: [0, 0],
```

```
            resolutions
        })
        return new TileLayer({
            properties: {
                name: 'baidu',
                title: '百度地图'
            },
            source: new TileImage({
                projection: 'EPSG:3857',
                tileGrid: tileGrid,
                tileUrlFunction: function(tileCoord, pixelRatio, proj)
                {
                    if (!tileCoord)
                        return ''
                    // 构造切片 URL
                    let tempUrl = url
                    tempUrl = tempUrl.replace('{x}',
                                    tileCoord[1] < 0 ? `M${-tileCoord[1]}` : tileCoord[1])
                    tempUrl = tempUrl.replace('{y}',
                                    tileCoord[2] < 0 ? `M${tileCoord[2] + 1}` : -(tileCoord[2] + 1))
                    tempUrl = tempUrl.replace('{z}', tileCoord[0])
                    // 范围替换
                    var match = /\{(\d+)-(\d+)\}/.exec(tempUrl)
                    if (match)
                    {
                        var delta = parseInt(match[2]) - parseInt(match[1])
                        var num = Math.round(Math.random() * delta + parseInt(match[1]))
                        tempUrl = tempUrl.replace(match[0], num.toString())
                    }
                    return tempUrl
                }
            })
        })
    }
    const onMapCreate = map =>
    {
        map.addLayer(createLyrBd())
    }
```

7.1.4 OpenStreetMap

在 src/views/dataService/PublicMap.vue 文件中新增 createLyrOSM 方法，在地图创建完成事件 created 绑定的 onMapCreate 方法中调用 createLyrOSM 创建图层，并将图层添加到地图实例 map 对象。OpenStreetMap 数据主要是通过 ol/source/OSM 加载的，关键代码如下：

```
    const createLyrOSM = () =>
    {
```

```
        return new TileLayer({
            properties: {
                name: 'osm',
                title: 'OpenStreetMap 地图'
            },
            source: new OSM()
        })
    }
    const onMapCreate = map =>
    {
        map.addLayer(createLyrOSM())
    }
```

7.1.5　必应地图

必应地图是微软提供的在线地图，使用时需要授权的 Key，官方申请网址为 https://learn.microsoft.com/en-us/bingmaps/getting-started/bing-maps-dev-center-help/getting-a-bing-maps-key。

在 src/views/dataService/PublicMap.vue 文件中新增 createLyrBing 方法，在地图创建完成事件 created 绑定的 onMapCreate 方法中调用 createLyrBing 创建图层，并将图层添加到地图实例 map 对象。必应地图数据主要是通过 ol/source/BingMaps 加载的，关键代码如下：

```
    const createLyrBing = () =>
    {
        // 用户的 Key，如 AvehefmVM_surC2UyDjyO2T_xxxxxxx
        const key = ''
        return new TileLayer({
            properties: {
                name: 'bing',
                title: 'Bing 地图'
            },
            source: new BingMaps({
                key: key,
                imagerySet: 'RoadOnDemand'
            })
        })
    }
    const onMapCreate = map =>
    {
        map.addLayer(createLyrBing())
    }
```

必应地图的预览效果如图 7.2 所示。

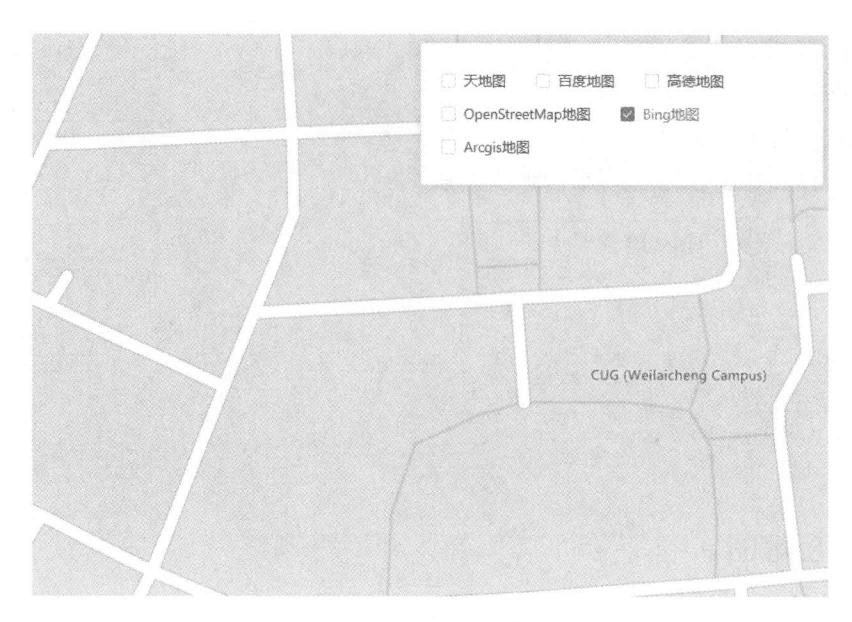

图 7.2 必应地图的预览效果

7.1.6 ArcGIS 地图

在 GIS 应用中，用户会经常遇到 ArcGIS 的数据和服务，本节以 arcgisonline 上的在线服务为例介绍 ArcGIS 地图数据的加载。针对 ArcGIS 地图数据，OpenLayers 封装了 ol/source/TileArcGISRest 接口和 ol/source/ImageArcGISRest 接口。

在 src/views/dataService/PublicMap.vue 文件中新增 createLyrArc 方法，在地图创建完成事件 created 绑定的 onMapCreate 方法中调用 createLyrArc 创建图层，并将图层添加到地图实例 map 对象，关键代码如下：

```
const createLyrArc = () =>
{
    return new TileLayer({
        properties: {
            name: 'arc',
            title: 'Arcgis 地图'
        },
        visible: false,
        source: new XYZ({
            url: 'https://server.arcgisonline.com/ArcGIS/rest/services/
            World_Imagery/MapServer/tile/{z}/{y}/{x}'
        })
    })
}
const onMapCreate = map =>
{
    map.addLayer(createLyrArc())
}
```

ArcGIS 地图预览效果如图 7.3 所示。

图 7.3 ArcGIS 地图预览效果

7.2 OGC 地图数据加载

几乎所有的 GIS 厂商都支持 OGC 标准，GIS 开发者可以很方便地使用网络中发布的 OGC 服务资源，不但可以加载显示矢量、切片、影像等数据，也可以通过 WFS 的接口进行要素查询、编辑等操作，还可以通过 WPC 进行 GIS 空间分析。在对接 OGC 的服务时一定要查看对应的能力文档。

7.2.1 WMS 数据

在 src/views/dataService 目录下创建 OGCMap.vue 文件，引入上面写好的 Map.vue 组件复用地图创建，新增 createLyrWMS 方法创建图层，并将图层添加到地图实例 map 对象。WMS 数据主要是通过 ol/source/TileWMS 加载的，关键代码如下：

```
const createLyrWMS = () =>
{
    const url = 'http://localhost:8080/geoserver/sf/wms'
    return new TileLayer({
        extent: [589434.4971235897, 4913947.342298816, 609518.2117427464, 4928071.049965891],
        properties: {
            name: 'wms',
            title: 'WMS 服务'
        },
        visible: false,
        source: new TileWMS({
            url: url,
```

```
                params: {'LAYERS': 'sf:roads'},
                projection: 'EPSG:3857',
                ratio: 1,
                serverType: 'geoserver'
            })
        })
}
const onMapCreate = map =>
{
        map.addLayer(createLyrWMS())
}
```

7.2.2 WMTS 数据

WMTS 需要配置数据源发布时的切片方案、原点、投影等信息，在地图服务的能力文档中有详细说明。本节以天地图 vec_c 数据服务为例进行说明，天地图的 WMTS 能力文档如图 7.4 所示，链接地址为 https://t1.tianditu.gov.cn/vec_c/wmts?request=GetCapabilities& service=wmts。

```
▼<Contents>
  ▼<Layer>
      <ows:Title>vec</ows:Title>
      <ows:Abstract>vec</ows:Abstract>
      <ows:Identifier>vec</ows:Identifier>
    ▼<ows:WGS84BoundingBox>
        <ows:LowerCorner>-180.0 -90.0</ows:LowerCorner>
        <ows:UpperCorner>180.0 90.0</ows:UpperCorner>
      </ows:WGS84BoundingBox>
    ▼<ows:BoundingBox>
        <ows:LowerCorner>-180.0 -90.0</ows:LowerCorner>
        <ows:UpperCorner>180.0 90.0</ows:UpperCorner>
      </ows:BoundingBox>
    ▼<Style>
        <ows:Identifier>default</ows:Identifier>
      </Style>
      <Format>tiles</Format>
    ▼<TileMatrixSetLink>
        <TileMatrixSet>c</TileMatrixSet>
      </TileMatrixSetLink>
    </Layer>
  ▼<TileMatrixSet>
      <ows:Identifier>c</ows:Identifier>
      <ows:SupportedCRS>urn:ogc:def:crs:EPSG::4490</ows:SupportedCRS>
    ▼<TileMatrix>
        <ows:Identifier>1</ows:Identifier>
        <ScaleDenominator>2.958293554545656E8</ScaleDenominator>
        <TopLeftCorner>90.0 -180.0</TopLeftCorner>
        <TileWidth>256</TileWidth>
        <TileHeight>256</TileHeight>
        <MatrixWidth>2</MatrixWidth>
        <MatrixHeight>1</MatrixHeight>
      </TileMatrix>
    ▼<TileMatrix>
        <ows:Identifier>2</ows:Identifier>
        <ScaleDenominator>1.479146777272828E8</ScaleDenominator>
        <TopLeftCorner>90.0 -180.0</TopLeftCorner>
        <TileWidth>256</TileWidth>
        <TileHeight>256</TileHeight>
        <MatrixWidth>4</MatrixWidth>
        <MatrixHeight>2</MatrixHeight>
      </TileMatrix>
    ▼<TileMatrix>
        <ows:Identifier>3</ows:Identifier>
        <ScaleDenominator>7.39573388636414E7</ScaleDenominator>
        <TopLeftCorner>90.0 -180.0</TopLeftCorner>
        <TileWidth>256</TileWidth>
        <TileHeight>256</TileHeight>
        <MatrixWidth>8</MatrixWidth>
        <MatrixHeight>4</MatrixHeight>
      </TileMatrix>
    ▶<TileMatrix>
      ...
      </TileMatrix>
    ▶<TileMatrix>
      ...
```

图 7.4 天地图的 WMTS 能力文档

天地图的 WMTS 能力文档中<Contents>下的<layer>和<TileMatrixSet>模块描述了服务的图层标识、数据的投影、切片的原点和级数、渲染样式和输出的格式等信息，是后面构造数据源和切片对象的必需的参数。详细说明如下：

```
<Contains>                              // 服务正文部分
    <Layer>                             // 图层服务的描述
        <Title>                         // 图层名称
        <Identifier>                    // 服务唯一标识，接入服务时需要使用
        <BoundingBox>                   // 数据范围
        <Style>                         // 图层服务使用的样式
            <Identifier>                // 样式唯一标识，接入服务时需要使用
        </Style>
        <Format>                        // 服务支持的格式，接入服务时需要使用
        <TileMatrixSetLink>             // 服务使用的切片矩阵方案列表
            <TileMatrixSet>             // 矩阵方案标识
        </TileMatrixSetLink>
    </Layer>
    <TileMatrixSet>                     // 切片矩阵方案
        <Identifier>                    // 矩阵方案唯一标识，接入服务时需要使用
        <SupportedCRS>                  // 支持的投影，接入服务时需要使用
        <TileMatrix>                    // 矩阵描述
            <Identifier>                // 矩阵唯一标识，级数
            <ScaleDenominator>
            <TopLeftCorner>             // 矩阵的切片原点
            <TileWidth>                 // 切片的宽度
            <TileHeight>                // 切片的高度
            <MatrixWidth>               // 矩阵列数
            <MatrixHeight>              // 矩阵行数
        </TileMatrix>
    </TileMatrixSet>
</Contains>
```

在 src/views/dataService/OGCMap.vue 文件中新增 createLyrWMTS 方法创建图层，并将图层添加到地图实例 map 对象。WMTS 数据主要是通过 ol/source/WMTS 和 ol/tilegrid/WMTS 加载的（可以与前面的通过 ol/source/WMTS 加载地图数据的方法进行对比），关键代码如下：

```
const createLyrWMTS = () =>
{
    // 用户的 Key
    const key = ''
    // 1-构造分辨率序列
    const size = getWidth(getProj('EPSG:4326').getExtent()) / 256
    const resolutions = []
    const matrixIds = []
    for (let i = 0; i < 10; i++)
    {
        resolutions.push(size / Math.pow(2, i))
        matrixIds.push(i)
```

```
    }
    // 2-创建切片规则对象
    const tileGrid = new WMTSTileGrid({
        origin: [-180, 90],
        resolutions: resolutions,
        matrixIds: matrixIds
    })
    // 3-创建切片图层和 WMTS 数据
    return new TileLayer({
        properties: {
            name: 'wmts',
            title: 'WMTS 服务'
        },
        visible:false,
        source: new WMTS({
            url: `http://t{0-7}.tianditu.gov.cn/vec_c/wmts?tk=${key}`,
            projection: 'EPSG:4326',
            tileGrid: tileGrid,
            crossOrigin: '*',
            format: 'image/png',
            layer: 'vec',
            matrixSet: 'c',
            style: 'default'
        })
    })
}
const onMapCreate = map =>
{
    map.addLayer(createLyrWMTS())
}
```

上面代码中的关键参数说明如下：

（1）url：WMTS 的地址。

（2）format：WMTS 输出的切片格式，一般采用 PNG 格式。

（3）projection：WMTS 数据的投影坐标系。能力文档中定义的是 EPSG:4490 坐标系，但代码中使用的是 EPSG:4326 坐标系，这是因为这两个坐标系的误差很小，就直接使用 EPSG:4326 了；否则需要先扩展坐标系定义，才能使用 EPSG:4490。

（4）tileGrid：切片网格的描述，是 WMTS 获取数据的关键。

（5）origin：切片的原点，会影响各切片网格的编号。

（6）resolutions：各级切片的分辨率。

（7）matrixIds：各级切片对应的矩阵标识，resolutions 和 matrixIds 要相互匹配。

7.2.3 WFS 数据

在 src/views/dataService/OGCMap.vue 新增 createLyrWFS 方法创建图层，并将图层添加

到地图实例 map 对象。WFS 数据主要是通过 ol/source/Vector 和 ol/format/WFS 加载的，关键代码如下：

```
const createLyrWFS = () =>
{
    return new VectorLayer({
        properties: {
            name: 'wfs',
            title: 'WFS 服务'
        },
        visible:false,
        source: new VectorSource({
            format: new GeoJSON(),
            url: extent =>
            {
                return (
                    'https://ahocevar.com/geoserver/wfs?service=WFS&' +
                        'version=1.1.0&request=GetFeature&typename=osm:water_areas&' +
                        'outputFormat=application/json&srsname=EPSG:3857&' +
                        'bbox=' + extent.join(',') + ',EPSG:3857'
                )
            },
            strategy: bboxStrategy
        }),
        style: {
            'stroke-width': 2,
            'stroke-color': 'red',
            'fill-color': 'rgba(100,100,100,0.25)'
        }
    })
}
const onMapCreate = map =>
{
    map.addLayer(createLyrWFS())
}
```

7.3 开放格式数据加载

空间数据除了各 GIS 厂商提供的封闭格式数据，还有一些方便共享的开放数据格式数据，如 KML、GML、GeoJSON、GPX 等，它们可以在多种软件、平台或程序中使用，让 GIS 数据的使用更灵活，应用范围更广泛。

7.3.1 GeoJSON 数据

OpenLayers 是通过 ol/source/Vector 和 ol/format/GeoJSON 加载 GeoJSON 数据的，一种

方法是在 Source 中设置 GeoJSON 数据的 URL，用数据解析器（Format）设置处理转换工具；另一种方法是在内存中加载 GeoJSON 数据，用数据解析器（Format）处理成矢量要素（Feature）。

在 src/views/dataService 目录下创建 OpenMap.vue 文件，引入上面写好的 Map.vue 组件复用地图创建，新增 createLyrGeoJSON 方法创建图层，并将图层添加到地图实例 map 对象，关键代码如下：

```
const createLyrGeoJSON = () =>
{
    return new VectorLayer({
        extent: [-13884991, 2870341, -7455066, 6338219],
        properties: {
            name: 'GeoJSON',
            title: 'GeoJSON 数据'
        },
        visible:false,
        source: new VectorSource({
            url: '/data/lines.json',
            format: new GeoJSON()
        }),
        style: new Style({
            stroke: new Stroke({
                color: 'red',
                width: 2
            }),
            fill: new Fill({
                color: 'rgba(100,100,100,0.25)'
            })
        })
    })
}
const onMapCreate = map =>
{
    map.addLayer(createLyrGeoJSON())
}
```

7.3.2 KML 数据

OpenLayers 是通过 ol/source/Vector 和 ol/format/KML 加载 KML 数据的，一种方法是在 Source 中设置 KML 数据 URL，用数据解析器（Format）设置处理转换工具；另一种方法是在内存中加载 KML 数据，用数据解析器（Format）处理成矢量要素（Feature）。

在 src/views/dataService/OpenMap.vue 文件中新增 createLyrKML 方法创建图层，并将图层添加到地图实例 map 对象，关键代码如下：

```
const createLyrKML = () =>
{
```

```
        return new VectorLayer({
            properties: {
                name: 'kml',
                title: 'KML 数据',
                locate: [864510.0253082548, 5862753.416073311, 10]
            },
            visible:false,
            source: new VectorSource({
                url: 'data/lines.kml',
                format: new KML()
            })
        })
    }
    const onMapCreate = map =>
    {
        map.addLayer(createLyrKML())
    }
```

7.3.3　GPX 数据

GPX（GPS eXchange Format）指 GPS 交换格式，是一种基于 XML 格式为应用软件设计的通用 GPS 数据格式。

OpenLayers 是通过 ol/source/Vector 和 ol/format/GPX 加载 GPX 数据的，一种方法是在 Source 中设置 GPX 数据 URL，用数据解析器（Format）设置处理转换工具；另一种方法是在内存中加载 GPX 数据，用数据解析器（Format）处理成矢量要素（Feature）。

在 src/views/dataService/OpenMap.vue 文件中新增 createLyrGPX 方法创建图层，并将图层添加到地图实例 map 对象，关键代码如下：

```
    const createLyrGPX = () =>
    {
        const style = {
            'Point': new Style({
                image: new CircleStyle({
                    fill: new Fill({
                        color: 'rgba(255,255,0,0.4)'
                    }),
                    radius: 5,
                    stroke: new Stroke({
                        color: '#ff0',
                        width: 1
                    })
                })
            }),
            'LineString': new Style({
                stroke: new Stroke({
                    color: '#f00',
```

```
                    width: 3
                })
            }),
            'MultiLineString': new Style({
                stroke: new Stroke({
                    color: '#0f0',
                    width: 3
                })
            }),
        }

        return new VectorLayer({
            properties: {
                name: 'gpx',
                title: 'GPX 数据',
                locate: [-7916212.305874971, 5228516.283875127, 14]
            },
            visible: false,
            source: new VectorSource({
                url: 'data/fells_loop.gpx',
                format: new GPX()
            }),
            style: function(feature)
            {
                return style[feature.getGeometry().getType()]
            }
        })
    }
    const onMapCreate = map =>
    {
        map.addLayer(createLyrGPX())
    }
```

7.3.4 矢量切片数据

在 src/views/dataService/OpenMap.vue 文件中新增 createLyrVecTile 方法创建图层，把将图层添加到地图实例 map 对象，矢量切片数据主要是通过 ol/source/VectorTileSource 加载的，关键代码如下：

```
    const createLyrVecTile = () =>
    {
        return new VectorTileLayer({
            properties: {
                name: 'vectortile',
                title: '矢量切片数据',
                locate: [864510.0253082548, 5862753.416073311, 10]
            },
```

```
            visible: false,
            source: new VectorTileSource({
                format: new MVT(),
                url: 'https://basemaps.arcgis.com/arcgis/rest/services/
                World_Basemap_v2/VectorTileServer/tile/{z}/{y}/{x}.pbf'
            })
        })
}

const onMapCreate = map =>
{
    map.addLayer(createLyrVecTile())
}
```

提高篇

第 8 章
OpenLayers 进阶

通过前文介绍的 OpenLayers 基础用法可知，地图应用需要初始化一个地图容器（Map），并绑定视图（View），通过地图图层（Layer）挂载数据源（Source）进行展示。但这对于 WebGIS 应用还不够，本章进一步介绍 OpenLayers 的高阶用法，让 WebGIS 应用变得更丰富、更有趣。

8.1 图形绘制

图形绘制有两种方式：一种方式是使用空间坐标绘制图形；另一种方式是使用地图交互工具进行人工绘制。不管采用哪种方式，都离不开 ol/geom/Geometry 的子类和 ol/Feature 类。本节介绍使用空间坐标绘制图形的方法，并运用交互事件来绘制各种图形。

8.1.1 点的绘制

使用空间坐标绘制并渲染点的步骤如下：

（1）创建一个新的 ol/Feature，其几何属性设置为 ol/geom/Point 的一个实例，它指定了点的坐标。

（2）创建一个 ol/source/Vector 数据源和 ol/layer/Vector 图层实例，使用 map.addLayer (vectorLayer)将矢量图层添加到地图中。

（3）使用 ol/style/Style 和 ol/style/Circle 设置点的颜色、大小和其他属性。

关键代码如下：

```
import Map from '../Map.vue'
import VectorLayer from 'ol/layer/Vector'
import VectorSource from 'ol/source/Vector'
import Feature from 'ol/Feature'
import Point from 'ol/geom/Point'
import {Fill, Stroke, Circle, Style} from 'ol/style'
const pointCoor = [12758417.315499168, 3562866.9013162893]
const style = new Style({
    image: new Circle({
        radius: 10,                                    // 半径
        fill: new Fill({color: 'red'}),                // 填充色
```

```
        stroke: new Stroke({color: 'yellow'})                    // 边框
    })
})
// 创建一个点要素对象
const pointFeature = new Feature(new Point(pointCoor))
const vectorLayer = new VectorLayer({
    source: new VectorSource({
        features: [pointFeature]
    }),
    style
})
const onDrawPointCreate = map =>
{
    // 将图层添加到地图上
    map.addLayer(vectorLayer)
}
```

8.1.2 线的绘制

线的绘制过程和点基本类似，区别在于首先通过 ol/geom/LineString 创建一个线几何对象，其构造函数的参数是一个由坐标串组成的数组；然后通过 ol/style/Stroke 的 color 和 width 属性设置线的颜色和宽度。关键代码如下：

```
import Map from '../Map.vue'
import VectorLayer from 'ol/layer/Vector'
import VectorSource from 'ol/source/Vector'
import Feature from 'ol/Feature'
import LineString from 'ol/geom/LineString'
import {Stroke, Style} from 'ol/style'

const lineCoor = [[12758417.315499168, 3562866.9013162893],
[12758917.315499168, 3562866.9013162893]]
const style = new Style({
    stroke: new Stroke({color: 'yellow', width: 10 })
})
// 创建一个线要素对象
const lineFeature = new Feature(new LineString(lineCoor))
const vectorLayer = new VectorLayer({
    source: new VectorSource({
        features: [lineFeature]
    }),
    style
})
const onDrawLineCreate = map =>
{
    // 将图层添加到地图上
    map.addLayer(vectorLayer)
}
```

8.1.3　面的绘制

在绘制面时要通过 ol/geom/Polygon 创建对象，其构造函数的参数是一个闭合的坐标点数组。绘制面与绘制线的区别在于：

（1）面坐标是线坐标的数组，如$[[[x_1,y_1], [x_2,y_2], [x_3,y_3], \cdots, [x_1,y_1]]]$格式的三维数组。

（2）面要求坐标闭合，即首尾点相同。

关键代码如下：

```
import Map from '../Map.vue'
import VectorLayer from 'ol/layer/Vector'
import VectorSource from 'ol/source/Vector'
import Feature from 'ol/Feature'
import Polygon from 'ol/geom/Polygon'
import {Fill, Style} from 'ol/style'
const polygonCoor = [[
    [12758417.315499168, 3562866.9013162893],
    [12758917.315499168, 3562866.9013162893],
    [12758617.315499168, 3563166.9013162893],
    [12758417.315499168, 3562866.9013162893]
]]
const style = new Style({
    fill: new Fill({color: 'blue'})
})
// 创建一个面要素对象
const polygonFeature = new Feature(new Polygon(polygonCoor))
const vectorLayer = new VectorLayer({
    source: new VectorSource({
        features: [polygonFeature]
    }),
    style
})
const onDrawPolygonCreate = map =>
{
    // 将图层添加到地图上
    map.addLayer(vectorLayer)
}
```

8.1.4　贝塞尔曲线的绘制

贝塞尔曲线的本质是通过数学计算公式去绘制平滑的曲线，本节绘制最简单的二阶贝塞尔曲线，其对应的公式为：

$$B(t)=(1-t)^2P_0+2t(1-t)P_1+t^2P_2, \qquad t\in[0,1]$$

式中，P_0、P_1、P_2是给定平面中的 3 个点，P_0是曲线的起点，P_2是曲线的终点，P_1是控制点。通过添加控制点的方式可以将一条直线变成一条曲线，关键代码如下：

```
import Map from '../Map.vue'
import VectorLayer from 'ol/layer/Vector'
import VectorSource from 'ol/source/Vector'
import Feature from 'ol/Feature'
import LineString from 'ol/geom/LineString'
import {Stroke, Style} from 'ol/style'
import MathBase from './MathBase'
let params =
{
    pntStart: [12758417.315499168, 3562866.9013162893],          // 起点
    pntEnd: [12758917.315499168, 3562866.9013162893],            // 终点
    points: [[12758617.315499168, 3563166.9013162893]],          // 控制点
    pntCount: 10                                   // 插入平滑点的个数，点越多曲线越平滑
}
let lineCoor = MathBase.getBezierCurveCoors(params)
const style = new Style({
    stroke: new Stroke({color: 'yellow', width: 10 })
})
// 创建一个线要素对象
const lineFeature = new Feature(new LineString(lineCoor))
const vectorLayer = new VectorLayer({
    source: new VectorSource({
        features: [lineFeature]
    }),
    style
})
const onDrawBezierCreate = map =>
{
    // 将图层添加到地图上
    map.addLayer(vectorLayer)
}
//贝塞尔曲线的数学实现方式
static getBezierCurveCoors(param)
{
    param = Object.assign({pntStart: [0, 0], pntEnd: [0, 1], points: [[1, 0]], pntCount: 30}, param)
    // 1、构造所有的控制点的集合。
    let ctrlPnts = [param.pntStart].concat(param.points).concat([param.pntEnd])
    let ctrlPntsStr = JSON.stringify(ctrlPnts)
    // 2、获取每个贝塞尔曲线点的坐标
    let bserPoints = []
    let t, coor
    for (let i = 0; i < param.pntCount; i++)
    {
        t = Math.round((i / (param.pntCount - 1)) * 1000) / 1000
        coor = this.getBezierCurveCoor(JSON.parse(ctrlPntsStr), t, ctrlPnts.length)
        bserPoints.push(coor)
    }
    // 3、返回整个坐标串
```

```
        return [param.pntStart].concat(bserPoints).concat([param.pntEnd])
    }
    static getBezierCurveCoor(points, t, count)
    {
        if (count === 1)
            return points[0]
        // 计算下一阶的贝塞尔控制点
        for (let i = 0; i < count - 1; i++)
        {
            let [pA, pB] = [points[i], points[i + 1]]
            pA[0] = pA[0] * (1 - t) + pB[0] * t
            pA[1] = pA[1] * (1 - t) + pB[1] * t
        }
        // 进入下一层
        return this.getBezierCurveCoor(points, t, count - 1)
    }
```

光滑贝塞尔曲线的预览效果如图 8.1 所示。

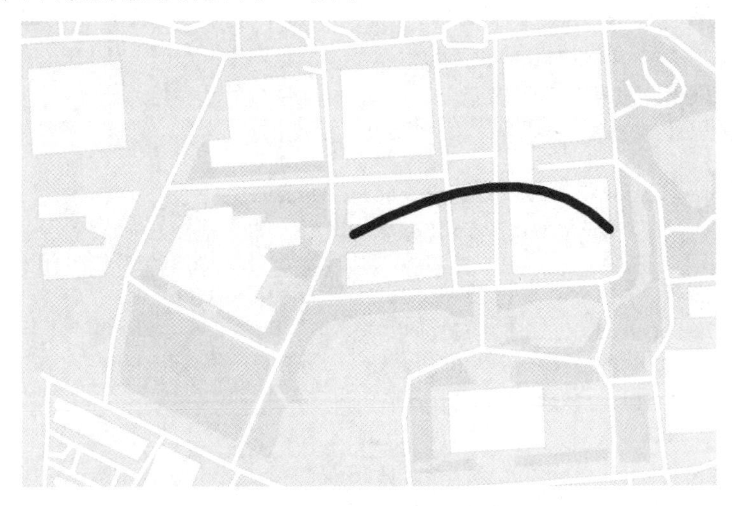

图 8.1　光滑贝塞尔曲线的预览效果

在绘制贝塞尔曲线的过程中，通常会使用两个矢量图层渲染控制点和曲线，方便后续开发通过鼠标位置来动态传递控制点实现曲线绘制功能，也能方便地隐藏控制点。

8.1.5　图形样式的定制

OpenLayers 通过 ol.style.Style 及其相关子类实现对点、线、面要素样式的定制，包括基础样式、图标、标签文本、标签背景和边框、渐变色等。通过给 Layer 图层对象设置 style 属性，可以对图层中图形样式进行批量定制；通过给 Feature 图形要素设置 style 进行个性化定制。样式相关的类包括：

（1）ol.style.Style：用于渲染定制图层的样式，包含与子类对应的配置属性。

- geometry：地理实体。
- image：常用于设置点要素的样式。

- stroke：常用于设置线要素的样式。
- fill：常用于设置面要素的样式。
- text：常用于设置文字标注的样式。

（2）ol/style/Circle：针对矢量要素设置圆形的样式，继承自 ol/style/Image。

（3）ol/style/Icon：针对矢量数据设置图标样式，继承自 ol/style/Image。

（4）ol/style/Fill：针对矢量要素设置填充样式。

（5）ol/style/RegularShape：对矢量要素设置规则的图形样式，如果设置 radius，则结果图形是一个规则的多边形；如果设置 radius1 和 radius2，则结果图形将是一个星形。

（6）ol/style/Stroke：矢量要素的边线样式。

（7）ol/style/Text：矢量要素的文字样式。

下面是点、线、面和标注的示例，预览效果如图 8.2 所示。

```
import Map from '../Map.vue'
import VectorLayer from 'ol/layer/Vector'
import VectorSource from 'ol/source/Vector'
import Feature from 'ol/Feature'
import Point from 'ol/geom/Point'
import LineString from 'ol/geom/LineString'
import Polygon from 'ol/geom/Polygon'
import {Fill, Stroke, Circle, Text, Style} from 'ol/style'

const pointCoor = [12758417.315499168, 3562866.9013162893]
const lineCoor = [[12758417.315499168, 3562866.9013162893],
                                        [12758017.315499168, 3562866.9013162893]]
const polygonCoor = [[[12758417.315499168, 3562866.9013162893],
    [12758917.315499168, 3562866.9013162893],
    [12758617.315499168, 3563166.9013162893],
    [12758417.315499168, 3562866.9013162893]]]

const style = new Style({
    fill: new Fill({color: 'rgba(255, 255, 255, 0.4)'}),
    stroke: new Stroke({color: '#319FD3', width: 3}),
    image: new Circle({radius: 20, fill: new Fill({color: 'red'}), stroke: new Stroke({color: 'yellow'})}),
    text: new Text({text: '标注', font: '16px Calibri,sans-serif',
                    fill: new Fill({color: '#000'}), stroke: new Stroke({color: '#fff', width: 3})})
})

const pointFeature = new Feature(new Point(pointCoor))
const lineFeature = new Feature(new LineString(lineCoor))
const polygonFeature = new Feature(new Polygon(polygonCoor))
const vectorLayer = new VectorLayer({
    source: new VectorSource({
        features: [pointFeature, lineFeature, polygonFeature]
    }),
    style
})
```

```
const onCustomStyleCreate = map =>
{
    // 将图层添加到地图上
    map.addLayer(vectorLayer)
}
```

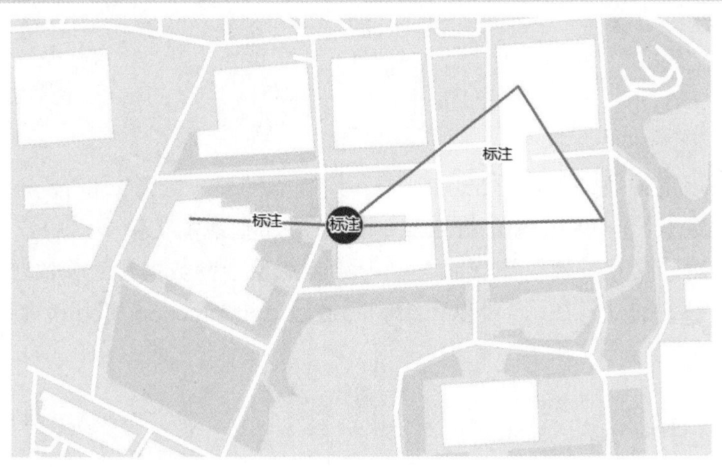

图 8.2　点、线、面和标注示例的预览效果

fill 填充样式主要通过 color 来控制。在上面的示例中，color: rgba(255, 255, 255, 0.4)配置了图层的要素的填充颜色（白色）和透明度（0.4），格式为[R, G, B, A]，其中 R、G、B 代表颜色的三个分量，A 代表 alpha，即透明度。每个分量值区间是[0, 255]，越小越暗，越大越亮。透明度是一个[0, 1]区间内的值，值越小要素越透明，值越大越不透明。

text 文字样式用于设置矢量图层的各个要素中要显示的文字的字体类型，可以设置文本的大小、偏移、字体等常见的样式。

8.2 图形交互编辑

OpenLayers 提供了多种用于地图绘制、交互的类和函数。通过 ol/interaction/Draw 类创建一个图形绘制对象并将其添加到地图中，就可以实现点、折线、多边形、圆、矩形图形绘制。例如下面的代码：

```
import Draw from 'ol/interaction/draw'

const draw = new Draw({
    source: vSource,
    type: 'Polygon',
    geometryFunction: geometryFunction,
    maxPoints: maxPoints,
    style: createEditingStyle
});
map.addInteraction(draw)
```

上面的代码将创建一个图形绘制对象 draw 并将其添加到地图对象 map 中，该图形绘制对象将图形绘制到 Source 数据源中。type 参数指定了图形绘制的几何类型，以下是常用的几何类型：

- Point：点。
- LineString：线。
- Polygon：多边形。
- Circle：圆形。
- Square：正方形。
- Box：矩形。

用户还可以指定其他参数，如 maxPoints（绘制点的最大数量）和 geometryFunction（自定义图形绘制函数）。一旦将创建的图形绘制对象添加到地图实例中，用户就可以在地图上绘制图形了。当用户交互编辑完图形时，图形绘制对象会向数据源对象添加一个新的要素，该要素包含用户绘制的几何图形，可以在绘制时通过 ol/interaction/Modify 类对图形进行编辑和修改。

8.2.1 图形选中

要在 OpenLayers 中选择图形，需要使用 ol/interaction/Select 对象。Select 对象允许用户通过单击矢量图层或将鼠标悬停在矢量图层上来选择几何图形。选择几何图形后，可以显示该图形的属性或以不同的样式突出显示该图形。

创建 Select 对象的过程与创建图形绘制对象类似，先创建一个 Select 对象，再使用 addInteraction 方法将其添加到地图中。关键代码如下：

```
import Map from '../Map.vue'
import GeoJSON from 'ol/format/GeoJSON.js'
import Select from 'ol/interaction/Select.js'
import VectorLayer from 'ol/layer/Vector.js'
import VectorSource from 'ol/source/Vector.js'
import {Fill, Stroke, Circle, Text, Style} from 'ol/style.js'
import {click} from 'ol/events/condition.js'

let selMap = null
const style = new Style({
    fill: new Fill({color: 'rgba(168, 172, 38, 0.6)'}),
    stroke: new Stroke({color: '#319FD3', width: 1}),
    image: new Circle({radius: 5, fill: new Fill({color: 'red'}), stroke: new Stroke({color: 'yellow'})})
})
// 创建矢量图层
const vectorLayer = new VectorLayer({
    source: new VectorSource({
        url: 'data/合并.json',
        format: new GeoJSON()
    }),
    style
})
```

```
let select = null
const selected = new Style({
    fill: new Fill({
        color: 'red'
    }),
    stroke: new Stroke({
        color: 'rgba(255, 255, 255, 0.7)',
        width: 2
    })
})

const selectStyle = () =>
{
    return selected
}
// 创建 Select 对象
const selectClick = new Select({
    condition: click,
    style: selectStyle,
})

const changeInteraction = () =>
{
    if (select !== null)
        selMap.removeInteraction(select)

    select = selectClick
    if (select !== null)
    {
        selMap.addInteraction(select)
        select.on('select', (e) =>
        {
            alert(e.target.getFeatures().getArray()[0].getProperties().type ||
                                e.target.getFeatures().getArray()[0].getProperties().mc)
        })
    }
}

const onGraSelectCreate = map =>
{
    selMap = map
    // 将图层添加到地图上
    map.addLayer(vectorLayer)
    changeInteraction()
}
```

将 Select 对象添加到地图上后，可以侦听 select 事件，从 e.selected 获取所选要素的

ol/Feature 对象数组。通过 Feature.getProperties()可以获取 Feature 中的各个属性，方便进一步的逻辑操作。

8.2.2 图形平移

在 OpenLayers 中，我们可以使用 ol/interaction/Modify 对象来拖动点。实现点拖动的关键代码如下：

```
import Map from '../Map.vue'
import GeoJSON from 'ol/format/GeoJSON.js'
import VectorLayer from 'ol/layer/Vector.js'
import VectorSource from 'ol/source/Vector.js'
import {Fill, Stroke, Circle, Text, Style} from 'ol/style.js'
import {Modify} from 'ol/interaction.js'
import {
    never,
    platformModifierKeyOnly,
    primaryAction
} from 'ol/events/condition.js'

let selMap = null
const style = new Style({
    image: new Circle({radius: 10, fill: new Fill({color: 'yellow'}), stroke: new Stroke({color: 'yellow'}) }),
    text: new Text({
        font: '12px Calibri,sans-serif',
        fill: new Fill({color: '#000'}),
        stroke: new Stroke({
            color: '#fff',
            width: 3
        })
    })
})

const vectorLayer = new VectorLayer({
    source: new VectorSource({
        url: 'data/地名.json',
        format: new GeoJSON()
    }),
    style: (feature) =>
    {
        style.getText().setText(feature.getProperties().mc)
        return style
    }
})

const modify = new Modify({
    source: vectorLayer.getSource(),
```

```
        condition: (event) =>
        {
            return primaryAction(event) && !platformModifierKeyOnly(event)
        },
        deleteCondition: never,
        insertVertexCondition: never
})

const changeInteraction = () =>
{
    if (modify !== null)
    {
        selMap.removeInteraction(modify)
        selMap.addInteraction(modify)
    }
}

const onGraMoveCreate = map =>
{
    selMap = map
    // 将图层添加到地图上
    map.addLayer(vectorLayer)
    changeInteraction()
}
```

8.2.3 图形旋转

使用 ol/interaction/Modify 对象可缩放和旋转几何体。在默认情况下，ol/geom/Geometry 对象的缩放和旋转方法使用图形的几何体中心作为锚点。对于不规则形状，外包范围会随着几何体的旋转而变化，因此旋转后再重新开始旋转，可能会产生非预期的结果。为了避免这种情况，可以使用几何体固定的锚点，如面的质心、线的中点。通过自定义样式函数可以根据要修改的顶点位置生成原始几何图形的缩放版和旋转版。

（1）创建一个线图形和面图形，关键代码如下：

```
const lineCoor = [[12758417.315499168, 3562866.9013162893],
                  [12758017.315499168, 3562866.9013162893]]
const polygonCoor = [[[12758417.315499168, 3562866.9013162893],
                      [12758917.315499168, 3562866.9013162893],
                      [12758617.315499168, 3563166.9013162893],
                      [12758417.315499168, 3562866.9013162893]]]

// 创建选择图形时的默认样式
const style = new Style({
    geometry: (feature) =>
    {
        // 根据是否选择 Feature，确定不同的样式
        const modifyGeometry = feature.get('modifyGeometry')
```

```
            return modifyGeometry ? modifyGeometry.geometry : feature.getGeometry()
        },
        fill: new Fill({color: 'rgba(255, 255, 255, 0.4)'}),
        stroke: new Stroke({color: '#ffcc33', width: 2}),
        image: new Circle({radius: 7, fill: new Fill({color: '#ffcc33'})})
    })
    const lineFeature = new Feature(new LineString(lineCoor))
    const polygonFeature = new Feature(new Polygon(polygonCoor))
```

（2）创建一个矢量图层，将图形添加到图层，并使用自定义样式渲染点、多点和线。关键代码如下：

```
    const vectorLayer = new VectorLayer({
        source: new VectorSource({
            features: [lineFeature, polygonFeature]
        }),
        style: (feature) =>
        {
            // 将样式组设置为默认样式
            const styles = [style]
            // 通过 modifyGeometry 属性判断是否是选择的图形
            const modifyGeometry = feature.get('modifyGeometry')
            const geometry = modifyGeometry ? modifyGeometry.geometry : feature.getGeometry()
            const result = calculateCenter(geometry)
            const center = result.center
            if (center)
            {
                styles.push(new Style({geometry: new Point(center),
                                        image: new Circle({radius: 4, fill: new Fill({color: '#ff3333'})})
                }))
                const coordinates = result.coordinates
                if (coordinates)
                {
                    const minRadius = result.minRadius
                    const sqDistances = result.sqDistances
                    const rsq = minRadius * minRadius
                    // 对于每个点，如果其到图形中心的距离小于最小半径，则改变样式
                    const points = coordinates.filter((coordinate, index) =>
                    {
                        return sqDistances[index] > rsq
                    })
                    styles.push(new Style({
                        geometry: new MultiPoint(points),
                        image: new Circle({radius: 4, fill: new Fill({color: '#33cc33'})})
                    }))
                }
            }
            // 将返回的样式数组作为矢量图层的样式
```

```
        return styles
    }
})
```

（3）创建旋转图形的交互对象。关键代码如下：

```
// 默认交互对象的显示效果
const defaultStyle = new Modify({source: vectorLayer.getSource()})
    .getOverlay()
    .getStyleFunction()

// 修改交互对象
const modify = new Modify({
    source: vectorLayer.getSource(),
    condition: (event) =>
    {
        return primaryAction(event) && !platformModifierKeyOnly(event)
    },
    deleteCondition: never,
    insertVertexCondition: never,
    style: (feature) =>
    {
        // 遍历所选图形的所有子图
        feature.get('features').forEach((modifyFeature) =>
        {
            const modifyGeometry = modifyFeature.get('modifyGeometry')
            // 如果具有 modifyGeometry 属性，则使用该属性中的几何信息来计算样式
            if (modifyGeometry)
            {
                const point = feature.getGeometry().getCoordinates()
                let modifyPoint = modifyGeometry.point
                if (!modifyPoint)
                {
                    // 保存最初几何体的顶点和位置
                    modifyPoint = point
                    modifyGeometry.point = modifyPoint
                    modifyGeometry.geometry0 = modifyGeometry.geometry
                    // 得到锚点和顶点的最小半径
                    const result = calculateCenter(modifyGeometry.geometry0)
                    modifyGeometry.center = result.center
                    modifyGeometry.minRadius = result.minRadius
                }

                // 获取几何中心点和最小半径
                const center = modifyGeometry.center
                const minRadius = modifyGeometry.minRadius
                let dx, dy
                // 计算当前顶点与几何中心点之间的距离
                dx = modifyPoint[0] - center[0]
```

```
                    dy = modifyPoint[1] - center[1]
                    const initialRadius = Math.sqrt(dx * dx + dy * dy)
                    // 如果距离大于最小半径，则继续计算当前顶点和几何中心点之间的距离
                    if (initialRadius > minRadius)
                    {
                        const initialAngle = Math.atan2(dy, dx)
                        dx = point[0] - center[0]
                        dy = point[1] - center[1]
                        const currentRadius = Math.sqrt(dx * dx + dy * dy)
                        if (currentRadius > 0)
                        {
                            // 计算当前顶点相对于几何中心点的旋转角度
                            const currentAngle = Math.atan2(dy, dx)
                            const geometry = modifyGeometry.geometry0.clone()
                            // 根据当前顶点到几何中心点的距离与初始距离的比例缩放图形
                            geometry.scale(currentRadius / initialRadius, undefined, center)
                            // 根据当前顶点相对于几何中心点的旋转角度选择图形
                            geometry.rotate(currentAngle - initialAngle, center)
                            modifyGeometry.geometry = geometry
                        }
                    }
                }
            })
            return defaultStyle(feature)
        }
})
```

（4）通过数学函数分别计算点、线、面图形旋转前后的旋转中心点、坐标、旋转角度，以及每个点的旋转距离。关键代码如下：

```
const calculateCenter = (geometry) =>
{
    let center, coordinates, minRadius
    const type = geometry.getType()
    // 如果是多边形（Polygon），则遍历其所有顶点，累加所有顶点的横坐标和纵坐标，
    // 将计算出的平均值作为中心点的坐标
    if (type === 'Polygon')
    {
        let x = 0
        let y = 0
        let i = 0
        coordinates = geometry.getCoordinates()[0].slice(1)
        coordinates.forEach((coordinate) =>
        {
            x += coordinate[0]
            y += coordinate[1]
            i++
        })
```

```
            center = [x / i, y / i]
        }
        // 如果是线（LineString），则直接取线的中点作为中心点
        else if (type === 'LineString')
        {
            center = geometry.getCoordinateAt(0.5)
            coordinates = geometry.getCoordinates()
        }
        // 如果是其他类型的几何对象，则使用 getCenter()函数获取几何对象范围的中心点坐标
        else
            center = getCenter(geometry.getExtent())
        let sqDistances
        if (coordinates)
        {
            // 计算几何对象中每个坐标与中心点之间的距离的平方
            sqDistances = coordinates.map((coordinate) =>
            {
                const dx = coordinate[0] - center[0]
                const dy = coordinate[1] - center[1]
                return dx * dx + dy * dy
            })
            // 取最大值除以 3 作为最小半径
            minRadius = Math.sqrt(Math.max.apply(Math, sqDistances)) / 3
        }
        // 如果几何对象没有坐标信息，则取其范围的最大宽度或高度除以 3 作为最小半径
        else
        {
            minRadius = Math.max(getWidth(geometry.getExtent()), getHeight(geometry.getExtent())) / 3
        }
        return {
            center: center,
            coordinates: coordinates,
            minRadius: minRadius,
            sqDistances: sqDistances,
        }
    }
```

8.3 标注功能

8.3.1 标注基本原理

标注是指结合空间位置，通过图标、文字等形式把相关的信息展现在地图上。标注的实现方式有两种：通过矢量点要素方式实现标注、使用 ol/Overlay 覆盖物实现标注。

（1）通过矢量点要素方式实现标注。将标注添加到新建的矢量图层上，再将矢量图层添加到地图上叠加显示。OpenLayers 使用独立的样式类设置矢量要素信息，提供的 ol/style/Icon

类可以为矢量点要素设置图片标识，ol/style/Text 类则可以直接设置矢量点要素的文本信息。

（2）使用 ol/Overlay 覆盖物实现标注。原理是关联一个 HTML 元素，利用 HTML 的特性使用第三方 UI 库实现相应的界面特效。添加的覆盖物会影响地图的拖动，因此只有在自定义复杂内容时才使用 ol/Overlay 覆盖物实现标注，如单击地图弹出对话信息框、地图上的自定义按钮等。

8.3.2 文本标注

文本标注主要是依托 ol/style/Text 类、通过为矢量图层配置样式来显示注记的。下面是通过 Style 设置中国地质大学（武汉）新校区的点标注和面标注的关键代码：

```
import Map from '../Map.vue'
import GeoJSON from 'ol/format/GeoJSON.js'
import VectorLayer from 'ol/layer/Vector.js'
import VectorSource from 'ol/source/Vector.js'
import {Fill, Stroke, Circle, Text, Style} from 'ol/style.js'

const style = new Style({
    fill: new Fill({color: 'rgba(168, 172, 38, 0.6)'}),
    stroke: new Stroke({color: '#319FD3', width: 1}),
    image: new Circle({radius: 5, fill: new Fill({color: 'red'}), stroke: new Stroke({color: 'yellow'})}),
    text: new Text({font: '12px Calibri,sans-serif', offsetY: -15, fill: new Fill({color: '#000'}),
                                                stroke: new Stroke({color: '#fff', width: 3})})
})

const vectorLayer = new VectorLayer({
    source: new VectorSource({
        url: 'data/合并.json',
        format: new GeoJSON()
    }),
    style: (feature) =>
    {
        // 利用 mc 属性，给点要素增加标注
        if (feature.getGeometry().getType() === 'Point')
        {
            style.getText().setText(feature.getProperties().mc)
            style.getText().setFill(new Fill({color: 'green'}))
        }
        // 线不添加标注
        if (feature.getGeometry().getType() === 'LineString')
            style.getText().setText('')
        // 利用 type 属性，给面要素增加标注
        if (feature.getGeometry().getType() === 'Polygon')
        {
            style.getText().setText(feature.getProperties().type)
            style.getText().setFill(new Fill({color: 'red'}))
```

```
            }
            return style
        }
})

const onMapCreate = map =>
{
    // 将图层添加到地图上
    map.addLayer(vectorLayer)
    // 将地图中心点移动到绘制点的位置，并放大到合适级别
    map.getView().setCenter([12758433.904611787, 3562585.9494947167])
    map.getView().setZoom(16)
}
```

通过 ol/style/Text，可以分别给点和面设置文本标注，包括标注的颜色、偏移、大小等。文本标注的预览效果如图 8.3 所示。

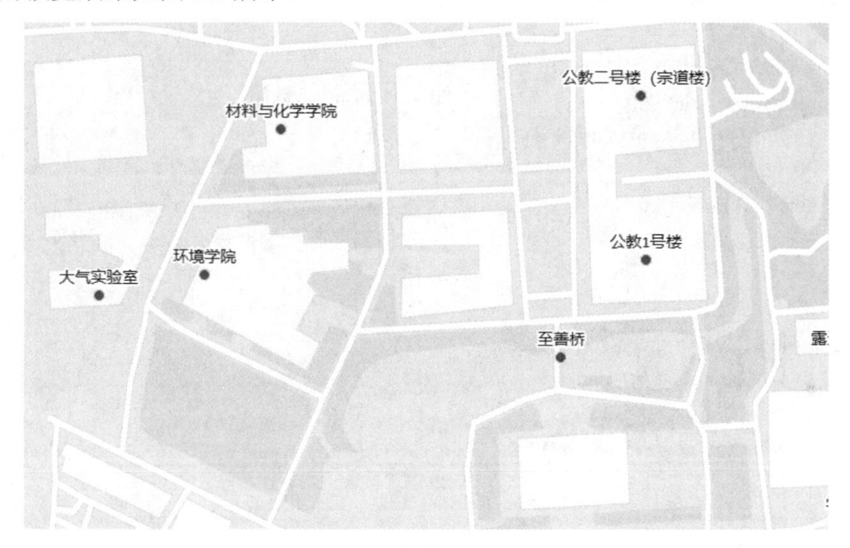

图 8.3　文本标注的预览效果

8.3.3　Popup 标注

OpenLayers 可以创建一个 Overlay 覆盖物，通过关联 HTML 元素自定义弹出内容，但添加的覆盖物会影响地图的拖动（即在覆盖物上进行滑动操作时地图无法响应，可以通过设置 stopEvent 将滑动事件传递到地图上），因此一般要避免创建多个覆盖物。Popup 标注的关键代码如下：

```
<script setup>
import Map from '../Map.vue'
import GeoJSON from 'ol/format/GeoJSON.js'
import VectorLayer from 'ol/layer/Vector.js'
import VectorSource from 'ol/source/Vector.js'
import {Fill, Stroke, Circle, Text, Style} from 'ol/style.js'
```

```
import Overlay from 'ol/Overlay.js'
import { ref } from 'vue'

const overlayDlg = ref(null)
const popupCloser = ref(null)
const popupContent = ref(null)

const style = new Style({
    fill: new Fill({color: 'rgba(168, 172, 38, 0.6)'}),
    stroke: new Stroke({color: '#319FD3', width: 1}),
    image: new Circle({radius: 5, fill: new Fill({color: 'red'}), stroke: new Stroke({color: 'yellow'})}),
    text: new Text({font: '12px Calibri,sans-serif', offsetY: -15, fill: new Fill({color: '#000'}),
                                    stroke: new Stroke({color: '#fff', width: 3})})
})
let popup = null
const onPopupLabelCreate = map =>
{
    popup = new Overlay({
        element: overlayDlg.value,          // 将自己写的 HTML 内容添加到覆盖层
        positioning: 'bottom-center',       // 覆盖层位置
        autoPan: true,                      // 是否自动平移，超出屏幕时会自动平移地图使其可见
        autoPanMargin: 20,                  // 设置自动平移边距
        offset: [0, -20]                    // 覆盖层偏移起点的位置
    })

    const vectorLayer = new VectorLayer({
        source: new VectorSource({
            url: 'data/合并.json',
            format: new GeoJSON()
        }),
        style
    })

    // 将图层添加到地图上
    map.addLayer(vectorLayer)
    map.on('singleclick', (evt) =>
    {
        // 获取单击的标注
        let feature = map.forEachFeatureAtPixel(evt.pixel, (feature) =>
        {
            return feature
        })
        if (!feature && !feature.getProperties().mc)
            return
        popupContent.value.innerHTML = feature.getProperties().mc
        popup.setPosition(feature.getGeometry().getCoordinates())

        // 添加 Popup 标注到地图上
```

```
            map.addOverlay(popup)
        })
    }

    const onClose = () =>
    {
        popup.setPosition(undefined)
        popupCloser.value.blur()
        return false
    }
    </script>

    <template>
        <Map @created="onPopupLabelCreate"></Map>
        <div ref="overlayDlg" class="popup">
            <a href="#" ref="popupCloser" class="popup-closer" @click="onClose()"></a>
            <div ref="popupContent"></div>
        </div>
    </template>

    <style>
        .popup {
            background-color: white;
            box-shadow: 0 1px 4px rgba(0,0,0,0.2);
            padding: 15px;
            border-radius: 10px;
            border: 1px solid #cccccc;
            min-width: 280px;
        }
        .popup-closer {
            text-decoration: none;
            position: absolute;
            top: 2px;
            right: 8px;
        }
        .popup-closer:after {
            content: "✕";
        }
    </style>
```

8.3.4　聚合标注

在地图上标注一些景点、建筑或者公共设施时，可以使用文本标注，但当点的数量特别多时文本标注就会显得很杂乱。聚合标注的原理同文本标注类似，但聚合标注适用于标注数据量非常多的场景。当地图层级放大时，聚合标注会显示更多的标注；当地图层级缩小时，就将标注聚合显示，能够在大量加载标注时提高渲染性能。聚合标注的关键代码如下：

```
import GeoJSON from 'ol/format/GeoJSON.js'
import VectorLayer from 'ol/layer/Vector.js'
import VectorSource from 'ol/source/Vector.js'
import {Fill, Stroke, Circle, Text, Style} from 'ol/style.js'
import Cluster from 'ol/source/Cluster'

const style = new Style({
    fill: new Fill({color: 'rgba(168, 172, 38, 0.6)'}),
    stroke: new Stroke({color: '#319FD3', width: 1}),
    image: new Circle({radius: 5, fill: new Fill({color: 'red'}), stroke: new Stroke({color: 'yellow'})}),
    text: new Text({font: '12px Calibri,sans-serif', offsetY: -15, fill: new Fill({color: '#000'}),
                                        stroke: new Stroke({color: '#fff', width: 3})})
})

// 这里请注意，聚合标注只支持点要素对象
let source= new VectorSource({
    url: 'data/地名.json',
    format: new GeoJSON(),
})

let cluster = new Cluster({                  // 创建聚合标注对象
    distance: 100,                           // 设置聚合标注的距离
    source: source
})

const vectorLayer = new VectorLayer({
    source: cluster,
    style: (feature) =>
    {
        // 利用 mc 属性，给点要素增加标注
        if (feature.getGeometry().getType() === 'Point')
        {
            style.getText().setText(feature.getProperties().mc)
            style.getText().setFill(new Fill({color: 'green'}))
        }
        return style
    }
})

const onClusterLabelCreate = map =>
{
    map.addLayer(vectorLayer)
}
```

8.4 地图制图

8.4.1　热力图

热力图是一种通过对色块着色来显示数据的统计图表。在绘制热力图时需指定颜色映射的规则。例如，较大的值用较深的颜色表示，较小的值用较浅的颜色表示；较大的值用偏暖的颜色表示，较小的值用较冷的颜色表示等规则。

OpenLayers 提供了多种渲染数据的方式，如果数据量比较大，直接渲染时会卡顿，热力图是一种解决方式，可以根据数据的密集程度进行展示。图 8.4 所示为一个简单的热力图效果。

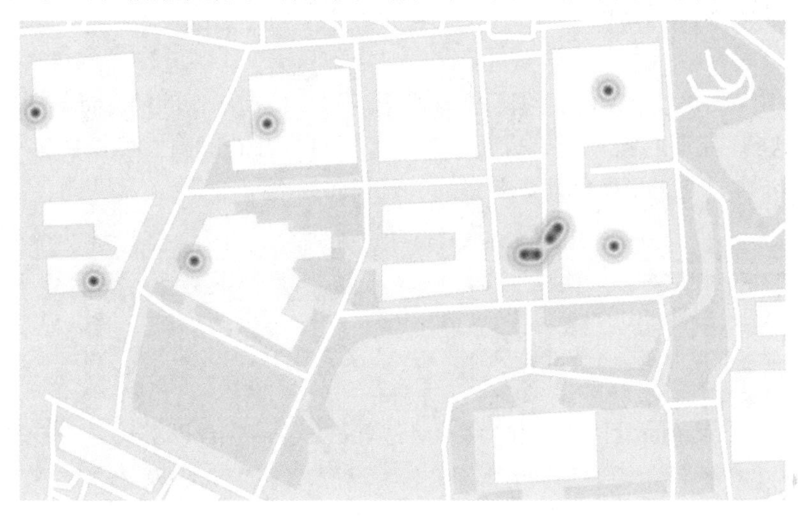

图 8.4　一个简单的热力图效果

使用 ol/layer/Heatmap 类创建一个 heatmap 图层，通过 radius、opacity、blur、source 等配置项可以定制出各种效果。radius 用于调节热力图点扩散的范围；opacity 用于控制图层的透明度；blur 用于控制热力图的热度深浅；source 是 ol/source/Vector 对象绑定的矢量数据源，可以配合数据解析器（Format）把加载的数据构造为 Feature。加载 GeoJSON 数据的关键代码如下：

```
let source = new ol.source.Vector({
    url,                                    // GeoJSON 数据
    format: new ol.format.GeoJSON()
})
```

加载 KML 数据的关键代码如下：

```
const vector = new HeatmapLayer({
    source: new VectorSource({
        url: 'data/kml/2012_Earthquakes_Mag5.kml',
        format: new KML({
            extractStyles: false
```

```
            })
        }),
        blur: parseInt(blur.value, 10),
        radius: parseInt(radius.value, 10)
});
const vector = new HeatmapLayer({
        source: new VectorSource({
            url: 'data/kml/2012_Earthquakes_Mag5.kml',
            format: new KML({
                extractStyles: false
            })
        }),
        blur: parseInt(blur.value, 10),
        radius: parseInt(radius.value, 10)
});
```

在实际应用中，热力图的点数据通常都是由后端接口动态返回的，而不是静态数据。这时只需要把 Ajax 获取的数据构造成要素对象，通过 Feature 属性可以直接将数据添加到 ol/source/Vector 中。通过坐标创建点要素的关键代码如下：

```
function createFeature ({type = 'Point', coordinates = [0, 0]}) {
        return new ol.Feature({
            geometry: new ol.geom[type](coordinates)
        })
}
```

在 src/views/makeMap 目录下创建 HeatMap.vue 文件，整合以上代码，关键代码如下：

```
<script setup>
import Heatmap from 'ol/layer/Heatmap'
import VectorSource from 'ol/source/Vector'
import GeoJSONFormat from 'ol/format/GeoJSON'
import Map from '../Map.vue'
import heatData from '../data/heatData'

const vectorSource = new VectorSource({
            features: (new GeoJSONFormat()).readFeatures(heatData, {
                                        dataProjection : 'EPSG:4326', featureProjection : 'EPSG:3857'})
})
const heatMap = new Heatmap({
        source: vectorSource,
        // 热力图聚焦，数值越小越聚焦，数值越大越分散
        blur: 10,
        // 热力图半径
        radius: 10
})
const onHeatMapCreate = map =>
{
        map.addLayer(heatMap)
```

```
    map.getView().fit(heatMap.getSource().getExtent())
    map.getView().setCenter([12758500.812471667,3562517.6293946854])
    map.getView().setZoom(16.632)
}
</script>
<template>
    <Map @created="onHeatMapCreate"></Map>
</template>
<style>
</style>
```

其中 Feature 对应的数据结构如下：

```
export default {
    type: 'FeatureCollection',
    features: [
        { 'type': 'Feature', 'properties': { }, 'geometry': { type: 'Point','coordinates':
                        [ 149.042007, -35.349998 ] } }, { 'type': 'Feature', 'properties': { },
                        'geometry': { type: 'Point','coordinates': [ 74.843002, 12.869000 ] } }
    ]
}
```

热力图适合用于查看总体情况、发现异常值、显示多个变量之间的差异，以及检测它们之间是否存在相关性。

值得注意的是，在绘制热力图时，建议选择恰当的调色板，既要在视觉上便于区分，也要符合所要传达的主旨。

热力图的优点为：

（1）热力图的优势是空间利用率高，可以容纳较为庞大的数据。热力图不仅有助于发现数据间的关系、找出极值，也常用于刻画数据的整体样貌，方便在数据集之间进行比较（如将每个运动员的历年成绩都浓缩成一张热力图，再进行比较）。

（2）如果将某行或某列设置为时间变量，热力图也可用于展示数据随时间的变化。例如，用热力图来反映一个城市一年中的温度变化，气候的冷暖走向一目了然。

热力图的不足为：

（1）尽管热力图能够容纳较多的数据，但人们很难将其中的色块转换为精确的数据，因此当需要清楚地知道数值时，可能需要额外的标注。

（2）热力图会使极坐标变形，即环状的热力图。需要提醒的是，这一图表与旭日图等图表外观有相似之处，但功能却是完全不同的，使用时需谨慎。

8.4.2 统计图

在结合空间位置进行数据统计时，需要把不同折线图、柱状图、饼图等统计图表展示在地图上的特定位置，进而展示不同区域里不同指标项的分布情况。配合使用 OpenLayers 地理要素绘制和 ECharts 图表可视化，将会大大提升展示效果。

图 8.5 所示为不同区域各年龄段人口数量分布的效果。

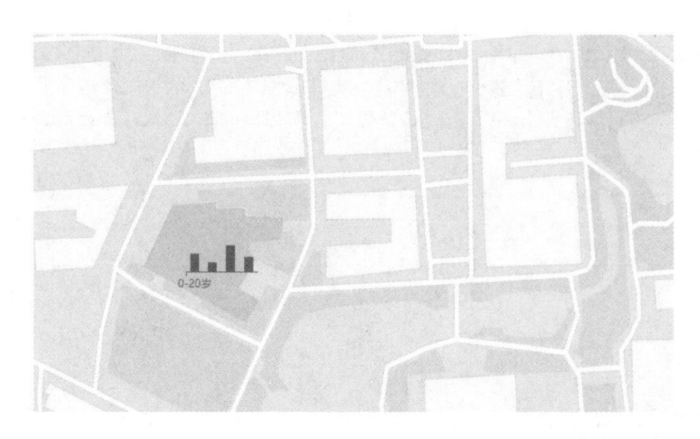

图 8.5 不同区域各年龄段人口数量分布的效果

统计图功能用到的核心工具类是 ol/Overlay，可以像 Control 控件一样将 HTML 元素添加到地图上，不过使用 overlay 对象添加的元素不是固定的，而是可以随着地图移动而移动的。创建一个 overlay 对象比较简单，在创建 overlay 对象时指定一个元素，然后再设置 overlay 显示的坐标点，并将 overlay 对象添加到地图上。overlay 对象实例化时支持传入的属性基本如下：

- id：设置 overlay 对象的 ID，可以使用 map 的 getOverlayById 获取指定的 overlay 对象。
- element：设置 overlay 对象的元素。
- offset：用于设置元素的偏移量，参数为一个数组，数组中的第 1 个值表示水平方向的偏移，第 2 个值表示垂直方向的偏移。
- position：设置 overlay 对象显示的坐标点。
- positioning：设置 overlay 对象的位置，可以设置的位置包括 bottom-left、bottom-center、bottom-right、center-left、center-center、center-right、top-left、top-center、top-right，默认为 top-left。
- stopEvent：阻止事件冒泡。
- insertFirst：如果设置为 true，则当同一容器中添加了 overlay 对象和控件时，将 overlay 对象显示在控件的下边。
- autoPan：平移时，如果超出窗口范围，则将自动设置 overlay 对象显示在地图范围内。
- autoPanAnimation：设置 autoPan 生效时的动画。
- autoPanMargin：设置 autoPan 生效时距地图边界的距离。
- className：设置 overlay 对象的 CSS 类名。

在图 8.5 所示的示例中主要使用了 element 和 offset 两个属性，该示例的实现步骤大致如下：

（1）在 src/views/makeMap/目录下，创建文件 StatMap.vue。

（2）创建矢量图层 ol/layer/Vector，创建面要素，并将面要素添加到矢量图层上。

（3）遍历所有面要素，然后将要素对象作为参数，实例化自定义编写的 ComEchart 组件，获取 dom 元素。

（4）将第（3）步获取到的 dom 元素作为参数，实例化 overlay 对象，并将 overlay 对象添加到地图上。

（5）设置第（4）步获取到的 overlay 对象，并将其添加到对应面元素的中心点位置进行显示。

图 8.5 所示示例的关键代码如下：

```
<script setup>
import {Fill, Style} from 'ol/style'
import VectorSource from 'ol/source/Vector'
import VectorLayer from 'ol/layer/Vector'
import GeoJSONFormat from 'ol/format/GeoJSON'
import Overlay from 'ol/Overlay'
import statData from '../data/statData'
import Map from '../Map.vue'
import ComEchart from './ComEchart.vue'
import { createApp } from 'vue'

const layer = new VectorLayer({source: new VectorSource()})
// 解析 GeoJSON 数据创建 Feature 集合
const featureList = (new GeoJSONFormat()).readFeatures(statData,
                                        {dataProjection : 'EPSG:4326', featureProjection : 'EPSG:3857'})
// 给所有 Feature 设置样式
featureList.forEach(feature =>
{
    feature.setStyle(new Style({fill: new Fill({
        color: 'rgba(255,153,153,0.6)'
    })}))
})
// 将 Feature 添加到 Layer 上
layer.getSource().addFeatures(featureList)
// 创建获取面中心点的函数
const getFeaCenter = fea =>
{
    const extent = fea.getGeometry().getExtent()
    return [(extent[0] + extent[2]) / 2, (extent[1] + extent[3]) / 2]
}
const onStatMapCreate = map =>
{
    map.addLayer(layer)
    // 遍历 Feature 创建 overlay 对象
    featureList.forEach(feature =>
    {
        // 实例化 ECharts 图表组件，并获取渲染后的 dom 元素，从而创建 overlay 对象
        const overlay = new Overlay({element: createApp(ComEchart, {feature})
        .mount(document.createElement('div')).$el, offset: [-40, -50]})
        map.addOverlay(overlay)
        // 将 overlay 对象设置在面要素的中心位置
        overlay.setPosition(getFeaCenter(feature))
    })
    map.getView().fit(layer.getSource().getExtent())
```

```
        map.getView().setCenter([12758500.812471667, 3562517.6293946854])
        map.getView().setZoom(16.632)
}
</script>
<template>
    <Map @created="onStatMapCreate"></Map>
</template>
<style>
</style>
```

其中自定义 ECharts 图表组件的关键代码如下：

```
<script setup>
import * as EChartss from 'ECharts'
import { ref, onMounted } from 'vue'
const EChartsRef = ref()
const props = defineProps({
    feature: { type: Object }
})
onMounted(() =>
{
    const ECharts = ECharts.init(EChartsRef.value)
    // 可以通过传入的 Feature 属性自定义 ECharts 配置参数
    const option =
    {
        tooltip: {
            trigger: 'axis',
            axisPointer: {
                type: 'shadow'
            }
        },
        xAxis: {
            type: 'category',
            data: ['0-10 岁', '10-20 岁', '20-30 岁', '30-40 岁', '40-50 岁', '50-60 岁', '60 岁以上']
        },
        yAxis: {
            show: false,
            type: 'value'
        },
        series: [
            {
                data: Array.from({length: 7}).map(() => Number(
                                    Math.max(Math.random() * 1000, 100).toFixed(0))), type: 'bar'
            }
        ]
    }
    ECharts.setOption(option)
    ECharts.resize()
})
```

```
</script>
<template>
    <div ref="EChartsRef" style="height: 100px; width: 100px;"></div>
</template>
<style>
</style>
```

其中用到的面要素的 GeoJSON 描述如下：

```
export default {
    'type':'FeatureCollection',
    'features': [
        {'type':'Feature',
            'geometry':{'type':'Polygon','coordinates':[[
                                    [114.60719503632197,30.45906952743678],
                                    [114.60609996783933,30.459397013761247],
                                    [114.60610612010146,30.459394934528632],
                                    [114.60720798386137,30.459049939303327],
                                    [114.60719503632197,30.45906952743678]
            ]]},
            'properties':{'objectid':97,'type':'空地','name':''}
        }
    ]
}
```

8.4.3　分级着色专题图

除了可以结合空间位置以图表的方式展示地图，还可以根据各图形的业务属性信息进行自定义着色。例如，将不同区域的居住人口数量，按照不同级别以不同颜色在地图上展示，这样可以直观地表达所有区域的居住人口数量分布情况。

图 8.6 所示为不同区域居住人口的分级着色展示效果。

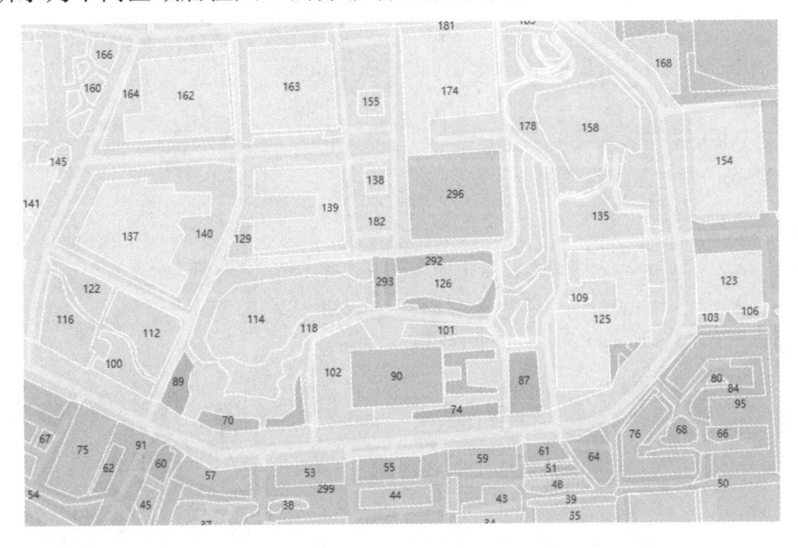

图 8.6　不同区域居住人口的分级着色展示效果

在 src/views/makeMap/目录下，创建 ColorMap.vue 文件，实现步骤如下：

（1）创建矢量数据源 ol/source/Vector 和矢量图层 ol/layer/Vector，并添加到地图上。

（2）根据 GeoJSON 数据创建面要素集合，遍历面要素，进行样式设置，主要使用 ol/style 类库下面的多个子类。

（3）设置样式时，根据获取到的 Feature 中的属性对象，基于业务场景，分级获取颜色代码，然后将获取到的颜色代码配置到 ol/Style 实例化的参数对象中。

图 8.6 所示示例的关键代码如下：

```
<script setup>
import {Fill, Text, Stroke, Style} from 'ol/style'
import VectorSource from 'ol/source/Vector'
import VectorLayer from 'ol/layer/Vector'
import Map from '../Map.vue'
import GeoJSONFormat from 'ol/format/GeoJSON'
import polygonData from '../data/polygonData'

const layer = new VectorLayer({source: new VectorSource()})
// 解析 GeoJSON 数据，创建 Feature 集合
const featureList = (new GeoJSONFormat()).readFeatures(polygonData,
                              {dataProjection : 'EPSG:4326', featureProjection : 'EPSG:3857'})
// 创建 Feature 样式
const getStyle = feature =>
{
    // 获取要素中的 objectid 属性值（实际业务中可以是任意的其他属性值）
    const objectid = Number(feature.get('objectid'))
    // 根据 objectid 值的不同范围，设置不同的颜色
    const color = objectid < 50 ? 'rgba(135,237,145,0.6)' : (objectid < 100 ? 'rgba(102,204,255,0.6)' :
                              (objectid < 200 ? 'rgba(255,228,143,0.6)' : 'rgba(255,153,153,0.6)'))
    return new Style({fill: new Fill({color}), stroke: new Stroke({color: '#ffffff'}),
                                         text: new Text({text: String(objectid)})})
}
// 给所有的 Feature 设置样式
featureList.forEach(feature => feature.setStyle(getStyle(feature)))
// 将 Feature 添加到 Layer 上
layer.getSource().addFeatures(featureList)
const onColorMapCreate= map =>
{
    map.addLayer(layer)
    map.getView().fit(layer.getSource().getExtent())
    map.getView().setCenter([12758500.812471667, 3562517.6293946854])
    map.getView().setZoom(16.632)
}
</script>
<template>
    <Map @created="onColorMapCreate"></Map>
</template>
<style>
</style>
```

在上面的代码中，起关键作用的是 ol/Style 类，该类在实例化时可以配置的属性如下所示：

- geometry：可以是要素、要素的地理属性或者一个返回地理要素的函数，用来渲染相应的地理要素。
- fill：填充要素的样式。
- stroke：要素边界的样式，类型为 ol.style.Stroke。
- image：图片的样式，类型为 ol.style.Image。
- text：要素文字的样式，类型为 ol.style.Text。
- zIndex：CSS 中的 zIndex，即叠置的层次，为数字类型。

配合 Style 属性和子类库，既可以自定义设置不同效果的矢量样式，还可以配合上述分级着色逻辑，开发一些配套的分级设置组件，进行实时自定义分级渲染展示，大大提升展示效果的丰富度和灵活度。

8.4.4 自定义切片地图颜色

地图应用一般要把接入的切片地图作为底图，但切片地图在发布时已经配置好了着色和样式。例如，天地图、高德地图、谷歌地图等在线地图服务均采用清爽、清晰的着色方案，适应大多数应用场景。但这种着色方案在暗色主题、炫酷大屏系统中就显得很突兀，这时就需要我们自定义切片地图的颜色。

自定义切片地图颜色功能用到的核心工具类就是 OpenLayers 提供的 ol/layer/Image 和 ol/source/Raster。在 src/views/makeMap/目录下，创建文件 ColorTileMap.vue，实现的总体思路大致如下：

（1）使用 ol/source/XYZ 或者 ol/source/Source 正常创建切片 source 对象。

（2）对创建好的 source 对象进行包装处理，具体包装处理逻辑如下：

① 编写着色处理函数 operation。

② 用创建好的 source 对象作为参数，创建 ol/source/Raster 自定义的切片 source 对象，同时传入 operation、operationType、lib 等参数。其中 lib 为函数注册对象，必须把编写的处理函数 operation 及其依赖模块的其他函数同名注册进去。

（3）使用切片 source 对象，创建 ol/layer/Image 图层 layer 对象。

（4）将 layer 对象添加到地图中。

上述示例的关键代码如下：

```
<script setup>
import Image from 'ol/layer/Image'
import XYZ from 'ol/source/XYZ'
import RasterSource from 'ol/source/Raster'
import Map from '../Map.vue'

// 创建普通切片图层 source
const source = new XYZ({
    projection: 'EPSG:3857',
    crossOrigin: '',                    // 必需的，否则会因跨域导致渲染失败
```

```
    url:'http://mapcdn.lshida.com/maps/vt?lyrs=m@292000000&hl=zh-CN&
                                        gl=cn&src=app&x={x}&y={y}&z={z}&s='
})

// 使用 Raster 包装切片图层 source
const makeSource = (source, type) =>
{
    let reverseFunc = null
    const makePixels = (pixelsTemp, callback) =>
    {
        for (let i = 0; i < pixelsTemp.length; i += 4)
        {
            const r = pixelsTemp[i]
            const g = pixelsTemp[i + 1]
            const b = pixelsTemp[i + 2]

            // 运用图像学公式，设置灰度值
            const grey = r * 0.3 + g * 0.59 + b * 0.11

            // 将 RGB 的值替换为灰度值
            pixelsTemp[i] = grey
            pixelsTemp[i + 1] = grey
            pixelsTemp[i + 2] = grey
            if (callback)
                callback(pixelsTemp, i)
        }
    }
    // 灰色
    if (type === 'gray')
        reverseFunc = pixelsTemp => makePixels(pixelsTemp)
    // 蓝色
    else if (type === 'blue')
    {
        reverseFunc = pixelsTemp => makePixels(pixelsTemp, (pixelsTemp, i) =>
        {
            pixelsTemp[i] = 55 - pixelsTemp[i]
            pixelsTemp[i + 1] = 255 - pixelsTemp[i + 1]
            pixelsTemp[i + 2] = 305 - pixelsTemp[i + 2]
        })
    }
    // 黑色
    else if (type === 'black')
    {
        reverseFunc = pixelsTemp => makePixels(pixelsTemp, (pixelsTemp, i) =>
        {
            pixelsTemp[i] = 255 - pixelsTemp[i]
            pixelsTemp[i + 1] = 255 - pixelsTemp[i + 1]
            pixelsTemp[i + 2] = 255 - pixelsTemp[i + 2]
```

```
            })
        }
        if (!reverseFunc)
            return source
        return new RasterSource({
            sources: [source],
            operationType: 'image',
            operation: function(pixels)
            {
                reverseFunc(pixels[0].data)
                return pixels[0]
            },
            threads: 10,
            // 注册函数库
            lib: {reverseFunc, makePixels}
        })
    }
    const layer = new Image({source: makeSource(source, 'blue')})
    const onColorTileMapCreate = map =>
    {
        map.addLayer(layer)
        map.getView().setCenter([12758500.812471667, 3562517.6293946854])
        map.getView().setZoom(16.632)
    }
</script>
<template>
    <Map defLyrs="[]" @created="onColorTileMapCreate"></Map>
</template>
<style>
</style>
```

除了上述例子中的蓝色，还可以通过图像学公式设置各种自定义颜色主题。

8.5 地图特效

8.5.1　分屏效果

分屏是指在多个地图视窗中展示相同位置的不同图层数据，各分屏视窗同步更新地图中心点和级别，方便数据对比展示。例如，查看城市里不同年份下的建设用地分布情况，效果如图 8.7 所示。

在 src/views/mapEffect/目录下，创建文件 SplitScreen.vue，主要的实现步骤如下：

（1）根据分屏数量，创建对应数量的地图容器 div，每个 div 设置唯一标识。

（2）遍历进行地图创建。

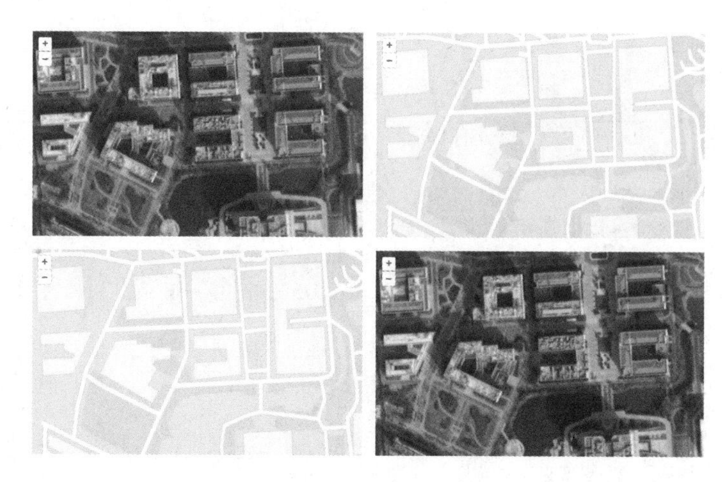

图 8.7　城市里不同年份下的建设用地分布情况

创建地图时共用同一个 view 对象，这样能保证所有地图的鼠标交互是实时同步联动的。关键代码如下：

```
<script setup>
import { Map, View } from 'ol'
import TileLayer from 'ol/layer/Tile'
import XYZ from 'ol/source/XYZ.js'
import { ref, onMounted } from 'vue'

// 设置分屏数量
const splitNum = ref(4)
const refArr = ref([])
const view = new View({projection: 'EPSG:3857',
                       center: [11380338.291590642, 4125528.4708092758], zoom: 4})
const mapRef = el => refArr.value.push(el)
const makeMap = target => new Map({
    target,
    layers: [
        Math.random() < 0.5 ? new TileLayer({
            source: new XYZ({
                projection: 'EPSG:4326',
                url: 'http://t{0-7}.tianditu.gov.cn/img_c/wmts?SERVICE=WMTS&
                REQUEST=GetTile&VERSION=1.0.0&LAYER=img&STYLE=default&
                TILEMATRIXSET=c&FORMAT=tiles&TILEMATRIX={z}&TILEROW={y}&
                TILECOL={x}&tk=您的 key'
            })
        }) : new TileLayer({
            source: new XYZ({
                projection: 'EPSG:3857',
                url: 'http://mapcdn.lshida.com/maps/vt?lyrs=m@292000000&
                                hl=zh-CN&gl=cn&src=app&x={x}&y={y}&z={z}&s='
            })
        })
```

```
    ],
    // 共用同一个 view 对象
    view: view,
})
onMounted(() => Array.from({length: splitNum.value}).
                    forEach((_, index) => makeMap(refArr.value[index])))
</script>
<template>
    <main class="container">
        <section v-for="i in splitNum" :key="i" class="mapContainer" :ref="mapRef"></section>
    </main>
</template>
<style>
    .container {height: 100%; display: flex; flex-wrap: wrap; justify-content:space-around;}
    .mapContainer {min-width: 700px; min-height: 300px; margin: 10px;}
</style>
```

8.5.2 卷帘效果

卷帘是通过移动地图上的卷帘线，把滑过区域的特定图层卷起或展开，同步显示或隐藏下方的图层。卷帘常用于两幅不同图层的对比，其操作效果为：鼠标在上层图层（被卷帘）进行上下或左右拉动，模拟一种将图层上下或左右卷起的动作，从而显示下层影像。

被卷帘的图层可以是任意矢量图层、栅格图层、影像图层、缓存图层，同时，地图卷帘操作还可将图层分组作为被卷帘对象，即其下的所有图层都将作为一个图层进行卷帘操作。

为了提升地图卷帘操作性能，程序默认在卷帘时将地图中的图层作为快照图层处理，因此若在卷帘状态下添加新图层将无法实时刷新预览，不建议用户在执行卷帘操作时添加新图层。地图卷帘效果如图 8.8 所示。

图 8.8　地图卷帘效果

在 src/views/mapEffect/目录下，创建文件 RollerMap.vue，主要实现步骤如下：

（1）使用 ol/layer/Tile 或者其他图层类，创建一个图层。

（2）给 layer 注册一个事件 prerender 的监听，该事件是图形渲染前的钩子，支持对图形进行裁剪等操作。

（3）将图层添加到地图最上方。

（4）增加一个滑块进度条，并监听滑动事件，在滑动时实时获取百分比，对图层进行重新渲染。

上述示例的关键代码如下：

```
<script setup>
import XYZ from 'ol/source/XYZ'
import TileLayer from 'ol/layer/Tile'
import { getRenderPixel } from 'ol/render'
import { ref } from 'vue'
import Map from '../Map.vue'
let selMap = null
const swipe = ref()
// 创建顶层图层
const layer = new TileLayer({
    source: new XYZ({
        projection: 'EPSG:4326',
        url:'http://t{0-7}.tianditu.gov.cn/img_c/wmts?SERVICE=WMTS&
                REQUEST=GetTile&VERSION=1.0.0&LAYER=img&STYLE=default&
                TILEMATRIXSET=c&FORMAT=tiles&TILEMATRIX={z}&TILEROW={y}&
                TILECOL={x}&tk=您的 key',
    })
})
// 注册地图渲染时的触发事件
layer.on('prerender', e =>
{
    const ctx = e.context
    // 根据分隔条的进度值和地图的尺寸，获取待分割宽度
    const mapSize = selMap.getSize()
    const width = mapSize[0] * (Number(swipe.value.value) / 100)
    const tl = getRenderPixel(e, [width, 0])
    const tr = getRenderPixel(e, [mapSize[0], 0])
    const bl = getRenderPixel(e, [width, mapSize[1]])
    const br = getRenderPixel(e, mapSize)
    ctx.save()
    ctx.beginPath()
    ctx.moveTo(tl[0], tl[1])
    ctx.lineTo(bl[0], bl[1])
    ctx.lineTo(br[0], br[1])
    ctx.lineTo(tr[0], tr[1])
    ctx.closePath()
    ctx.clip()
})
// 注册地图渲染完成时的触发事件
layer.on('postrender', e => e.context.restore())
const onRollerMapCreate = map =>
{
```

```
        selMap = map
        map.addLayer(layer)
        map.getView().setCenter([12758500.812471667, 3562517.6293946854])
        map.getView().setZoom(16.632)
}
const handleInput = () => selMap.render()
</script>
<template>
        <Map @created="onRollerMapCreate"></Map>
        <input type="range" ref="swipe" class="swipe" @input="handleInput" />
</template>
<style>
        .swipe {position: absolute;top: 10px;width: 96%;margin: 0 2%;}
</style>
```

8.5.3 动画特效

在大屏或者某些场景需要展现区域历史变化或者数据流向等效果，这时可以使用一些动画或者特效样式，让界面的展现效果更加丰富酷炫。动画特效的示例如图 8.9 所示。

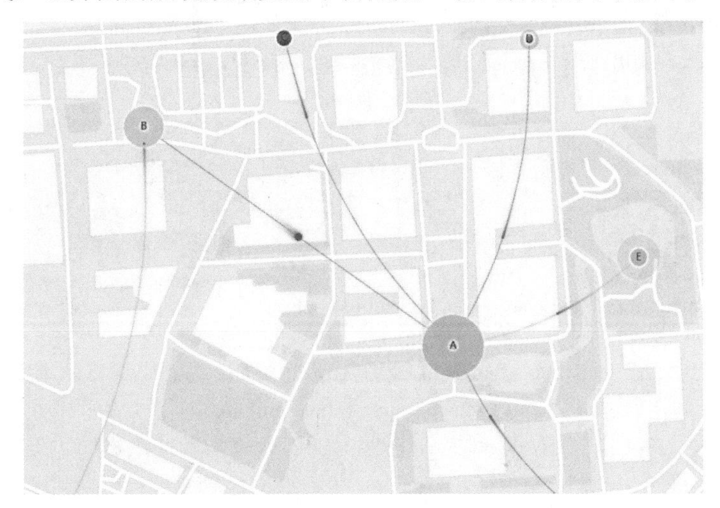

图 8.9 动画特效的示例

在 src/views/mapEffect/目录下，创建文件 Animation.vue，主要实现步骤如下：

（1）引入封装的动画线组件 MoveLine。

（2）引入特效配置数据 animationData.js。

（3）创建地图，获取地图对象。

（4）传入 map 对象和特效配置数据，实例化 MoveLine。

关键代码如下：

```
import CanvasLayer from './CanvasLayer'
import MarkLine from './MarkLine'
import Marker from './Marker'
class MoveLine
```

```
{
    // 默认参数
    defOptions =
    {
        markerRadius: 3,                        // Marker 点半径
        markerColor: '#fff',                    // Marker 点颜色，为空或 null 时默认取线条颜色
        lineType: 'solid',                      // 线条类型，可选 solid、dashed、dotted
        lineWidth: 1,                           // 线条宽度
        colors: [
            'rgba(135,237,145,0.8)',
            'rgba(102,204,255,0.8)',
            'rgba(204,153,255,0.8)',
            'rgba(255,153,153,0.8)',
            'rgba(255,228,143,0.8)',
            'rgba(204,3,125,0.8)'],             // 线条颜色
        strokeColor: '#fff',                    // 边框线条颜色
        moveRadius: 2,                          // 移动点半径
        moveColor: '#fff',                      // 移动点颜色
        shadowColor: '#fff',                    // 移动点阴影颜色
        shadowBlur: 5,                          // 移动点阴影大小
        textFont: '12px Microsoft YaHei',       // 文本字体属性
        textColor: '#fff'                       // 文本颜色
    }
    // 全局变量
    baseLayer = null
    animationLayer = null
    animationFlag = true
    markLines = []
    requestAnimationFrame = window.requestAnimationFrame ||
                            window.mozRequestAnimationFrame ||
                            window.webkitRequestAnimationFrame ||
                            window.msRequestAnimationFrame ||
                            (callback => window.setTimeout(callback, 1000 / 60))

/*
* 调用参数说明
* @param {Object} opts                                  参数对象
* @param {ol.Map} opts.map                              map 对象
* @param {Array<MarkLine>} [opts.data]                  MarkLine 类型的数据配置集合
* @param {Object} [opts.options]                        各类自定义参数配置对象
* @param {Number} [opts.options.markerRadius=3]         Marker 点半径
* @param {String} [opts.options.markerColor='#fff']     Marker 点颜色
* ...
*/
    constructor(opts)
    {
        this.map = opts.map
        this.width = this.map.getSize()[0]
```

```
        this.height = this.map.getSize()[1]
        this.data = opts.data
        this.options = {...this.defOptions, ...opts.options}
        this.baseLayer = new CanvasLayer({
            map: this.map,
            update: this.brush.bind(this)
        })
        this.animationLayer = new CanvasLayer({
            map: this.map,
            update: this.render.bind(this)
        })
        const drawFrame = _ =>
        {
            requestAnimationFrame(drawFrame)
            this.render()
        }
        drawFrame()
    }
    destroy()
    {
        this.baseLayer.destroy()
        this.animationLayer.destroy()
    }

    // 底层 Canvas 渲染、标注、线条
    brush()
    {
        const baseCtx = this.baseLayer.canvas.getContext('2d')
        if (!baseCtx)
            return
        this.addMarkLine()
        baseCtx.clearRect(0, 0, this.width, this.height)
        this.markLines.forEach(line =>
        {
            // line.drawMarker(baseCtx)
            line.drawLinePath(baseCtx)
        })
    }

    // 上层 Canvas 渲染，动画效果
    render()
    {
        const animationCtx = this.animationLayer.canvas.getContext('2d')
        if (!animationCtx)
            return

        if (!this.animationFlag)
            return animationCtx.clearRect(0, 0, this.width, this.height)
```

```
            // 设置拖尾效果
            animationCtx.fillStyle = 'rgba(0,0,0,0.93)'
            const prev = animationCtx.globalCompositeOperation
            animationCtx.globalCompositeOperation = 'destination-in'
            animationCtx.fillRect(0, 0, this.width, this.height)
            animationCtx.globalCompositeOperation = prev
            this.markLines.forEach(markLine =>
            {
                markLine.drawMoveCircle(animationCtx)
                markLine.drawMarker(animationCtx)
            })
        }
        // 遍历传入的数据集合，构造动态线及其关联的辐射点，并添加到 this.markLines 数组中
        addMarkLine()
        {
            this.markLines = []
            this.data.forEach((line, index) =>
            {
                const defColor = this.options.colors[index]
                this.markLines.push(new MarkLine({
                    map: this.map,
                    options: {fillColor: defColor, ...this.options, ...line.options},
                    id: index,
                    begin: new Marker({
                        map: this.map,
                        color: defColor,
                        ...line.begin,
                        options: {fillColor: defColor, ...this.options, ...line.begin.options}
                    }),
                    end: new Marker({
                        map: this.map,
                        color: defColor,
                        ...line.end,
                        options: {fillColor: defColor, ...this.options, ...line.end.options}
                    })
                }))
            })
        }
    }
    export default MoveLine
```

MoveLine 类主要是基于原生 Canvas 的 API 编写的，其中抽取了三个工具类：

（1）CanvasLayer 是基于 Canvas 创建的自定义图层，并被添加到 ol 地图上的工具类。

（2）MarkLine 类是基于 Canvas 绘制的带游标的线段，支持自定义样式、曲线化的工具类。

（3）Marker 类基于 Canvas 绘制的点和圆，支持动态辐射的工具类。

通过以上几个类库的组合封装，可以方便快捷地实现地图上的各种自定义动画特效。

8.5.4 WebGL 渲染海量数据

很多时候，当需要加载的点、线、面等要素数量过多时，浏览器界面会出现明显卡顿，非常影响用户体验。

OpenLayers 支持用 Canvas 和 WebGL 渲染地图，新版的 OpenLayers 可以为地图的每个图层选择不同的渲染策略，也就是说部分图层可用 Canvas 渲染，部分图层可以用 WebGL 渲染。ol/layer/Vector 可以用 Canvas 方式来渲染点、线、面图形，定制不同的显示样式。但对于海量的数据来说，WebGL 是最佳的选择。

使用 WebGL 渲染海量点数据的效果如图 8.10 所示。

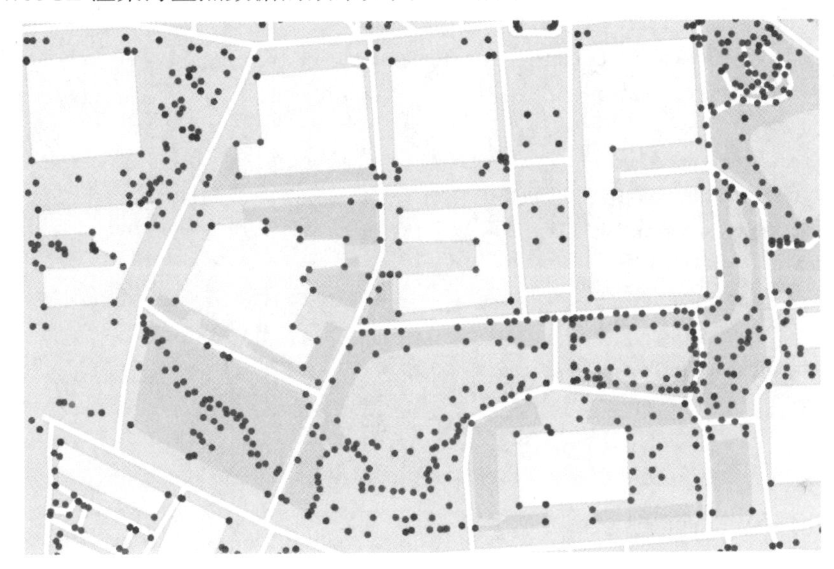

图 8.10 使用 WebGL 渲染海量点数据的效果

在 src/views/mapEffect/目录下，创建文件 WebglRender.vue，主要实现步骤如下：

（1）将海量数据存储到 GeoJSON 或 KML 文件中（这里使用的是 GeoJSON 文件）。

（2）使用 ol/source/Vector 创建图层 source 对象，在参数中传入 GeoJSON 数据的 URL 和格式化工具类 ol/format/GeoJSON。

（3）设置点位样式配置对象 symbol。

（4）使用 ol/layer/WebGLPoints 创建图层，将第（2）步获取到的 source 对象和第（3）步获取到的样式配置对象 symbol 作为参数传入创建的图层。

（5）将图层添加到地图上。

上述示例的关键代码如下：

```
<script setup>
import GeoJSON from 'ol/format/GeoJSON'
import Vector from 'ol/source/Vector'
import WebGLPointsLayer from 'ol/layer/WebGLPoints'
import Map from '../Map.vue'
```

```
const vectorSource = new Vector({url: '../data/webglData.GeoJSON', format: new GeoJSON(), wrapX: true})
const style =
{
    symbol: {
        symbolType: 'circle',
        size: ['interpolate', ['linear'], ['get', 'population'], 40000, 8, 2000000, 28],
        color: ['match', ['get', 'hover'], 1, '#ff3f3f', '#006688'],
        rotateWithView: false,
        offset: [0, 0],
        opacity: ['interpolate', ['linear'], ['get', 'population'], 40000, 0.6, 2000000, 0.92]
    },
}
const pointsLayer = new WebGLPointsLayer({source: vectorSource, style})
const onWebGlMapCreate = map =>
{
    map.addLayer(pointsLayer)
    map.getView().setCenter([12758500.812471667, 3562517.6293946854])
    map.getView().setZoom(16.632)
}
</script>
<template>
    <Map @created="onWebGlMapCreate"></Map>
</template>
<style>
</style>
```

其中 GeoJSON 文件的数据格式如下：

```
{
    "type": "FeatureCollection",
    "features":[{
        "type": "Feature",
        "geometry": {
            "type": "Point",
            "coordinates": [74.916667, 33.883333]
        },
        "properties": {"city": "pulwama", "country": "in", "region": "12"}
    }]
}
```

8.6 图层动态投影

WebGIS 应用中的切片往往采用不同坐标系，当这些切片叠加到同一个地图容器 map 时，会出现空间位置偏移，甚至错乱的问题。针对这种情况，OpenLayers 提供了动态投影的策略，只要正确配置各切片的投影信息，就会自动校正各图层的显示位置，达到正常叠加的效果。实现动态投影主要过程如下：

（1）设置地图投影，即地图容器使用的投影，在 view 中设置的 projection 值。各类接口输出的坐标均为该投影下的值，如鼠标交互获取的坐标。

（2）设置切片投影，即切片数据源的投影，在 ol/source/Tile 对象中设置的 projection 值。

（3）ol/Proj 类管理着各投影间的相互转换信息，渲染时利用切片投影和地图投影的转换函数，可以把当前地图的视窗范围转为切片投影的范围，获取对应范围的数据并叠加显示到地图上。

需要注意的是，OpenLayers 默认包含 WGS84 坐标系下的 EPSG:4326 和 EPSG:3857，如果数据采用的是其他坐标系，则需要先注册到 ol/Proj，并添加该投影与地图投影之间的转换函数。这里以百度地图动态投影纠偏为例进行说明，关键代码如下：

```
// 定义投影和转换函数
let baiduMercator = new Ol_Projection({
    code: 'baidu',
    extent: tarExtent,
    units: 'm'
})
// 在 OpenLayers 中注册新投影
ol_Proj.addProjection(baiduMercator)
// 给新投影和 EPSG:4326、EPSG:3857 绑定相互转换函数
ol_Proj.addCoordinateTransforms('EPSG:4326', baiduMercator, projzh.ll2bmerc, projzh.bmerc2ll)
ol_Proj.addCoordinateTransforms('EPSG:3857', baiduMercator,
                                projzh.smerc2bmerc, projzh.bmerc2smerc)

// 创建图层
let srcOpt = {
    projection: baiduMercator,
    crossOrigin: '*',
    tileGrid: tileGrid,
    wrapX: false,
    tileUrlFunction: function(tileCoord, pixelRatio, proj)
    {
        if (!tileCoord)
        return ''

        let url = options.url + options.layer
        url = url.replace('{x}', tileCoord[1])
        url = url.replace('{y}', tileCoord[2])
        url = url.replace('{z}', tileCoord[0])
        // 范围替换
        const match = /\{(\d+)-(\d+)\}/.exec(url)
        if (match)
        {
            const delta = parseInt(match[2]) - parseInt(match[1])
            const num = Math.round(Math.random() * delta + parseInt(match[1]))
```

```
                url = url.replace(match[0], num.toString())
            }
            return url
        }
    }
    return new Ol_LayerTile({
        source: new Ol_SourceTileImage(srcOpt),
        name: options.name
    })
```

第 9 章 移动 GIS

随着人们对移动设备的依赖程度越来越高，GIS 技术也从传统的服务器、PC 朝移动端转变，移动 GIS 应运而生。20 世纪 90 年代中期，移动 GIS 诞生。早期的移动 GIS 主要应用于野外测量和调查等专业领域，改变了传统的纸质手工作业模式，极大地提高了野外数据采集、编辑和更新的效率，提升了数据的准确性和精度，因此，普遍受到了野外作业人员的青睐。

进入 21 世纪后，随着半导体技术的飞速发展，移动终端硬件平台的配置越来越高，同时，移动定位技术日益成熟，移动通信技术突飞猛进，尤其是 4G、5G 的相继应用，加之移动互联网技术带来的革命性变革，使得移动 GIS 及其应用软件迅猛发展，成为 WebGIS 应用的重要客户端。无论面向行业用户定制的各种基于位置服务的数据采集、数据查询、轨迹记录、业务分析等功能，还是面向大众用户提供的 POI 查询、路线规划、位置导航等服务，凡是需要空间位置服务的地方，都能看到移动 GIS 的身影，移动 GIS 应用已经成为人们生活中不可或缺的部分。

9.1 移动 GIS 概述

在移动 GIS 诞生的早期，大家通常称其为嵌入式 GIS。但随着移动终端的快速发展，现在我们更习惯称其为移动 GIS。本节将介绍移动 GIS 的相关概念和应用，帮助大家了解什么是移动 GIS，以及它能应用在哪些方面。

9.1.1 什么是移动 GIS

移动 GIS，即移动地理信息系统（Mobile GIS）。作为一种地理信息系统，传统定义将移动 GIS 分为狭义和广义两种。狭义的移动 GIS 是指运行在移动终端上（主要是智能手机、平板电脑、车载终端以及各种移动终端等）且具有部分桌面 GIS 功能的 GIS，它可以与桌面 GIS 无缝结合并进行数据交互，但它不与服务器直接交互，一般采用离线工作模式。广义的移动 GIS 是指集成了 GIS、GNSS、移动通信、移动互联网和多媒体等技术的应用，能够为用户提供移动环境下的在线 GIS 服务的集成系统。移动 GIS 的技术体系如图 9.1 所示。

近年来，智能手机的配置越来越高，已经非常接近于桌面级计算机的处理能力。同时，伴随着移动互联网技术和 4G、5G 等移动通信网络的普遍应用，为海量地理空间数据的传输提供了足够的带宽和速度，这些都极大地提升了移动 GIS 的发展速度、扩展了其应用范围。

因此，我们现在所说的移动 GIS 通常是指广义上的移动 GIS，它是以移动互联网技术和移动通信技术为支撑，以智能手机或平板电脑为终端，以北斗、GPS 或基站等为定位手段的 GIS，是 GIS 发展的又一技术热点。

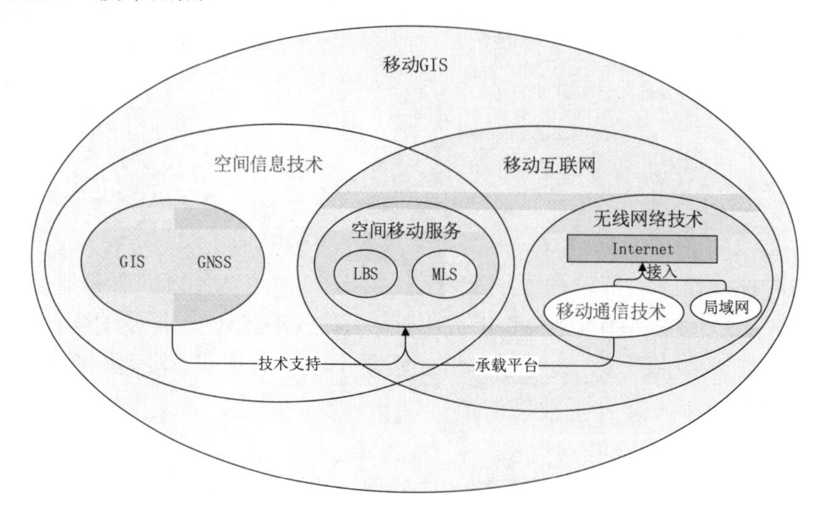

图 9.1　移动 GIS 的技术体系

伴随着 WebGIS 的发展成熟，人们对实时的地理空间信息“4A 服务”（Anytime、Anywhere、Anybody、Anything）的需求日益凸显。因此，各大地理信息产品和服务提供商不断加大对移动 GIS 的支持力度，研发了许多基于移动端的 App，从而为大众用户和专业用户提供了丰富的移动 GIS 服务。例如，高德地图、百度地图、谷歌地图等都极大地方便了人们的出行，也促进了移动 GIS 的迅速发展。

移动 GIS 的优点是可以把用户的 GIS 应用无限扩展，这使得用户可以通过无线网络，实现无约束的自由通信和共享的分布式计算环境，方便用户能够随时随地获得实时的电子地图服务。对于专业用户，使用智能手机上的数字地图代替传统的纸制地图，通过可视化的图形编辑、属性查询和分析等操作，从而高效地完成工作任务。对于普通用户，可以随时随地动态获取地理位置信息，如自己所处的位置、距离最近的餐馆、路径规划导航等，移动 GIS 已经成为人们生活中无处不在的信息服务。

1．基于位置的服务（Location Based Service，LBS）

LBS 是指 GIS 服务器根据设备（固定的或移动的）所在的位置，在电子地图平台的支持下，向用户提供位置服务。LBS 的价值在于向固定用户和移动用户提供位置服务，任何人在任何时间和任何地点，无论使用的设备是固定的还是移动的，都能使用这种服务。

当前，智能手机已成为最普遍的移动终端，因此 LBS 具备了广阔的市场。LBS 利用 GIS 技术、空间定位技术、嵌入式技术和无线通信技术，为移动终端用户提供多样化的基于空间的位置服务。移动 GIS 可以充分利用这一点，实现实时定位，并将位置信息反馈给系统的相关功能模块。车载导航、车辆调度、紧急救援、与位置有关的计费等都是基于 LBS 的移动 GIS 应用功能。

移动 GIS 以其易用性、便携性和能够实时获取位置信息的特点，不断深入各行各业，并在民用和弱 GIS 领域逐步取代了传统的桌面 GIS。

2. WebGIS 的大众化应用——移动 GIS

随着移动终端的普及，无线通信技术、移动定位技术和 WebGIS 的结合形成了移动 GIS 和无线定位服务。它一方面可以使 GIS 用户随时、方便、双向互动地获取网络提供的各种地理信息服务；另一方面可以使地理信息随时随地为任何人、任何事提供服务。移动 GIS 已然成了 WebGIS 的重要客户端，通过 Web 服务获取丰富的 GIS 数据、访问强大的 GIS 功能等，为人类的工作和生活提供诸多便利。移动 GIS 虽然有个性化的特点，但早已与 WebGIS 相互融合、密不可分，如图 9.2 所示。

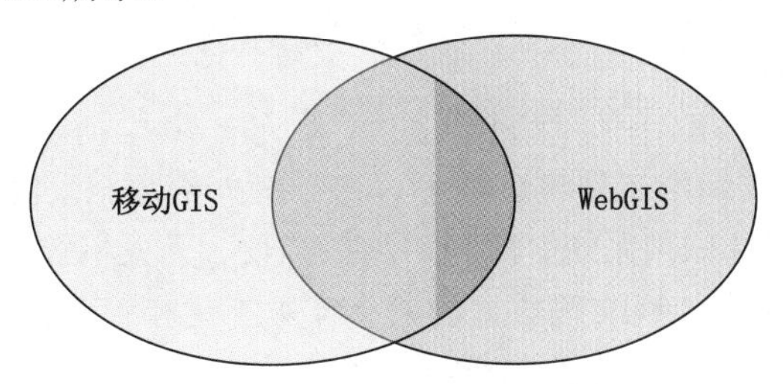

图 9.2　移动 GIS 与 WebGIS 关系

总之，移动 GIS 是 GIS 从静态走向动态环境的重大发展，通过综合运用智能移动设备、精确的卫星定位技术、移动通信技术、无线通信网络接入技术和 GIS 的空间信息处理能力，使得系统能够实时地获取、存储、更新、处理、分析和显示地理信息，在当下乃至未来都必将发挥重要的作用。

9.1.2　移动 GIS 的特点与优势

移动 GIS 是在移动计算环境、有限处理能力的移动终端条件下，提供移动的、分布式的、随遇性的移动地理信息服务的 GIS。移动 GIS 的发展，不再依赖于有线网络，而是通过无线网络实现移动设备与服务器之间的实时信息传递的。

1. 移动 GIS 的特点

（1）移动性。移动 GIS 平台能够运行在各种移动终端上，其功能不受用户所在位置与环境的影响，表现出很强的移动性。主要体现在，移动 GIS 客户端与服务器通过无线通信网络进行交互，随时随地访问空间信息服务，实时获取空间数据；同时，也可以脱离服务器与传输介质的约束，以离线数据包的形式独立使用。

（2）服务实时性。移动 GIS 是一种实时性较高的 GIS 应用，它能够实时地获取并传输最新的位置信息以及与位置相关的其他信息。例如，在野外进行数据采集时，GNSS 设备采集的地理位置信息、属性信息和多媒体信息等，都能通过无线网络实时地传输到服务器，也能够实时地接收服务器处理后的数据。实时性是移动 GIS 的最大特点。

（3）移动终端多样性。移动 GIS 的表达呈现于移动终端上，目前移动终端的类型异常丰富，包括智能手机、平板电脑、车载终端和特种装备等。智能移动终端的屏幕小、易携带，同时计算能力十分强大，特别便于户外使用。此外，移动终端的生产厂商、设备型号和操作系统等同样具备多样性。

（4）信息载体多样性。随着移动操作系统的发展，移动终端的功能越来越丰富，移动终端与服务器及其他用户的交互手段也更加丰富，包括影像功能、拍照功能、文字编辑等，移动 GIS 也可以使用音频、视频、图像、地理信息以及文本信息等，使移动 GIS 的可用信息更加多样化。

（5）对空间位置的依赖性。移动 GIS 提供的服务在很大程度上取决于它所处的位置，该位置坐标可以通过卫星定位、基站定位或其他定位手段获得，主要解决我在哪儿、我附近有什么、怎么从当前位置到达目的地等问题。

（6）数据资源分散、多样性。由于移动用户的位置是不断变化的，同时，移动 GIS 运行平台向无线网络的延伸又进一步拓宽了其应用领域，因此移动 GIS 需要的信息是分散多源、异构多样的，单一的数据源无法满足所有的移动数据需求。

2．移动 GIS 的优势

（1）将 GIS 功能集成到数据采集过程中。将一些外部数据采集设备（如 GPS、激光地图制图仪、数码相机、声音识别系统、激光雷达扫描仪、无人机等）与移动 GIS 集成在一起后，移动 GIS 可以实时、实地地实现数据的采集、数字化和管理。

（2）提供在线 GIS 空间分析与决策支持功能。移动 GIS 为外业人员提供了实时的在线空间分析与决策支持功能，这在现场数据采样和管理工作中有很大的应用价值。

（3）可进行多端协作的数据处理、分析和展现。由于无线通信技术、卫星通信技术和网络技术的进步，使得不同领域数据的通信和共享成为现实。移动 GIS 客户端、服务器和 WebGIS 客户端之间的数据共享和功能协作，使得空间信息的处理和展现做到了“所见即所得”，大大提升了相关领域的工作效率。

9.1.3 移动 GIS 的体系架构

与桌面 GIS 和 WebGIS 相比，移动 GIS 的体系结构略显复杂，因为它需要通过无线通信网络实现移动终端与地理应用服务器之间的数据交互。移动 GIS 的体系结构主要由移动终端、无线通信网络、地理应用服务器和空间数据库四部分构成。

- 移动终端主要是便携式设备和车载终端等，用于快速、精确地进行定位和地理识别，包括硬件和软件。
- 无线通信网络负责建立移动终端与地理应用服务器间的通信并传输数据。
- 地理应用服务器由 GIS 服务器和 Web 服务器组成，提供数据管理、查询和分析等服务，是移动 GIS 的关键部分。GIS 服务器访问空间数据库，为移动 GIS 用户提供空间信息获取和空间分析算法等服务。Web 服务器访问 GIS 服务器的服务和数据服务器的数据，通过网络向移动终端提供数据服务和功能服务。
- 空间数据库是移动 GIS 数据的存储与管理中心，包括地理数据和属性数据，空间数据库为移动设备与多种数据源的交互提供了技术保障。

移动 GIS 的体系结构可分为三层，分别为表现层、逻辑层和数据层。表现层是移动终端的承载层，直接与用户打交道，是面向用户提供 GIS 服务的窗口，该层支持多种移动终端，包括智能手机、平板电脑、车载终端等。逻辑层是移动 GIS 的核心，系统的服务器都集中在该层，主要负责传输和处理空间数据、执行移动 GIS 的功能等。逻辑层包括无线通信网络、网关、Web 服务器、GIS 服务器等。数据层是移动 GIS 各类数据的集散地，是确保 GIS 功能实现的基础和支撑。

移动 GIS 的体系结构如图 9.3 所示。

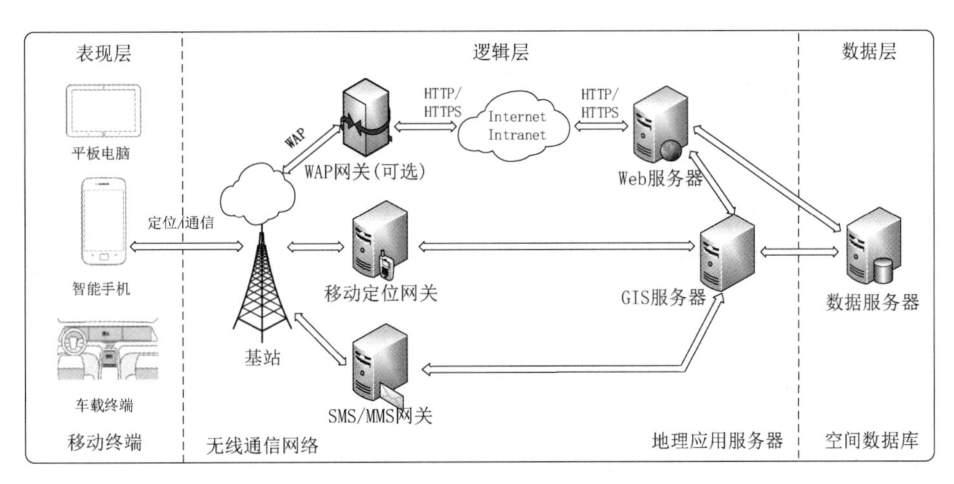

图 9.3　移动 GIS 的体系结构

对应于移动 GIS 的硬件组成，其软件系统包括地理应用服务器的空间数据管理与服务系统、无线数据传输系统、移动终端软件系统和定位导航系统。

1．空间数据管理与服务系统

移动 GIS 的地理应用服务器存储了大批量、多尺度的空间数据，这些数据的查询、检索、统计、分析及类型变换等功能属于空间数据管理的范畴。地理应用服务器的软件系统正是提供这种空间数据管理和相应服务的系统，该系统能够响应来自不同移动终端的并发服务请求，经过计算后将结果及时返回给移动终端进行呈现。

2．无线数据传输系统

地理应用服务器和移动终端之间主要依靠无线方式传输数据。移动终端向地理应用服务器发送的请求数据量较小，但地理应用服务器响应请求并返回的空间数据量却十分庞大，尤其是栅格切片数据和三维模型数据等。在早期的移动通信中，数据传输速率无法满足前端加载的时效要求，只能通过在服务器引入压缩技术、移动终端引入解压技术来解决，但效率依然低下。随着移动通信技术的发展，尤其是 4G、5G 的普及，数据传输速率不再是束缚，从而为移动 GIS 的发展提供了无限机会。

3．移动终端软件系统

在移动终端中，移动目标卫星定位坐标的获得、精准定位与查询分析，以及静态目标的迅速显示等功能模块，是移动终端软件系统的重要构成部分。获得移动目标的卫星定位坐标，并时刻对该目标与其他静态目标进行关联查询和分析，这些都比较容易。但当移动目标处在两个卫星定位坐标获得时刻之间时，如移动目标进入隧道后，它的位置及其与周边目标空间关联的查询就会变得比较复杂，需要根据移动目标的运动速率、方位及特性等展开仿真模拟、预测分析，这就需要依赖移动终端软件系统，并基于其进行移动应用软件的开发。

移动操作系统是移动终端软件系统的核心，也是移动应用软件的基础。当前移动终端的主流操作系统包括 Android、iOS、HarmonyOS。

4．定位导航系统

定位导航系统主要是通过红外或串口获取卫星定位的位置信息，转换到导航地图的坐标系，并进行坐标的保密技术处理等。

9.1.4 移动 GIS 的功能与应用

移动应用是与日常生活关联最紧密的软件应用，涉及人们工作、生活的方方面面。智能手机充分展现了 GIS 带来的信息价值，使移动 GIS 成为人们必不可少的信息系统。例如，各种基于位置服务的大众型消费应用越来越多，为普通民众的衣食住行提供了丰富多彩的基于地理信息的服务，这些应用直接促使 GIS 从专家系统向大众系统的迅速普及。

移动 GIS 的功能从应用角度概括起来主要集中在以下几个方面：

- 基于空间位置信息的查询展示；
- 基于空间位置信息的数据采集；
- 基于空间位置信息的辅助分析；
- 基于空间位置信息的路径规划和导航；
- 基于空间位置信息的动态监管。

从用户的角度主要分为两类：

- 面向专业领域的专业移动 GIS 应用；
- 面向大众用户的大众移动 GIS 应用。

1. 专业移动 GIS 应用

专业移动 GIS 广泛应用于测绘、军事、公安、交通、地质矿产、国土、交通运输、城市规划、农业、林业、海洋、环保、气象、石油等领域，提供了涵盖地图操作、数据采集、绘制编辑、移动量测、路径导航等专业移动 GIS 应用功能。它可以为移动终端的应用提供多源地图组合和专题数据浏览、空间信息的查询与分析、进行基于移动终端数据采集的数据编辑与管理等功能。一般而言，专业移动 GIS 根据自身的业务应用需求，都会包含以下一种或几种功能：

（1）在线地图浏览。移动 GIS 应用因为存储容量的限制和安全性等因素，一般不能将全部地理信息存储在移动终端上。因此，移动 GIS 的核心功能——地图浏览，往往采取请求在线切片服务的方式加载地图数据。在线切片服务通常都是基于 Web 墨卡托投影坐标系的切片服务，如高德地图、百度地图、谷歌地图、Mapbox、OpenStreetMap、ArcGIS 等。此外，随着矢量切片技术的发展，在线切片服务除了提供传统的栅格切片服务，又增加了矢量切片服务。矢量切片的出现解决了栅格切片无法修改、无法实时更新、无法携带属性等缺点，同时还具备体积小、传输速率快等优点，目前已在联网的 GIS 中得到广泛应用。

（2）离线地图浏览。考虑到数据保密性要求以及网络环境等因素的影响，很多行业的移动 GIS 都提供了离线地图浏览功能，能够让用户在不依赖网络的情况下随时浏览数据。针对应用场景和数据情况的不同，离线地图可以选择采用矢量文件、影像文件和切片缓存（离线地图包）三种存储形式。其中矢量数据可以供应用进行查询编辑操作，影像文件和切片缓存可以作为底图与矢量数据或服务数据组合应用。离线地图数据虽然具有一定的滞后性，但因为保密性和安全性高，仍然得到广泛的应用，如国土、自然资源等行业的外业调查工作，仍采用离线地图方式。

（3）在线服务访问。对于数据变化较为频繁的地图数据和信息服务，移动 GIS 需要访问在线服务，及时获取来自各类服务和其他移动终端的信息。这也使得移动 GIS 能够利用互联网的信息渠道获取海量的信息。

（4）多源数据聚合。移动 GIS 是信息的汇集点，是多源异构数据信息整合的平台，它能够将本地矢量数据、切片缓存、影像和不同来源的第三方信息有机地叠加在一起并进行展示，从而扩展移动 GIS 的信息空间。

（5）空间定位与查询。移动 GIS 可以显示目标空间位置与 GNSS 定位点在地图上的位置，可以基于本地或服务器的数据快速地实现图查属性、属性查图等功能，并通过各类属性条件与空间关系快速查询所需的数据和信息。

（6）空间分析与路径导航。除了地图可视化应用，移动 GIS 还可以提供全面的 GIS 分析功能，可以基于本地和服务器的数据实现缓冲区分析、叠加分析和路径导航等功能，对数据进行实时的挖掘和处理。但需要注意的是，这些复杂的空间分析功能一般依赖 GIS 云端的支持，客户端只需要将空间信息通过编码的方式发送至服务器，由服务器解译处理后将分析结果返回至客户端显示。

（7）数据采集与编辑。许多具备野外作业功能的移动 GIS 还具有对多种空间对象进行绘制和操作的能力，使移动终端可以根据实际需要对现场空间信息进行采集记录，并与本地数据或 Web 服务进行交互，对数据做进一步的处理，以及与服务器的数据进行同步更新等。采集数据的录入是采集系统最主要的功能，是移动 GIS 的基本功能，野外数据的采集一般包含空间信息的采集和属性信息的采集。

（8）动态专题图制作。为了更有效地在移动终端上展示数据的变化，许多移动 GIS 还提供了实时数据动态渲染专题地图的功能，可以根据移动终端的应用需求和数据的即时变化动态地展示专题信息，进一步发挥移动 GIS 的即时效应。

（9）三维地图浏览。三维场景是当前移动 GIS 的一个热点，用户可以快速构建二三维一体化的移动 GIS，在移动终端实现三维地图渲染，逼真地模拟三维场景等。

（10）动态监管。基于移动 GIS 实现各种行业的巡察监察体系。例如，涵盖地图功能、图斑数据调查与编辑、GPS 功能等的退耕还林作业设计和核查系统；对土地资源进行动态监测与管理、实时采集和上报违法用地信息、构建土地执法动态巡察监察体系；可以查询、更新、分析和监控数据的水环境监察系统；基于在线传感和三维移动 GIS 技术的土壤修复工程监管方法和系统；各种地下管线巡查管理系统等。

2. 大众移动 GIS 应用

一般与大众生活息息相关的 GIS 则以用户位置信息为关联点，提供通用的地图浏览、地图信息检索、生活信息检索和路径规划导航等内容。基于移动 GIS 的日常生活应用，已日益普遍和重要，如汽车导航、周边搜索、物流快递、位置游戏、汽车远程监控和信息推送等，人们的生活已离不开移动 GIS 了。

（1）路线规划导航。路线规划导航是移动 GIS 最流行的应用。用户可以通过移动 GIS，根据自己的出行方式，选择自己的起点、目的地和经过地点，规划多条行驶路线，在用户选择一条路线后，移动 GIS 提供实时导航功能，辅助用户准确、快递地到达目的地。

（2）查询检索功能。根据用户输入的位置信息关键字，通过搜索地图数据库查询用户所找的地点。用户还可以基于一个固定位置，查询一定范围内的商场、饭店、酒店、地铁或公交站点等兴趣点信息。

（3）实时交通报道。安置在重要交叉道路上的无线照相机能实时记录交通状况并传送给

Web 服务器。当司机在一条道路上行使时，如果想改变路线，就可以在移动终端上根据获得的实时交通情况来选择路线。

（4）个人移动位置信息服务。个人移动位置信息服务是目前使用频率最高的移动 GIS 服务之一。通过与移动定位技术的集成，移动终端能够定位用户所在的位置，根据用户的位置查找最近的饭店、医院、书店、商场等场所，并以图形的方式标识出来。

（5）个人安全和紧急救助。当用户的人身安全受到威胁时，可将当前的位置信息传输给报警中心或救护中心，从而获得实时救助服务。

（6）物流配送。物流配送的过程是实物的空间位置转移过程。物流配送过程涉及货物的运输、仓储、装卸、送递等环节，移动 GIS 可以提供空间定位、优化仓库位置的选择及配送路线、监视车辆运行轨迹等功能，实现配送资源利用率的最大化。

（7）户外信息采集和传输。用户在户外采集的各种空间和属性信息，可以通过无线网络将同步到服务器，或者先将采集到的信息存储在本地，再通过有线网络同步到服务器。例如，市民可以通过城管部门发布的移动 GIS 参与城市管理，将自来水漏水、天然气漏气等事件的描述信息和现场照片等，上传到相关的管理部门进行处理；还可以利用高德地图、百度地图等 App 上报交通事故的位置和现场照片等。

随着移动终端硬件技术的进步，尤其是纳米级 CPU、大内存等技术的突破，都极大地提升了移动终端的计算速度和渲染性能。随着大尺寸屏幕移动设备的普及，许多以前只能在个人计算机上流畅运行的 GIS，在移动设备上也能够流畅运行。此外，用户对一般化的地图服务网站也提出了移动应用的需求，目前几乎所有的互联网地图厂商均提供了 Android 和 iOS 的客户端 GIS 应用软件，以便用户能够访问自己提供的地图服务，并将地图服务作为获取信息的一个重要门户。

9.2 移动 GIS 的支撑技术

本节将重点介绍支撑移动 GIS 信息化的四大技术：移动终端技术、移动通信技术、移动定位技术和移动互联网技术。

9.2.1 移动终端技术

移动终端是移动 GIS 的关键组成部分，是移动 GIS 运行的基础平台，它包括移动硬件平台和移动操作系统两部分。

1. 移动硬件平台

经过多年的发展，移动终端已经由过去功能单一的手持式商务助理，演变成了今天的包括智能手机、平板电脑、车载终端等功能丰富的智能移动终端。移动终端集成了计算、电话、网络和摄像等多种功能，内嵌微处理器，配置大容量的内存，拥有强大的输入/输出模块，集成了无线局域网、无线通信、蜂窝网络、卫星定位系统等，使用移动操作系统，在功能上已不逊于普通的个人计算机。

（1）智能手机。智能手机是最常见的移动终端，据相关数据统计，2022 年全球智能手机已达到 66.48 亿台。智能手机是具有独立的操作系统，独立的运行空间，可以由用户自行安装软件、游戏、导航等第三方服务商提供的应用，并可以通过移动通信网络接入互联网的手机类型的总称。智能手机具有优秀的操作系统、可自由安装各类软件、完全大屏的全触屏式操作感这三大特性。

智能手机的特点如下：

- 具备无线接入互联网的能力：支持 GSM 网络下的 GPRS、CDMA 网络的 CDMA1X 或 3G（WCDMA、CDMA-2000、TD-CDMA）网络，具备高传输速率的 4G（HSPA+、FDD-LTE、TDD-LTE）、5G（5GNR）以及未来的 6G 等移动通信网络。
- 具有 PDA 的功能：包括 PIM（个人信息管理）、日程记事、任务安排、多媒体应用、浏览网页等。
- 具有独立的操作系统：拥有独立的核心处理器（CPU）和内存，可以安装更多的应用程序，使智能手机的功能得到无限扩展。
- 人性化：可以根据个人需要扩展机器功能，升级软件版本，智能识别软件的兼容性，实现与软件市场同步的个性化功能。
- 功能强大：扩展性能强，支持的第三方应用软件多。
- 运行速度快：随着半导体技术的发展，核心处理器（CPU）的性能得到了极大的提升，智能手机的运行速度也越来越快。

（2）平板电脑。平板电脑是一种小型、方便携带的个人计算机，以触摸屏（也称为数位板技术）作为基本的输入设备。触摸屏允许用户通过触控笔或数字笔来进行作业，而不是传统的键盘或鼠标。平板电脑的最大特点是触摸屏和手写识别输入功能，以及强大的手写输入识别、语音识别、手势识别能力，并且具有移动性。

（3）车载终端。车载终端是专门针对汽车特殊运行环境及电气电路特点开发的具有抗高温、抗尘、抗振功能，并能与汽车电子电路相融合的专用汽车信息化产品。车载终端主要实现五大类功能：导航定位、网络功能、信息指示、娱乐功能、安防功能，同时也能实现可视倒车、故障检测等特定功能，并具有强大的可扩展性。

2．移动操作系统

如果移动终端只有硬件平台，没有操作系统的支持，任何移动应用都是空谈。只有在操作系统的完备架构上，移动 GIS 才能顺利运行。现行的智能手机操作系统主要有谷歌的 Android、苹果公司的 iOS 和华为的 HarmonyOS。

（1）安卓系统。安卓（Android）系统是一种基于 Linux 内核（不包含 GNU 组件）的自由及开放源代码的操作系统，主要用于移动设备，如智能手机和平板电脑，由美国谷歌公司和开放手机联盟领导及开发。安卓系统的最大优势是开放性和便于开发，因此，也是目前应用最广泛的移动操作系统。

（2）iOS 系统。iOS 是由苹果公司开发的移动操作系统，是一个类 UNIX 的商业操作系统。相比于安卓系统，iOS 是封闭的，但这并没有影响其使用群体的数量。由于 iOS 的高性能和高安全性，配合苹果手机超前的设计理念，使得其用户群体也相当庞大。

（3）鸿蒙系统。鸿蒙系统（HarmonyOS）是华为公司开发的一款基于微内核、面向 5G 物联网和全场景的分布式操作系统。鸿蒙系统架构的底层集成了 Linux 内核、鸿蒙系统微内核与 LiteOS。鸿蒙系统创造了一个超级虚拟终端互联的世界，用统一的操作系统打通手机、计算机、平板电脑、电视机、工业自动化控制系统、无人驾驶、车机设备、智能可穿戴设备等消费者在全场景生活中接触的多种智能终端，将人、设备、场景有机联系在一起，实现了极速发现、极速连接、硬件互助、资源共享，用合适的设备提供场景体验，实现了真正的万物互联。

鸿蒙系统是与安卓系统、iOS 不一样的操作系统，性能更好、兼容性更强大，能兼容几乎所有的安卓应用。华为公司还为基于安卓生态开发的应用平稳地迁移到鸿蒙系统上做了衔接，支持将安卓系统及应用无缝、快速地迁移到鸿蒙系统上。此外，如果把安卓系统的应用基于鸿蒙系统重新编译，其运行性能将提升超过 60%。由于鸿蒙系统微内核的代码量只有 Linux 宏内核的千分之一，故其受攻击的概率也大幅降低，安全性得到了大幅提升。

9.2.2 移动通信技术

无线网络是移动 GIS 的传输介质，它将移动 GIS 的移动终端和空间信息服务连接起来，为用户随时随地获取基于位置的服务提供可能。移动通信网络的覆盖率、传输速率、服务模式和服务质量都决定着移动 GIS 的推广与应用，是影响移动 GIS 发展的重要因素之一。移动通信技术摆脱了线缆的束缚，使得移动 GIS 随时随地接入互联网成为现实。在无线网络中，接入技术主要分两类：

- 基于移动通信网络的接入技术；
- 基于无线局域网的接入技术，如蓝牙、Wi-Fi 等。

1. 移动通信网络技术

移动通信网络经历过第一代、第二代、第三代和第四代移动通信网络后，目前已经迈入 5G 时代（6G 已进入研究阶段）。但由于 4G 的传输速率能够满足绝大部分的日常需要，因此 4G 仍然是当前使用群体最大的移动通信网络。移动通信网络及其标准如表 9.1 所示。

表 9.1 移动通信网络及其标准

移动通信技术	标　准
2G（第二代移动通信网络）	GSM、CDMA
3G（第三代移动通信网络）	WCDMA、CDMA2000、TD-SCDMA（我国）
4G（第四代移动通信网络，3G 和 WLAN 的结合）	TD-LTE、FDD-LTE
5G（第五代移动通信网络）	5GNR
6G（第六代移动通信网络）	未知

1G：第一代移动通信网络，主要采用模拟和频分多址（FDMA）技术，只能提供语音服务，不支持移动 GIS 应用。

2G：第二代移动通信网络，采用时分多址技术（TDMA），可以传输包括短消息在内的数据信息，传输速率为 8 kbps。在第二代移动通信技术的基础上，又形成了通用分组无线业务（GPRS，2.5G），理论传输速率可达到 171.2 kbps，能够支持移动 GIS 应用，但由于传输速率低，移动 GIS 应用的体验并不好。

3G：第三代移动通信网络，它能提供更高的容量、更快的传输速率及多媒体业务。3G 技术的国际标准主要有 WCDMA、CDMA2000 和 TD-SCDMA，其中 TD-SCDMA 是我国具有自主知识产权的第三代移动通信标准。3G 在理论上可以提供 2 Mbps 的传输速率，能够为用户提供较为流畅的移动 GIS 体验。

4G：第四代移动通信网络，在 2G、3G 的基础上添加了一些新技术，使得移动通信的信号更稳定、传输速率更高、兼容性更好。4G 的静态传输速率理论上可以达到 1 Gbps，高速移动状态下的传输速率可达到 100 Mbps。正是 4G 技术促进了移动 GIS 应用的蓬勃发展和大众普及。

5G：第五代移动通信网络，具有高速率、低时延和大连接特点，传输速率可达 1 Gbps，时延低至 1 ms，用户连接能力达 100 万连接/平方千米。5G 有三大类应用场景，即增强移动宽带（eMBB）、超高可靠低时延通信（uRLLC）和海量机器类通信（mMTC）。5G 是实现万物互联的网络基础设施，它的传输速率和连接能力为基于高精度地图的自动驾驶和大场景的三维移动 GIS 渲染提供了技术支撑。

6G：第六代移动通信网络，目前是一个概念性的移动通信网络，尚处于研究阶段。6G 将是一个地面无线网络与卫星通信网络集成的全连接世界，实现全球无缝覆盖。6G 的传输速率可能达到 5G 的 50 倍，时延缩短到 5G 的 1/10，在峰值传输速率、时延、流量密度、连接数密度、移动性、频谱效率、定位能力等方面远优于 5G。

2. 无线局域网络

无线局域网（Wireless Local Area Networks，WLAN）是在一定的局部范围内，由计算机网络与无线通信技术相结合建立的网络系统，其覆盖范围为几十米到几千米。Wi-Fi 就是典型的无线局域网技术。

3. 无线个人区域网络

无线个人区域网络（Wireless Personal Area Networks，WPAN）通常应用在一个活动半径较小、业务类型丰富、面向特定群体的环境中。与广域网、局域网相比，它的覆盖范围更小，其缺点是速率低、安全性差、性价比低等。蓝牙与红外传输是无线个人区域网络的两种主要应用模式。

4. 宽带卫星通信网络

宽带卫星通信网络是当前卫星通信产业最活跃的领域。宽带卫星通信网络主要分为高轨道高通量卫星通信网络和低轨道宽带卫星通信网络两种。高轨道高通量卫星通信网络因其具备大网络接入带宽和低单位带宽成本的优势，正在得到广泛部署和应用，未来将主要集中于宽带互联网接入、商业航线、石油作业现场的移动通信、云服务、智慧控制和无人机应用等诸多方向。近年来，以低轨道巨型卫星星座为特征的低轨道宽带卫星通信网络呈现蓬勃发展的态势，Starlink、OneWeb、Lightspeed 等的低轨道巨型星座的出现为太空网络提供了全新的选项，通过数千乃至数万颗卫星提供了全球范围的低时延宽带接入。

以星链（Starlink）为例，它将信号直接由地面发射到太空中的卫星，然后在卫星与卫星之间进行传输，最终由地面移动设备接收。可以理解为，星链把基站放到了太空中，它的优势是在偏远的地方也能获得稳定的、高速率的 Web 服务。此外，星链除了能提供全球覆盖的宽带连接，还能提供全球定位功能、天气监测功能、红外预警（导弹跟踪）、空间环境监测、星际间通信等功能。

此外，以宽带卫星通信网络的发展为基础，实现多轨道协同卫星宽带网络也是重点发展方向，这必将进一步增强面向网络运营商、互联网服务提供商和政府的服务，不但可以使单波束覆盖区域容量增至 20 Gbps，还将支持用户终端在高轨道高通量卫星通信网络和低轨道宽带卫星通信网络之间无缝切换。毫无疑问，宽带卫星通信网络技术是目前最先进的无线通信技术之一，具有巨大的发展前景。

9.2.3 移动定位技术

移动 GIS 离不开位置的获取，实时获取移动目标的位置信息，并提供 LBS 是移动 GIS 的核心应用。不论专业移动 GIS 应用中基于位置信息的数据采集、查询和分析，还是大众移动 GIS 应用中的 POI 搜索、位置定位导航等，都需要采用移动定位技术来实时获取移动目标的位置信息。

移动定位技术主要有卫星定位、基站定位、Wi-Fi 定位、混合定位、惯性导航定位、射频识别定位、室内导航定位等。

1. 卫星定位技术

卫星定位技术是利用人造地球卫星进行点位测量的技术。全球卫星导航系统（Global Navigation Satellite System，GNSS）是能够对位于地球表面或近地空间任何地点的用户提供全天候的三维坐标、速度以及时间信息的空基无线电导航定位系统。目前，全球四大卫星导航系统供应商包括中国的北斗卫星导航系统（BDS）、美国的全球定位系统（GPS）、俄罗斯的格洛纳斯卫星导航系统（GLONASS）和欧盟的伽利略卫星导航系统（GALILEO）。GPS 是世界上第一个全球卫星导航系统；BDS 是我国自主建设运营的全球卫星导航系统，可为全球用户提供全天候、全天时、高精度的定位、导航和授时服务。

卫星定位技术的优点是具有采集数据快，可全天候作业和单人作业，无须考虑视距条件，可以进行远距离、大范围的测量，且定位精度高，误差在 10 m 左右。在配合实时差分修正的情况下，精度可以达到分米级。甚至厘米级。卫星定位技术的缺点是受天顶方向遮盖影响极大，不能在室内、隧道内等作业。

2. 基站定位技术

早期的基站定位，是由网络侧获取用户当前所在的基站信息以确定用户当前位置的，定位精度取决于移动基站分布及覆盖范围，普遍较低。后来发展成基于蜂窝网络的三角运算定位技术，如根据手机接收到不同基站发出的信号到达该手机的时间差来计算用户所在的位置。

基站定位技术的优点是：

- 通过手机等移动终端进行定位，比较方便。
- 只要获取并计算三个及以上信号的差异，就可以利用三角公式估计等算法计算出手机所在的位置。
- 只要手机处于移动通信网络的有效覆盖范围内，就可以随时进行定位，而且不受天气、高楼、位置等的影响。

基站定位技术的缺点是：

- 依赖于基站信号，如果没有基站信号或者基站不足，就无法定位。
- 定位精度较低，误差通常在几十米到几千米不等。

3. Wi-Fi 定位技术

每一个无线AP（路由器）都有一个全球唯一的MAC地址，并且无线AP通常在一段时间内是不会移动的。设备在开启Wi-Fi时，即可扫描并收集周围的无线AP信号，无论是否加密、是否已连接，甚至信号强度不足以显示在无线信号列表中，都可以获取无线AP广播出来的MAC地址。设备将这些能够标识无线AP的数据发送到位置服务器，位置服务器检索出每一个无线AP的地理位置，并结合每个无线AP信号的强弱，可计算出设备的地理位置并返回到用户设备。

Wi-Fi定位技术的优点：

- 定位精度较高，Wi-Fi密集人流多的地方相当精确，可以达到米级。
- 定位速度快。
- 即使连不上周围的Wi-Fi也能定位。

Wi-Fi定位技术的缺点是：

- 依赖于Wi-Fi，设备没有开启Wi-Fi就不能定位。
- 设备必须处于联网状态。
- 需要密集部署无线AP。

4. 混合定位技术

混合定位是指综合利用卫星定位、基站定位和Wi-Fi定位等技术进行混合定位，弥补它们在不同环境下的不足，从而提高定位的速度和准确性。

5. 惯性导航定位技术

惯性导航（Inertial Navigation）定位技术是通过测量移动物体的加速度，并自动进行积分运算，获得物体的瞬时速度和瞬时位置数据的技术。惯性导航定位技术是自动驾驶的核心技术之一，通常与卫星定位技术组合使用，可方便准确地获取用户的实时位置信息。我们经常使用的地图App导航功能，当进入隧道、涵洞时通常无法获取卫星定位信号，此时惯性导航定位技术可以帮助我们计算准确的实时位置。

6. 射频识别（RFID）定位技术

RFID是一种通过交变磁场或电磁场耦合的无线通信方式，属于自动识别技术的范畴。通过RFID技术，可在不与被跟踪目标直接接触的条件下完成定位。将标签附着在被跟踪目标的表面，通过不同位置的感知器观测到的信号强度变化，即可进行非接触式的双向数据交换，从而定位被跟踪目标。

RFID定位系统包含天线、电子标签、射频读写器和计算机数据库。RFID定位可采用RSSI场景识别、TOA、TDOA、AOA等方式，具有成本低、功耗小、响应快、非接触、非视距、信号抗干扰能力强、不容易造成信息泄露等特点。因此，RFID定位技术在安全、管理、生产、物流等领域比较受欢迎。但由于RFID定位的作用范围小，要达到较高的精度就需要提高读写器的部署密度，难度较高，因此，不适合实时跟踪定位。

7. 室内导航定位技术

室内导航定位是指通过Wi-Fi、蓝牙、RFID、UWB（超宽带）、航迹推算等定位方式计算人和物体在室内的实时位置。室内导航定位技术主要包括无线信号交叉、指纹数据和航迹推算等技术，其主要应用方向为大型公共场所的室内定位与导航。虽然室内导航定位技术早已成熟，但由于存在开启频度很低、线下维护工作量很大、商业模式模糊等问题，一直没有得到大面积的推广使用。

8. 智能手机定位技术

智能手机定位是通过基站、Wi-Fi、GPS、AGPS 来进行定位的。智能手机中的 Location Manager 对象实现了对定位功能的封装。Android 手机获取定位的过程是：当运行 App 时，智能手机监听 GPS 或网络，检索网络位置服务，若检索出新的位置信息，则抛弃前面捕捉的 GPS 信息，接收到新的基站信号后，立刻获取新的 Wi-Fi 定位，抛弃基站信号，最终给予用户最新最佳的位置信息。

9. Geolocation 技术

Geolocation 是 HTML5 提出的综合应用当前各种定位手段（通常包括 IP、GPS、Wi-Fi、基站等）获取用户浏览器所在设备位置的一组开发 API。Geolocation 既支持获取一次位置，也支持连续获取多次位置以实现对移动终端的连续跟踪，因此基于 HTML5 的 Web 页面和移动 Web 页面均可通过该 API 获取用户设备位置。不过，由于获取用户位置数据会泄露隐私，除非用户同意，否则 Geolocation 是不可用的。单次获取位置的 API 为 navigator.geolocation.getCurrentPosition，连续获取多次位置的 API 为 navigator.geolocation.watchPosition，具体参数和用法请参考相关资料。

9.2.4 移动互联网技术

移动互联网是移动通信技术和互联网融合的产物，它继承了移动通信的随时、随地、随身优势和互联网的开放、分享、互动优势，是一个以宽带 IP 为技术核心的、可同时提供数据、图片、音频、视频等服务的新一代开放的电信基础网络，由运营商提供无线接入，互联网企业提供各种成熟的应用。移动互联网技术支持用户通过移动终端和高速的移动通信网络，在移动状态下随时访问互联网以获取信息，使用包括位置服务、浏览服务和下载服务等在内的各种 Web 服务。

1. 与无线互联网的区别

一般来说，移动互联网并不完全等同于无线互联网。移动互联网强调使用移动通信网络接入互联网，常指智能手机通过移动通信网络接入互联网并使用互联网服务；而无线互联网强调接入互联网的方式是无线接入，除了移动通信网络，还包括各种无线接入技术，如 Wi-Fi 等。

2. 移动互联网关键技术

移动互联网自身的移动特性，决定了传统互联网的路由协议与理论不能胜任移动互联网数据传输的要求。传统路由协议的基础以最长前缀匹配为原则，一旦运动主体发生位置变化，IP 包就会出现投递错误。因此，移动互联网协议需要具备更高的处理能力，不仅要对子网络的动态拓扑路由进行管理，还要对主机的运动进行处理。移动互联网通过代理技术、隧道技术和移动 IP 技术等，实现了在运动中对互联网的高效切换和稳定连接。

移动互联网的关键技术主要包含以下几个方面：

（1）移动性管理。移动互联网支持全球漫游，移动性管理是移动互联网中最具挑战性的技术之一，包含位置管理、切换管理。位置管理使得移动互联网能够对移动终端进行定位及传递呼叫，并在移动过程中保持连接。切换管理解决了移动终端在同一个小区内或不同小区之间的信道切换问题，涉及的技术包括同一网络内的水平切换和不同网络间的垂直切换等。对移动性的支持需要通过不同层的协议来实现，考虑到网络层采用的是 IP 协议，因此对 IP 协议进行移动性管理有助于实现异构网络中的各种移动性管理。在移动 IPv6 中引入扩展的 IP 协议后，移动互联网可以对单一移动终端和子网进行移动性管理，并且在移动过程中支持移动终端和子网的快速切换，以及统一网络内的移动性管理。

（2）IP 协议的透明性。网络层使用的是 IP 协议，对底层技术不构成影响。移动 IP 协议的作用是支持移动终端的移动性，且能保证移动终端在子网间的移动过程中不改变原来的地址，以及对 IP 层之上协议的透明性。移动 IP 协议是对移动互联网中移动终端进行定位的策略。在进行通信时，移动终端的 IP 地址和端口号保持不变，而移动终端在通信期间可能会在不同子网间移动，当移动终端移动到新的子网时，就要改变其 IP 地址，否则就不能接入这个新的子网。通过移动 IP 协议，当移动终端移动到新的子网时无须改变其 IP 地址，也可以接入新的子网。

（3）多种接入方式。允许移动终端采用多种接入方式。

（4）安全性和服务质量保证。提供网络安全、信息安全和用户服务质量保证。

（5）寻址与定位。保证各用户（移动终端）通信地址的唯一性，能够实现全球定位，提供与位置相关的服务等。

总之，移动互联网的发展，保障了移动 GIS 能在移动过程中获得稳定的、高速的网络接入服务，从而为移动 GIS 的发展插上了互联网的翅膀，使其发展得更快，应用范围更广。有了移动互联网，我们就可以随时随地实现移动 GIS 和服务器的数据同步、共享移动终端彼此间的位置信息、获取实时的交通路网拥堵情况等，为我们的工作和生活带来极大的便利。

9.3 移动 GIS 的开发基础

移动 GIS 已在公众、企业和政府等用户群体中得到了广泛的应用，移动 GIS 应用开发人员如雨后春笋般地增加，从业者甚众，为各行各业提供了很多好用的移动 GIS 软件。本节简要介绍移动 GIS 开发的相关基础知识，为将来的移动 GIS 开发工作打下基础。

9.3.1　移动 GIS 的开发模式

移动 GIS 的开发模式主要有三种：原生应用开发模式、Web 开发模式和混合开发模式。

1. 原生应用开发模式

原生应用开发模式是指基于移动操作系统原生 SDK 进行开发的模式。在原生应用开发模式下，移动 GIS 的开发和运行都和平台紧密相关，开发人员必须根据不同的移动平台选择不同的开发工具和框架。目前，几乎所有主流 GIS 厂商提供的移动 GIS 平台都是基于这种模式进行开发的，面向不同的移动平台提供不同的移动 GIS 开发包，这里面既有技术发展的历史原因，也有性能考虑等因素。

原生应用开发模式的优势是能很好地调用系统 API，利用平台特性，程序运行速度快，用户交互流畅，在效率和性能上能达到最优。其缺点是需要掌握不同的开发技术，面向不同的移动平台开发多个版本的移动 GIS 软件，应用的可移植性差，界面适配复杂，代码无法复用，大大增加了开发难度，提高了开发、测试和维护的成本。

当前主流的移动操作系统有 Android 系统、iOS 和 HarmonyOS 三种。如果采用原生应用开发模式，那么至少需要开发一套 Android 系统的和一套 iOS 的软件版本（得益于 HarmonyOS 具备强大的 Android 应用兼容性，否则就需要开发三套软件版本），这对企业的人力成本来说是巨大的考验。

2. Web 开发模式

基于 HTML5 等 Web 开发技术开发的移动终端浏览器具有解译的功能。Web 开发模式是指利用移动终端的浏览器和 Web 技术的标准化，将移动 GIS 功能以 Web 页面的形式呈献给用户。同时，为了适配不同屏幕分辨率的移动终端，研发人员通过一些优化处理（如媒体查询等），就可以在不同的移动终端上将移动 GIS 功能以相似的方式展示出来。

Web 开发模式通常会借助移动 Web 框架来实现，如 jQuery Mobile、Cordova（即早期的 PhoneGap）、React Native、Weex 等，国内很多功能相对简单的移动 GIS 应用多采用 Web 开发模式。

虽然 Web 开发模式比较便捷，能较好地实现代码复用，降低开发成本和缩短开发周期，但不论 HTML5 页面在浏览器上展示的性能瓶颈，还是上述移动 Web 框架在访问硬件时涉及的复杂跨桥调用等问题，都导致 GIS 平台性能相较原生应用开发模式有一定的差距，而且在功能、外观和用户操作体验方面也欠佳，往往存在响应速度慢、交互性较差等问题。另外，直接调用网页也无法满足移动终端的适配问题，美观性较差。对于移动终端硬件（如摄像头、GPS 定位等）的访问，Web 开发模式也比较困难，要么单独处理，要么有很多无法跨越的技术障碍。

3. 混合开发模式

混合开发模式是指采用多种方式相结合的开发模式，常见的混合开发模式包括 C/C++加原生、Web 加原生等开发方式。

C/C++加原生的混合模式一般是通过 C/C++封装 GIS 底层功能，并编译面向不同移动平台的 SDK（如安卓端的 so 库等），表现层则通过各移动平台的 API 来实现。

Web 加原生的混合模式是一种在综合运用原生开发语言与 WebApp 开发语言的开发模式，主要采用的是原生应用内嵌 WebView 控件的方式进行 HTML5 页面渲染。对性能要求较高或需要访问硬件的功能，一般是通过原生应用接口直接访问或者通过 JavaScript API 桥接访问移动设备底层的原生应用模块来实现，其他相对简单的前端查询展示功能则通过 Web 方式实现。

混合开发模式继承了原生应用开发模式丰富的移动设备功能与良好的用户体验，以及 Web 开发模式开发周期短、成本低、代码可复用的优点，开发周期与技术难度也处在两种模式之间。混合开发模式的优点是在兼顾移动 GIS 功能的同时，能复用部分代码，在一定程度上降低了代码开发和维护的成本。但从开发的角度来看，并非完全的跨平台方案，无法真正做到代码一次开发，多处运行，开发和维护成本相对还较高，且基于 Web 方式实现的功能从视觉感受和操作体验来讲都有欠缺。

9.3.2　跨平台移动 GIS 开发框架

通过 9.3.1 节的内容可知，混合开发模式通常采用一些成熟的移动 Web 框架，大体可以实现跨平台的移动 GIS 功能。但也要注意，目前几个常用的移动 Web 框架，在面对移动 GIS 这种专业技术程度高、对性能要求也较高的应用时，实现的效果不尽如人意。那么，有没有一种框架既能支持跨平台，又能满足高性能的要求呢？答案是肯定的，这就是谷歌于 2018 年推出的 Flutter 框架。

Flutter 是谷歌推出的跨平台、开源移动端 UI 框架，它允许开发者通过编写一套代码来开发界面优美且性能卓越的 iOS 和 Android 应用，是谷歌未来全新的 Fuchsia 操作系统的默认开发平台。Flutter 拥有基于 C/C++的 Skia 渲染引擎，配合 Dart VM 与 libtxt，实现了原生级别的用户体验。相比于 React Native、Cordova 等移动 Web 框架，Flutter 不需要额外的 JavaScript API 桥接访问移动设备底层，因而性能更好、UI 渲染更流畅。另外，Flutter 使用了类似 React Native、SwiftUI 的基于状态管理的声明式开发方式，提供支持热重载的 JIT 与高性能的 AOT 两种运行方式，为开发者提供了极大的便利。

目前国内基于 Flutter 开发的 App 越来越多，Flutter 的跨平台特性受到越来越多开发者的追捧。到 2020 年，Flutter 开发者人数就已经超过了 React Native。Flutter 无疑是目前最适合做跨平台移动 GIS 软件开发的工具，且国内已有 GIS 厂商展开了相关探索，如 ZGIS Mobile 就是一款基于 Flutter 框架开发的、具有跨平台特性的移动 GIS，且在多个行业积累了大量的跨平台移动 GIS 应用开发案例。

9.3.3　离线地图方案

移动 GIS 的出现，使用户可以在现场以数字化的形式采集和存储数据，但有时因为数据对保密性和安全性的要求较高，使得这类应用的数据通常采用离线数据包的方式。

离线地图包的最常用格式为 MBTiles。MBTiles 是一种存储地图切片的规范，可大大提高海量地图切片的读取速度，比通过切片文件方式的读取要快很多，适用于 Android 系统、iOS 等智能手机的离线地图存储。

对于覆盖面积大的纯蓝色海洋或其他纯色的空地等区域，地图切片会造成大量的冗余数据。例如，地图中一张处于太平洋中间位置的第 3 级蓝色图片，在第 16 级时可能存在数以百万计的蓝色图片，它们完全一样。而 MBTiles 通过视图，就可以重复使用冗余的地图切片，从而大大减少了地图切片占用的空间。

MBTiles 格式的地图切片是通过 Metadata 元数据表、Map 数据表、Image 数据表和 Tile 视图一起管理地图切片的。

1. Metadata 元数据表

Metadata 元数据表是采用键-值对的形式来存储地图切片的相关设置的，包含两个文本类型的字段，即 name 和 value。部分 Metadata 元数据表如表 9.2 所示。

表 9.2　部分 Metadata 元数据表

name	value
bounds	121.2849、29.0916、121.4813、29.6875

续表

minzoom	12
maxzoom	16
name	shenhaigaosu
description	shenhaigaosu
version	1.0.0

2. Map 数据表

Map 数据表包含了用于定位地图切片的行列号和切片 ID，其结构如表 9.3 所示。

表 9.3 Map 数据表的结构

字 段 名	类 型
zoom_level	integer
tile_column	integer
tile_row	integer
tile_id	text

3. Images 数据表

Images 数据表用于存储地图切片，包含切片 ID 和切片数据（二进制数据类型），其结构如表 9.4 所示。

表 9.4 Images 数据表的结构

字 段 名	类 型
tile_id	text
tile_data	blob

4. Tile 视图

Tile 视图是基于 Map 数据表和 Images 数据表生成的，包括所有的地图切片和用于定位地图切片的一些值，地图切片索引表的结构如表 9.5 所示。MBTiles 通过拆分地图切片索引和地图切片原始图像的存储，使用视图的方式来关联二者，这样成千上万的地图切片索引就可以指向同一个地图切片图像，从而大大减少纯色地图切片的冗余存储，如地图中像海洋或者空旷的土地等区域，提升磁盘利用率以及地图切片检索效率。

表 9.5 地图切片索引表的结构

<table>
<tr><th>字 段 名</th><th>创 建 语 句</th></tr>
<tr><td>zoom_level</td><td rowspan="4">CREATE VIEW tiles AS SELECT
map.zoom_level as zoom_level,
map.tile_column as tile_column,
map.tile_row as tile_row,
images.tile_data as tile_data
FROM map JOIN images on
images.tile_id = map.tile_id;</td></tr>
<tr><td>tile_column</td></tr>
<tr><td>tile_row</td></tr>
<tr><td>tile_data</td></tr>
</table>

9.3.4　常用的移动 GIS 开发平台

目前常见的移动 GIS 开发平台，除了传统 GIS 厂商（如 MapGIS 的 MapGIS Mobile、SuperMap 的 SuperMap iMobile、ESRI 的 ArcGIS Mobile、MapInfo 的 MapXMobile、MapBox 的 Mobile、ZGIS Mobile 等）的移动 GIS 开发平台，一些互联网厂商也提供了强大的互联网移动 GIS 开发平台，如高德地图 App 及 SDK、百度地图 App 及 SDK、腾讯地图 App 及 SDK 等。

移动 GIS 开发者可以根据自己的实际情况，选择对应的开发平台。上述厂家的官网中都有对应的 SDK 下载链接和使用说明，有非常详尽的集成和调用步骤，以及实现常用 GIS 功能的代码示例，非常方便。开发者仅需下载并集成移动 GIS 开发平台提供的二次开发 SDK，获得相应的授权后（如购买许可或者申请开发者 Key），参照示例代码调用对应的 API，即可进行移动 GIS 的开发，如集成地图视图、覆盖物图层叠加展示、POI 搜索定位、路线规划导航、矢量图层绘制编辑和自定义的扩展功能等。这里就不再一一赘述了，请感兴趣的读者自行查阅相关资料。

9.4 移动 GIS 展望

本节将对移动 GIS 的发展趋势和展望、移动 GIS 面临的挑战和问题进行阐述。

9.4.1　移动 GIS 的发展趋势

目前移动 GIS 基于二维空间信息的应用已日臻成熟，并广泛应用于各行各业和人们的日常生活中。伴随着无线通信技术、互联网技术、移动定位技术的飞速发展，以及物联网、大数据、云计算、AR、VR、AI 等新兴技术的快速崛起，移动 GIS 必将向着全空间立体化、精准化和智能化的方向发展。

1．全空间立体化

随着二维导航应用的普及，人们对移动 GIS 的空间展现能力提出了更高的要求，GIS 厂商也都尝试三维场景的展现，目前大部分以简单场景或以模拟场景为主，渲染效果和性能欠佳。但随着移动硬件、5G、VR、AR 等技术的发展，真三维终将在移动 GIS 应用中大放异彩，数字孪生地图、数字孪生战场等终将发挥巨大的作用。

2．精准化

5G、6G 甚至更高级别通信技术、高精度定位技术、传感器和物联网技术、大数据技术和星链技术等一系列先进技术的发展，必将支持移动 GIS 向着精准化的方向发展，使得移动 GIS 能为各种行业提供高精度和高准确度的服务。典型的例子是近几年发展起来的自动驾驶技术。自动驾驶需要高精度电子地图导航功能的辅助才能完成，高精度电子地图可以包含道路形状、道路标记、交通标志和障碍物等更丰富、更精细的地图元素，同时，其表达的空间位置和关系更精准。

此外，移动 GIS 在机场、港口等存在大量需要监管的车辆和无动力设备等活动目标的业务场景中，通过构建以雷达为核心的空地雷达网、视频网、物联网等协同感知网络，采用 GNSS 差分定位与惯导导航定位的融合技术，实现复杂环境条件下机场飞行区状态、性能、主体行为等信息的立体化综合实时精准感知，解决当前飞行区运行管控中监测不准、环境不清、态势不明等问题。

3. 智能化

近年来，随着物联网的泛在化发展以及 5G 的部署，边缘计算的热度持续上升。就应用场景来看，边缘计算主要致力于为应用降低时延，适合物联网、车联网、AR/VR 等多种应用场景。在智能物联网时代，移动 GIS 可以部署在集成有雷达、摄像头等传感器的各种移动无人值守设备上，在 5G 等高速无线网络的支持下，实时地将空间信息自动采集到移动终端，并传输到最近的边缘计算设备上进行智能处理和分析，平衡移动终端算力和边缘设备算力，从而提高系统性能。

此外，在基础空间数据与统一时空参考框架的基础上，综合运用无人机/车/船等平台、多源传感器、实时感知定位技术、5G、大数据、智能计算与决策技术，自主获取空间环境中的照片、视频、点云、温湿度等几何或物理信息，进行实时感知与建图、提取感兴趣的目标信息，将现实世界映射到数字世界中，以时空可视化的方式实时、动态地呈现工作现场空间环境，并根据业务需求智能化、标准化地完成作业任务。

由此可见，随着移动终端相关技术的不断出现和跨越式发展，移动 GIS 必将以更加智能化、精准化和立体化的方式展现空间信息和应用空间信息，为人类的工作和生活带来更加便利、更加智能的 GIS 服务。

9.4.2 移动 GIS 面临的挑战

移动通信技术已经迈入 5G 时代，移动终端的硬件水平和移动互联网技术迅猛发展，这些都极大地促进了移动 GIS 的发展，使得移动 GIS 早已深入到各行各业和人们的日常生活中。虽然移动 GIS 应用突飞猛进，但移动 GIS 的发展同样也面临着一些挑战。

1. 硬件技术问题

虽然移动 GIS 早已无处不在，但目前的主要功能仍是围绕空间位置信息的查询展示、简单的编辑和分析等，不具备复杂的数据处理等专业 GIS 的功能，因此暂时还无法与桌面 GIS 产品相比。主要的原因是，移动终端在硬件技术上与 PC 尚有较大差距。以核心处理器为例，手机 CPU 的构架主要是基于 ARM 架构设计的，采用精简指令系统（RISC），而 PC 中的 CPU 采用的是 X86、X64 等架构，采用的是复杂指令系统（CISC），采用 ARM 架构的 CPU 运算能力要远远低于 PC 中 CPU 的运算能力。例如，在相同主频下，PC 中的 CPU 要比手机中的 CPU 的运算能力高几十到几百倍，因此在处理大量矢量数据时，移动 GIS 的渲染和分析性能要远低于桌面 GIS。

2. 软件技术攻关

移动 GIS 要实现全空间立体化、精准化和智能化，需要有机地融合 AR、VR、大数据、云计算、AI 等一系列前沿技术，并针对移动终端的特性开展技术攻关，研发相应的功能算法。其中包含了庞大的工作量和巨大的技术难度，需要大量的 GIS 研发人员为之持续努力。

3．网络覆盖度问题

虽然移动通信技术已进入 5G 时代，数据传输速率也非常快，但 5G 网络覆盖并不均匀，覆盖度不够，因此移动终端的高速传输网络并不稳定，这决定了需要共享的 GIS 数据库目前并不适合放到手机端。即便 GIS 数据库在云服务器上，如果不能保证稳定的高速传输网络，想实现强大的移动 GIS 功能也不现实。因此，高速稳定的移动通信网络，是实现移动 GIS 强大功能的基础保障。

4．位置隐私问题

随着移动 GIS 的广泛应用，尤其是它能实时收集用户的位置信息和运动轨迹，因此，随之而来的是越来越多的人开始注意到自己的位置隐私问题。当我们在使用这些 App 时，网络提供商或软件开发商可能已经将你的位置信息有意无意地泄露出去了。而这些信息包含着你的日常作息时间，以及你经常去的地方，这就可能为一些不法分子留下可乘之机。当然，随着时代的进步，目前我国民法典已明确规定 App 不得非法收集和泄露用户的个人信息等，但这并不能完全杜绝位置信息泄露事件的发生。

5．安全问题

无线通信系统主要依靠电磁波来完成数据的传输和共享，而电磁波传输具有一定的开放性和快捷性，这使接入无线通信系统的限制性变小，链路的保密性缺失，很容易对使用者的用户数据信息造成损害，因此提升无线通信系统的安全性至关重要。

6．北斗定位问题

目前，我国的北斗定位导航系统的定位精度在民用方面已经优于 GPS，但主流的手机操作系统尚未提供像获取 GPS 坐标一样获取北斗定位坐标的 API，这对北斗民用定位的普及造成了制约。

第 10 章
三维 WebGIS

本章简要介绍三维 WebGIS 概念、起源和发展，对比常用的三维 WebGIS 引擎，基于 Cesium 技术提供三维 WebGIS 开发案例。

10.1 三维 WebGIS 概述

三维 WebGIS 是指能对区域空间内的对象进行三维描述、分析的 WebGIS。三维 WebGIS 凭借其空间信息展示更为直观、多维度空间分析功能更加强大的优势，实现了跨业务、跨终端的应用，提升了对地理信息的共享和利用效率。

目前，主流的 GIS 软件对地球表面数据进行采集、管理和分析处理还是基于桌面端或者二维平面的。GIS 处理的是与地球有关的数据，实际中它研究的对象都是三维的，如地质、水文、矿产、灾害、污染等。在 GIS 中，三维 GIS 与二维 GIS 的基本要求是相似的，但在数据采集、数据模型、数据结构、系统维护和界面设计等方面，三维 GIS 比二维 GIS 更丰富和复杂。目前 GIS 提供一些简单的三维显示和操作功能，这与真三维表示和分析还有很大差距。真正的三维 WebGIS 必须支持真三维的矢量数据模型和栅格数据模型，支持以数据模型为基础的三维空间数据库，在此基础上对三维数据进行空间操作和空间分析。

10.2 三维 WebGIS 的起源和发展

10.2.1 三维 GIS 的兴起

与二维 GIS 相比，三维 GIS 更接近人的视觉习惯，更加真实，同时三维 GIS 能提供更多信息，表现更多空间关系。2005 年，谷歌地球（Google Earth）的发布，使得三维 GIS 受到业界的广泛关注，在全球范围掀起一股三维虚拟地球热潮，三维虚拟地球可视化软件开始大量涌现。基于三维可视化软件，各应用单位建立了大量的三维可视化应用系统。由于三维可视化效果比二维更加真实，所以三维可视化应用系统很快得到了业界的青睐。短短几年时间，业界开始不满足于“面子工程”或“花架子”的三维可视化效果，并对三维 GIS 的实用性产生怀疑，三维 GIS 的发展陷入困境，三维 GIS 的实用性成为 GIS 发展急需解决的问题。

10.2.2 二三维一体化 GIS

二三维一体化 GIS 技术的提出解决了早期二维 GIS、三维 GIS 相互分离，以及三维 GIS 的实用性问题。通过对接物联网设备、智慧城市运行体征大数据，以及各行业领域数据，WebGIS 实现了三维模型的快速构建、大小场景的可视化展示和专业的二三维一体化分析功能。

随着 GIS 技术的发展，二三维一体化应用系统大量涌现，出现了一批具备二三维一体化 GIS 管理能力和全空间三维建模及可视化能力的产品，它们具有全新的三维渲染引擎和面向行业的多种自动建模技术，实现了地上建筑物模型、地表综合管线模型、地下地质体结构模型的快速创建；并且兼容主流的三维建模软件，支持 Web 端、移动端和桌面端的多端融合应用；提供二三维一体化实时联动、专题展示、业务分析能力，实现多维度、全空间的二三维一体化智能管理、分析和辅助决策，广泛应用于智慧城市、自然资源、地质矿产、农业、水利、环保等领域。

10.2.3 Web3D 技术的国内外发展现状

Web3D 技术是随着计算机建模技术和互联网通信技术的不断发展而产生的，它诞生之初的目的是实现 Web 端的虚拟现实可视化表达。1994 年 3 月，虚拟现实建模语言（Virtual Reality Modeling Language，VRML）技术在日内瓦召开的第一届国际万维网（WWW）大会上被正式提出。同年 10 月，在芝加哥举办的第二届国际万维网（WWW）大会发布了 VRML 1.0 草案。1996 年 8 月，规范的 VRML 2.0 在新奥尔良召开的优秀三维图形技术会议 Siggraph'96 上被正式公布使用。受限于当时的浏览器承载能力，VRML 2.0 的源文件代码基本无法在浏览器上运行，并且由于当时的网络环境相对简陋，VRML 所需的模型贴图文件数据需要长时间的加载等待，因此当时并没有得到大面积的推广使用。随着我国计算机技术的不断进步，国内也涌现出了一批优秀的三维软件，如 VRPIE、Converse3D、WebMax 等。在 2010 年上海世界博览会上，WebMax 作为国内第一款 Web3D 发明专利软件被指定为唯一使用的 Web3D 技术。每个厂商开发的技术标准都需要自身插件的支持，这制约了传统 Web3D 的发展。

近些年随着计算机技术的不断发展，一种新的 Web3D 技术——WebGL 得到了越来越多的关注。WebGL 是 Khronos 于 2009 年 8 月提出的一种新的 3D 渲染协议，通过 JavaScript 和 OpenGL ES 2.0 进行渲染，利用自身二次封装的 API，在 Web 端调用 GPU 进行加速渲染。借助 WebGL 开发的可视化应用系统，解决了三维软件厂商自身插件的限制，开发人员可以根据相应的逻辑规则使用基本的 JavaScript 代码实现三维模型的加载渲染和系统功能需求，开发的系统可以在浏览器端使用。由于 WebGL 技术是通过统一的、标准的、跨平台的 OpenGL 接口调用 GPU 进行模型加速渲染的，因此具有良好的扩展性和兼容性。

随着 WebGL 的发展越来越迅速，它的一些问题也逐渐暴露出来了，如开发语言过于复杂、对计算机图形学功底要求较高等，因此类似于 Cesium.js、Three.js、Babylon.js 等在 WebGL 基础上进行二次封装的可视化引擎应用得越来越广泛。目前，许多国内外专业的三维可视化团队都在对这些第三方引擎进行研究利用。

纵观 Web3D 发展的路程，WebGL 技术解决了一些关键的问题：一是解除了如 Unity3D、

Java3D、SliverLight 等厂商自主插件的限制；二是通过开源的 OpenGL 接口协议，调用设备本身的 GPU 进行大范围的三维实景模型加速渲染。WebGL 技术具有跨平台、开源以及易构建等优势，为三维 WebGIS 的发展提供了平台。

10.2.4　三维 WebGIS 的国内外发展现状

由于传统的二维 WebGIS 不能完整地反映三维世界信息，因此越来越多的专家学者将目光转向了 Web3D 技术与 GIS 相结合而成的三维 WebGIS。这些三维 WebGIS 大都是借助 WebGL 技术解除桌面端三维插件的限制，其中应用较为广泛的 WebGL 渲染引擎以 Cesium.js、Three.js 为主，国内外很多专家学者也基于这些新技术开发了各自专业领域的三维 WebGIS。

一方面，一直制约三维 GIS 发展的海量数据获取及处理等关键因素得到了解决。由于激光雷达、高分辨率卫星、机载航空摄影测量等多源数据获取技术的发展，数据获取成本逐渐降低，数据获取和处理的效率大大提高。此外，从软/硬件到数据库一体化管理技术、多维数据的集成应用与动态可视化技术、海量数据发布等已得到较全面的研究和实践。这些都为三维 GIS 的行业应用提供了保障。随着研究的逐步深入，海量地形信息的组织和调度问题得到有效的解决，三维空间分析功能也逐步得到实现，构建大范围乃至全球范围的三维 GIS 成为可能。网络技术、通信技术的发展，以及面向服务思想的蔓延，使得趋于成熟的三维 GIS 走入服务化时代，三维地理信息用户不再需要拥有海量的三维地理数据和自己开发三维地理信息功能。

另一方面，对二维地理信息而言，由于其描述的客观世界是丰富多彩、千姿百态的三维空间实体，而二维空间的表达形式与三维现实世界之间有着不可逾越的鸿沟。从形式上看，二维地理空间使用抽象的地图语言表示现实地形和空间要素，对于大多数不具备专业地图学知识的用户来说，是不便于理解和接受的。正因如此，地理领域的学者一直致力于现实世界的立体表达，试图寻找一种既能符合人们生理习惯，又能恢复真实世界的表示方法。以地形的表示为例，先后出现过写景法、地貌晕渲法、分层设色法等地图表示方法，以增强立体效果。但这些表示方法由于缺乏严密的数学基础，以及绘制复杂等缺陷，使其应用受到很大的限制。因此，当构建具有高度真实感和可量测性的三维地理模型成为可能时，人们便会迫不及待地将它运用到地理信息所涉及的领域。于是，在地理 Web 服务诞生并飞速发展后，人们对 Web 服务中的地理信息提出了更高的要求。获取三维地理信息，突破空间信息在二维平面中单调展示的束缚，为信息展示和空间分析提供更好的途径，为各行各业提供更直观的辅助决策支持，逐渐成为地理信息用户的主要需求。

10.3　三维 WebGIS 引擎

10.3.1　Cesium

Cesium 的框架是一种类似于金字塔形状的层级架构模型，从底层到顶层一共有四个级别：

（1）核心层（Core）：融合了整个 Cesium 系统平台底层的函数与协议库，包含数学与逻辑运算代码，以及各种相关标准协议与规范。

（2）渲染器层（Render）：包含了图像模型渲染所需的所有功能函数，如裁剪、拼贴、纹理映射等。利用渲染器层的函数可以快速方便地根据空间地理数据的特征及其用户需求进行图像模型的修改与渲染。与渲染器层向对应的 Shader 着色器是 WebGL 利用 GPU 图像渲染加速能力进行高效率的图像模型渲染时将数据传送到 GPU 的 API。

（3）场景层（Scene）：在前两层的基础上展示模型及其影像数据，主要包含了三维地球模型及其加载的模型影像数据，以及各种调配接口和设置按钮等，模型影像数据包括倾斜摄影数据、遥感影像数据、空间地物属性数据等。

（4）数据层（DataSources）：提供了前端实体（包含点、线、面、球等）的渲染接口，是绘制三维模型地球表面实体的工具。Widgets 是 Cesium 中内置的功能插件，具有视图选择、全屏展示、数据选择、时间等功能。

Cesium 作为一个开源 WebGIS 框架，目前还存在很多问题，如网络传输速率低、渲染效率低、支持的模型影像数据格式少、缺少对常用格式的支持等。但是，在数字地球领域，Cesium 具有其他 WebGIS 框架所不具备的天生优势，如原生的三维地球模型、支持在线切换地球影像、偏向数字地球的应用等。

10.3.2 Three.js

Three.js 是一款优秀的三维引擎，它能够在浏览器中创建包括正交和透视投影相机、动画、几何体、光影线条在内的各种对象以及各种三维场景，并且提供三维交互功能，帮助完成 WebGL 实现过程中前期复杂烦琐的工作，如生成模型顶点坐标数据、生成各种类型的矩阵数据、生成顶点着色器、根据预设好的材质信息生成片元着色器等。相比于复杂的底层 WebGL 开发来说，开发者可以在 Three.js 的辅助下只通过构建场景的基本要素来完成整个三维可视化页面的组建，如配置场景、透视投影相机、光源效果、渲染器设置等。Three.js 场景基本元素的构成过程如下：

（1）通过 Three.Scene 方法创建一个场景实例。可以将场景理解为存放各种三维模型的容器，Three.js 三维页面的基本组成元素包括 Scene（场景）、Camera（相机）和 Render（渲染器）。

（2）对场景灯光进行设置。Three.js 提供了多个灯光对象来模拟现实环境的反射现象，常用的有 AmbientLight（环境光）、PointLight（点光源）、SpotLight（聚光灯）、DirectinalLight（平行光），主要是通过环境光和平行光模拟自然光效果的。

（3）对场景相机进行设置。Three.js 提供的最主要的场景相机是正交投影相机与透视投影相机，透视投影相机具有近大远小的效果，更符合真实的观察效果。

（4）完成基本场景构建后，选取合适的渲染器对整个页面场景进行渲染，渲染完成后用户就可以通过 WebRender 在前端页面中进行浏览操作。

（5）在上述过程完成基础场景搭建后，为了完成整个三维场景的构建，还需要在场景内添加一些三维模型。在实际的项目应用中，一般通过三维软件构建的三维模型作为基础场景，将通过代码生成简单几何体模型作为数据的实体对象模型，这些对象模型是二维数据在三维空间内的可视化表达。Three.js 提供了许多模型加载器对三维模型进行加载渲染，用来应对各种不同类型的三维模型文件格式，以常用的 Maya、3ds Max、Blender 等软件导出的 JSON、OBJ、FBX 等文件格式为主。

10.3.3 Cesium 和 Three.js 的对比

Cesium 和 Three.js 都是当下流行的 WebGL 开源引擎，它们各有优劣，开发者可根据具体需求选择合适的引擎。

（1）在引擎库文件数据量上，通过查询两种三维渲染引擎的源文件可知，Cesium 的源文件数据量约为 3 MB，而 Three.js 的数据量约为 1 MB。对于浏览器来说，数据量相对较小的 Three.js 渲染页面的时间相对会更短，可缩短用户等待加载时间。

（2）在数据可视化效果上，Cesium 主要针对基于地球的大场景，在此基础上提供如飞行模拟、雷达扫描、漫游等动画效果，缺少对数据进行可视化效果的构造函数。Three.js 包含了许多实用的内置对象，可以选取合适的对象构造函数，将数据转换为三维空间内的实体对象，更适合小场景的应用。

（3）在系统响应时间上，Web3D 页面的响应时间主要取决于三维模型的渲染速度和接口返回数据的加载速度。相比于 Three.js，Cesium.js 除了需要渲染三维模型和加载接口返回的数据，还需要额外加载自身的三维地球模型、地面高程数据等，因此在系统响应时间上，Three.js 构建的网页用时更短、响应速度更快。

（4）在用户操作事件上。WebGL 技术本身并不提供拾取（Picking）功能，Three.js 提供了通过鼠标拾取三维空间内对象的函数，使得开发人员可以在系统中添加事件交互功能。除此之外，Three.js 还支持使用 Canvas2D、CSS3D 和 SVG 进行渲染，可以为对象模型提供三维标签来展示当前对象信息。Cesium 中的拾取情况比较复杂，开发更为复杂。

10.4 Cesium 开发入门

10.4.1 建立第一个 Cesium 应用程序

1. Cesium 源码结构

在 Cesium 的官方网站可以下载最新版的 Cesium，下载完之后进行解压。压缩包内容，即 Cesium 1.104 的文件结构如图 10.1 所示（本书采用的是 Cesium 1.104）。

Cesium 1.104 的主要内容包括：

（1）CHANGES.md：保存的是 Cesium 每个版本的变更记录以及功能修复日志。

（2）gulpfile.js：记录 Cesium 的所有打包流程，包括 GLSL（OpenGL 着色语言）语法的转义、压缩和未压缩库文件的打包、API 文档的生成，以及自动化单元测试等。

（3）index.html：Web 导航首页，解压缩文件直接部署服务器后的入口。

（4）package.json：包的依赖管理文件，包括包的名称、版本号、描述、官网 URL、作者、程序的主入口文件、开发环境和生产环境依赖包列表，以及执行脚本等。

（5）README.md：项目的入门手册，介绍整个项目的使用、功能等。

（6）server.js：Cesium 内置的 Node.js 服务器文件，该文件是命令 npm run start 以及 npm run startPublic 实际上执行的文件。

名称			类型	日期
Apps			文件夹	2023-02-16 18:39
Build			文件夹	
packages			文件夹	
Source			文件夹	2023-04-03 16:25
Specs			文件夹	2023-04-03 16:23
ThirdParty			文件夹	2022-07-25 16:52
.eslintignore	1 KB	1 KB	ESLINTIGNORE 文件	2023-02-16 18:39
.eslintrc.json	1 KB	1 KB	JSON 源文件	2023-02-17 17:59
.prettierignore	1 KB	1 KB	PRETTIERIGNORE ...	2023-02-16 18:39
build.js	36.2 KB	8.9 KB	JavaScript 源文件	2023-03-30 17:50
CHANGES.md	450.3 KB	118.1 KB	Markdown 源文件	2023-04-03 16:18
favicon.ico	48.2 KB	16.8 KB	ICO 图片文件	2022-06-15 08:42
gulpfile.js	65.8 KB	15.9 KB	JavaScript 源文件	2023-03-30 17:50
index.cjs	1 KB	1 KB	JavaScript 源文件	2022-07-25 16:52
index.html	5.2 KB	1.7 KB	Chrome HTML Doc...	2022-06-15 08:42
LICENSE.md	63.2 KB	13.5 KB	Markdown 源文件	2022-06-15 08:42
package.json	4.4 KB	1.5 KB	JSON 源文件	2023-04-03 16:25
README.md	3.7 KB	1.7 KB	Markdown 源文件	2023-03-28 16:29
server.js	15.3 KB	4.3 KB	JavaScript 源文件	2023-03-28 16:29
web.config	2.6 KB	1 KB	Configuration 源文...	2022-06-15 08:42

图 10.1　Cesium 1.104 的文件结构

（7）Apps 文件夹。

- CesiumViewer：一个简单的 Cesium 初始化示例。
- SampleData：所有示例代码用到的数据，包括 JSON、GeoJSON、TopoJSON、KML、CZML、GLTF、3DTiles 和图片等。
- Sandcastle：Ceisum 的示例程序代码。
- TimelineDemo：时间轴示例代码。

（8）Build 文件夹。

- Cesium：打包后的 Ceisum 库文件（压缩后）。
- CesiumUnminified：打包后的 Cesium 库文件（未压缩），引用该文件可方便开发人员进行调试，找到程序异常或报错的具体代码位置。
- Documentation：打包之后的 API 文档。

（9）Source 文件夹：Source 文件夹中的文件是 Cesium 的核心文件，包含所有类的源码和自定义 Shader（渲染）源码。

（10）Specs 文件夹：保存的是自动化单元测试，Cesium 采用了单元测试 Jasmine 框架，可以实现接口的自动化测试以及接口覆盖率等统计效果。

（11）ThirdParty 文件夹：保存的是 Cesium 功能及单元测试所依赖的外部第三方库，如代码编辑器 CodeMirror、单元测试框架库 Jasmine、JavaScript 语法和风格的检查工具 Jshint 等。

2. Script 标签引入方式开发

在 HTML 文件中引用 Cesium 的方法比较简单，新建项目后将 Build 文件夹下 Cesium 文件夹复制到项目中，在 HTML 文件引用 JS 和 CSS 文件即可。关键代码如下：

```
<!DOCTYPE html>
<head>
    <title>Hello World</title>
    <script src="./Cesium/Cesium.js"></script>
    <link href="./Cesium/Widgets/widgets.css" rel="stylesheet" />
    <style>
        html,
```

```
        body,
        #cesiumContainer {
            width: 100%;
            height: 100%;
            margin: 0;
            padding: 0;
            overflow: hidden;
        }
</style>
</head>
<body>
    <div id="cesiumContainer"></div>
    <script>
        let viewer = new Cesium.Viewer("cesiumContainer")
</script>
</body>
```

3．Node.js 开发

这里以 Vue CLI 搭建环境为例进行介绍。Node.js 的开发需要提前安装 Vue 脚手架，创建相应项目（参考 6.5.1 节）。工程创建好之后，首先通过“npm install cesium”命令安装依赖模块，等待 Cesium 包安装完成即可；然后配置 vue.config.js。通过“npm i webpack copy-webpack-plugin --dev”命令可配置 vue.config.js。如果使用的是 webpack5，则需要通过“npm i node-polyfill-webpack-plugin --dev”命令来手动引入 polyfill。vue.config.js 中的关键代码如下：

```
const { defineConfig } = require("@vue/cli-service")
const CopyWebpackPlugin = require("copy-webpack-plugin")
const webpack = require("webpack")
const path = require("path")

let cesiumSource = './node_modules/cesium/Source'
let cesiumWorkers = './node_modules/cesium/Build/Cesium/Workers'
const NodePolyfillPlugin = require('node-polyfill-webpack-plugin')
module.exports = defineConfig({
    ...
    plugins: [
        new CopyWebpackPlugin({patterns: [{ from: path.join(cesiumSource, cesiumWorkers),
                                        to: "Workers" }]}),
        new CopyWebpackPlugin({patterns: [{ from: path.join(cesiumSource, "Assets"), to: "Assets" }]}),
        new CopyWebpackPlugin({patterns: [{ from: path.join(cesiumSource, "Widgets"),
                                        to: "Widgets" }]}),
        new CopyWebpackPlugin({patterns: [{ from: path.join(cesiumSource, "ThirdParty/Workers"),
                                        to: "ThirdParty/Workers"}]}),
        new webpack.DefinePlugin({CESIUM_BASE_URL: JSON.stringify("./")}),
        new NodePolyfillPlugin()
    ],
})
```

在 components 文件夹下面新建组件，关键代码如下：

```
<template>
    <div id="mycesium"></div>
</template>
<script>
    import * as Cesium from "../../node_modules/cesium"
    import "../../node_modules/cesium/Build/Cesium/Widgets/widgets.css"
    export default {
        mounted() {
            new Cesium.Viewer("mycesium")
        }
    }
</script>
```

在 App.vue 文件引用创建的组件即可，也可通过路由方式加载。关键代码如下：

```
<template>
    <cesiumdemo/>
</template>
<script>
import cesiumdemo from './components/view.vue'
export default {
    name: 'App',
    components: {
        cesiumdemo
    }
}
</script>
```

到目前为止，所有环境都已搭建好，通过“yarn dev/ npm run dev”命令即可执行 Cesium。第一个 Cesium 程序的运行效果如图 10.2 所示。

图 10.2 第一个 Cesium 程序的运行效果

10.4.2 Cesium 的常用功能

1. 加载地形

三维地形是描述地球表面及其特征的曲面模型，可以直观测量或查询任意特征点的平面坐标和高程，该模型能够真实地反映地表特征和地表现象。Cesium 支持渐进流式加载和渲染全球高精度地形，并且包含海、湖、河等水面效果。相对于二维地图，山峰、山谷等地形的特征更适宜在三维地球中展示。

地形数据集是巨大的，通常都是 GB 或者 TB 级的。在普通的三维引擎中，使用底层图形 API 来高效实现地形数据的可视化需要做很多事情。Cesium 提供了 TerrainProvider 类来简化该操作。TerrainProvider 负责构建每一个切片对应的地形数据，定义了一套 TerrainProvider 接口和规范，大多数 TerrainProvider 使用 REST 类型的接口来请求切片。不同的 TerrainProvider 在请求方式和地形数据的组织上会有所不同。以下是 Cesium 支持的 TerrainProvider。

（1）Cesium 标准全球地形：提供高分辨率的全球地形数据，支持地形光照和水流效果，由 CesiumTerrainProvider 接口调用。

CesiumTerrainProvider 支持两种 Cesium 标准地形格式，一种是高度图（已废弃）；另一种是 TIN 网格的 STK 地形。STK 地形服务是通过 QuantizedMeshTerrainData 封装的 STK 地形数据格式，其优点是支持水面和法线，同时数据量比较小。CesiumTerrainProvider 子类的示例代码如下：

```
let terrainProvider = new Cesium.CesiumTerrainProvider({
    url: Cesium.IonResource.fromAssetId(...),
    requestWaterMask: true,                 // 请求水体效果所需要的海岸线数据
    requestVertexNormals: true,             // 请求地形照明数据
})
viewer.terrainProvider = terrainProvider
```

（2）ArcGIS 地形：从 ESRI 影像服务器中的高度图产生的地形数据集，由 ArcGISTiledElevationTerrainProvider 接口调用。

ArcGIS 的地形是一个真实的（凹凸的）高度图，不支持法线、水面，每一个切片都会根据 ArcGIS 规范请求一张图片，图片中的像素对应的值就是该像素对应的高度。ArcGISTiledElevationTerrainProvider 的示例代码如下：

```
let terrainProvider = new Cesium.ArcGISTiledElevationTerrainProvider({
    url: "https://elevation3d.arcgis.com/arcgis/rest/services/WorldElevation3D/Terrain3D/ImageServer",
    token: "...",
})
viewer.terrainProvider = terrainProvider
```

（3）VR-TheWorld 地形：从 VR-TheWorld 服务器中的高度图产生的地形数据，托管服务器中有全球 90 m 的数据，包括深度测量，由 VRTheWorldTerrainProvider 接口调用。VRTheWorldTerrainProvider 的示例代码如下：

```
let terrainProvider = new Cesium.VRTheWorldTerrainProvider({
    url: "https://www.vr-theworld.com/vr-theworld/tiles1.0.0/73/"
})
viewer.terrainProvider = terrainProvider
```

（4）Cesium 零米地形：Cesium 默认的 TerrainProvider 是一个光滑的椭球面，没有实际的地形，地形高度为 0，由 EllipsoidTerrainProvider 接口调用。

EllipsoidTerrainProvider 是 Cesium 默认采用的 TerrainProvider，不支持水面，没有法线，所以即使开启光照也对切片无效。但它提供了一个全球范围内高度为 0 的地形，不需要额外的地形文件。对于没有网络环境、网络环境不理想或不需要地形的应用，EllipsoidTerrainProvider 提供了最简单的、无须额外负担的地形数据。Cesium 默认的地形效果如图 10.3 所示。EllipsoidTerrainProvider 的示例代码如下：

```
let ellipsoidProvider = new Cesium.EllipsoidTerrainProvider()
viewer.terrainProvider = ellipsoidProvider
```

图 10.3 Cesium 默认的地形效果

2. 加载地图服务

Cesium 提供了 ImageryLayer 类、ImageryLayerCollection 类，以及相关的 ImageryProvider 类来加载不同的地图影像图层。虽然 Cesium 把此类图层称为 Imagery，但并不是特指卫星影像数据，还包括一些互联网地图、TMS、WMS、WMTS、单个图片等。

ImageryLayerCollection 类是 ImageryLayer 类对象的容器，它可以装载多个 ImageryLayer 或 ImageryProvider 对象，其内部放置的 ImageryLayer 或 ImageryProvider 对象是有序的。ImageryLayer 类用于表示 Cesium 中的影像图层，需要 ImageryProvider 类为其提供丰富的地理空间信息和属性信息，ImageryProvider 类及其子类封装了加载各种影像图层的方法。ImageryLayer 类可设置影像图层相关属性，如透明度、亮度、对比度、色调等。

Cesium 影像效果如图 10.4 所示。

图 10.4 Cesium 影像效果

Cesium 常用的影像方法有如下 14 种：

（1）ArcGisMapServerImageryProvider：支持 ArcGIS Online 和 Server 的相关服务。示例代码如下：

```
let arcgisProvider = new Cesium.ArcGisMapServerImageryProvider({
    url: "https://services.arcgisonline.com/ArcGIS/rest/services/World_Imagery/MapServer"
})
imageryLayers.addImageryProvider(arcgisProvider)
```

（2）BingMapsImageryProvider：必应地图影像，可以指定 mapStyle，详见 BingMapsStyle 类。示例代码如下：

```
let bingMapProvider = new Cesium.BingMapsImageryProvider({
    url : 'https://dev.virtualearth.net',
    key: "...",
    mapStyle: Cesium.BingMapsStyle.AERIAL,
})
imageryLayers.addImageryProvider(bingMapProvider)
```

（3）GoogleEarthEnterpriseImageryProvider：使用 Google Earth 企业版的 REST API 提供切片图像，可与 Google Earth 企业版的 3D Earth API 一起使用。加载 Google Earth 的切片影像需要借助 VPN。示例代码如下：

```
let geeMetadata = new Cesium.GoogleEarthEnterpriseMetadata("http://www.earthenterprise.org/3d")
let googleEarthProvider = new Cesium.GoogleEarthEnterpriseImageryProvider({
    Metadata: geeMetadata
})
imageryLayers.addImageryProvider(googleEarthProvider)
```

（4）GridImageryProvider：展示内部渲染网格划分情况，了解每个切片的精细度，便于调试地形和图像渲染问题。示例代码如下：

```
let gridImagery = new Cesium.GridImageryProvider()
let gridImageryLayer = viewer.imageryLayers.addImageryProvider(gridImagery)
```

（5）IonImageryProvider：Cesium Ion 在线服务，默认全局基础图像图层。示例代码如下：

```
imageryLayers.addImageryProvider(new Cesium.IonImageryProvider({ assetId: ...}))
```

（6）MapboxImageryProvider：Mapbox 影像服务，根据 mapId 指定地图风格。示例代码如下：

```
imageryLayers.addImageryProvider(
    new Cesium.MapboxImageryProvider({
        mapId: "mapbox.satellite",
        accessToken: "...",
    })
)
```

（7）MapboxStyleImageryProvider：Mapbox 影像服务，根据 styleId 指定地图风格。示例代码如下：

```
imageryLayers.addImageryProvider(
    new Cesium.MapboxStyleImageryProvider({
        styleId:  "streets-v11",
        accessToken: "...",
```

```
    })
)
```

（8）OpenStreetMapImageryProvider：OpenStreetMap（OSM）影像服务，根据不同的 url 选择不同的风格。示例代码如下：

```
let osm = new Cesium.OpenStreetMapImageryProvider({
    url: "https://a.tile.openstreetmap.org/",
    minimumLevel: 0,
    maximumLevel: 18,
    fileExtension: "png",
})
imageryLayers.addImageryProvider(osm)
```

（9）SingleTileImageryProvider：单张图片的影像服务，适合离线数据或对影像数据要求并不高的场景。示例代码如下：

```
let imagelayer = new Cesium.SingleTileImageryProvider({
    url: "./images/worldimage.jpg",
})
imageryLayers.addImageryProvider(imagelayer)
```

（10）TileCoordinatesImageryProvider（开发调试）：展示内部渲染网格切片划分情况，包括网格切片等级，以及切片的 X 序号和 Y 序号，便于调试地形和图像渲染问题。示例代码如下：

```
let tileCoordinates = new Cesium.TileCoordinatesImageryProvider()
let tileCoordinatesLayer = viewer.imageryLayers.addImageryProvider(tileCoordinates)
```

（11）TileMapServiceImageryProvider：访问切片的 REST 接口，切片被转换为 MapTiler 或 GDAL2Tiles。示例代码如下：

```
let imagelayer = new Cesium.TileMapServiceImageryProvider({
    url: "//cesiumjs.org/tilesets/imagery/blackmarble",
    maximumLevel: 8,
})
imageryLayers.addImageryProvider(imagelayer)
```

（12）UrlTemplateImageryProvider：指定 url 的 format 模板，方便用户实现自己的 Provider。例如，国内的高德、腾讯等影像服务，它们都有固定的 url 规范，都可以通过对应的 Provider 轻松实现想要的功能。OSM 也使用该方法，以下是使用 XYZ 方式加载 OSM 影像服务的示例代码：

```
let osmImageryProvider = new Cesium.UrlTemplateImageryProvider({
    url: "http://{s}.tile.openstreetmap.org/{z}/{x}/{y}.png",
    subdomains: ["a", "b", "c"],
})
imageryLayers.addImageryProvider(osmImageryProvider)
```

（13）WebMapServiceImageryProvider：符合 WMS 规范的影像服务都可通过该方法实现。示例代码如下：

```
let provider = new Cesium.WebMapServiceImageryProvider({
    url: "https://sampleserver1.arcgisonline.com/ArcGIS/services/Specialty/ESRI_StatesCitiesRivers_USA
    /MapServer/WMSServer",
    layers: "0",
    proxy: new Cesium.DefaultProxy('/proxy/')
})
imageryLayers.addImageryProvider(provider)
```

（14）WebMapTileServiceImageryProvider：服务 WMTS 1.0.0 规范的影像服务，都可以通过该方法实现，如天地图。示例代码如下：

```
let shadedRelief1 = new Cesium.WebMapTileServiceImageryProvider({
    url: 'http://basemap.nationalmap.gov/arcgis/rest/services/USGSShadedReliefOnly/MapServer/WMTS'
    layer: 'USGSShadedReliefOnly',
    style: 'default',
    format: 'image/jpeg',
    tileMatrixSetID: 'default028mm',
    maximumLevel: 19,
    credit: new Cesium.Credit（'U. S. Geological Survey'）
})
viewer.imageryLayers.addImageryProvider(shadedRelief1)
```

3. 加载空间数据

Cesium 在空间数据可视化方面提供了两类 API，一类是面向图形开发人员的原始 API，通过 Primitive 类实现，称为 Primitive API；另一类是用于数据驱动的高级（实体）API，通过 Entity 类实现，称为 Entity API。相对于 Primitive API，Entity API 实现起来更简单一些。Entity API 实际上是对 Primitive API 的二次封装，底层调用的仍然是 Primitive API，目的是提供灵活、易学、易用的高性能可视化界面。

下面以 Entity API 为例，给出了 14 种图形数据的效果和实现代码。

（1）广告牌（billboard）：效果如图 10.5 所示，实现代码如下。

```
viewer.entities.add({
    name: "billboard",
    position: Cesium.Cartesian3.fromDegrees(114.61104, 30.46015, 500),
    billboard: {
        image:"img.png",
    },
});
```

图 10.5　广告牌的效果

（2）盒子（box）：效果如图 10.6 所示，实现代码如下。

```
viewer.entities.add({
    name: "box",
    position: Cesium.Cartesian3.fromDegrees(114.61104, 30.46015, 300000.0),
    box: {
        show: true,
        // Cartesian3 类型，指定盒子的长、宽、高
        dimensions: new Cesium.Cartesian3(400000.0, 300000.0, 500000.0),
        // 指定盒子高度是相对高度还是绝对高度。NONE 表示绝对位置；
        // CLAMP_TO_GROUND 表示固定在地形表面；RELATIVE_TO_GROUND 表示地形上方
        heightReference: Cesium.HeightReference.NONE,
        fill: true,
        material: Cesium.Color.RED.withAlpha(0.5),
        outline: true,
        outlineColor: Cesium.Color.BLACK,
        outlineWidth: 1.0,
        // 默认为 Cesium.ShadowMode.DISABLED，DISABLED 表示对象不投射或接收阴影，
        // ENABLED 表示对象投射并接收阴影，CAST_ONLY 表示对象仅投射阴影，
        // RECEIVE_ONLY 表示对象仅接收阴影。
        shadows: Cesium.ShadowMode.DISABLED,
    },
});
```

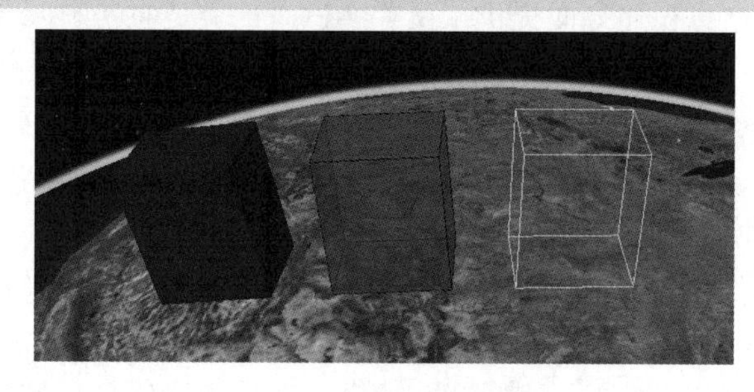

图 10.6　盒子的效果

（3）走廊（corridor）：效果如图 10.7 所示，实现代码如下。

```
viewer.entities.add({
    name: "corridor",
    corridor: {
        // 指定走廊中心线位置的数组
        positions: Cesium.Cartesian3.fromDegreesArray([-80.0,40.0,-85.0,40.0,-85.0,35.0]),
        width: 200000.0,
        height: 200000.0,
        heightReference: Cesium.HeightReference.NONE,
        extrudedHeight: 100000.0,
        extrudedHeightReference: Cesium.HeightReference.NONE,
        // 拐角的样式，默认为 CornerType.ROUNDED。ROUNDED 表示角有光滑的边缘，
        // MITERED 表示拐角点是相邻边的交点，BEVELED 表示角被修剪
        cornerType: Cesium.CornerType.ROUNDED,
```

```
        // 每个纬度和经度之间的距离
        granularity: Cesium.Math.RADIANS_PER_DEGREE,
        fill: true,
        material: Cesium.Color.BLUE.withAlpha(0.5),
        // height or extrudedHeight，需要设置 outlines
        outline: true,
        outlineColor: Cesium.Color.WHITE,
        outlineWidth: 1.0,
        shadows: Cesium.ShadowMode.DISABLED,
        // 默认为 ClassificationType.BOTH。TERRAIN 表示仅对地形进行分类，
        // CESIUM_3D_TILE 表示仅对 3DTiles 进行分类，
        // BOTH 表示同时对 Terrain 和 3DTiles 进行分类
        classificationType: Cesium.ClassificationType.BOTH,
    },
});
```

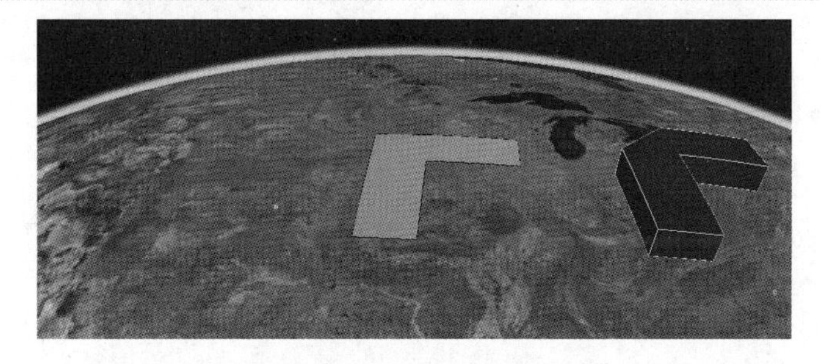

图 10.7　走廊的效果

（4）圆柱、圆锥（cylinder）：效果如图 10.8 所示，实现代码如下。

```
viewer.entities.add({
    name: "cylinder",
    position: Cesium.Cartesian3.fromDegrees(125.61104, 36.46015, 200000.0),
    cylinder: {
        length: 400000.0,                    // 圆柱体长度
        topRadius: 200000.0,                 // 圆柱体顶部半径
        bottomRadius: 200000.0,              // 圆柱体底部半径
        heightReference: Cesium.HeightReference.NONE,
        fill: true,
        material: Cesium.Color.GREEN.withAlpha(0.5),
        outline: true,
        outlineColor: Cesium.Color.DARK_GREEN,
        outlineWidth: 1.0,
        numberOfVerticalLines: 16,           // 沿轮廓周长绘制的垂直线数量
        shadows: Cesium.ShadowMode.DISABLED,
        slices: 128,                         // 圆柱周围的边缘数量
    },
});
```

图 10.8 圆柱、圆锥的效果

（5）椭圆（ellipse）：效果如图 10.9 所示，实现代码如下。

```
viewer.entities.add({
    name: "Ellipses",
    position: Cesium.Cartesian3.fromDegrees(113.61104, 20.46015, 100000.0),
    ellipse: {
        show: true,
        semiMajorAxis: 300000.0,                          // 长半轴距离
        semiMinorAxis: 150000.0,                          // 短半轴距离
        height: 20000.0,
        heightReference: Cesium.HeightReference.NONE,
        extrudedHeight: 20000.0,
        extrudedHeightReference: Cesium.HeightReference.NONE,
        // rotation: Cesium.Math.toRadians(45),           // 旋转
        stRotation: 0.0,                                  // 纹理从北方逆时针旋转
        granularity: Cesium.Math.RADIANS_PER_DEGREE,      // 椭圆上各点之间的角距离
        material: Cesium.Color.BLUE.withAlpha(0.5),
        fill: true,
        outline: true,
        outlineColor: Cesium.Color.DARK_GREEN,
        outlineWidth: 1.0,
        numberOfVerticalLines: 16,                        // 沿轮廓的周长绘制的垂直线数量
        shadows: Cesium.ShadowMode.DISABLED,
        // 默认为 ClassificationType.BOTH，TERRAIN 表示仅对地形进行分类，
        // CESIUM_3D_TILE 表示仅对 3DTiles 进行分类，
        // BOTH 表示同时对 Terrain 和 3DTiles 进行分类。
        classificationType: Cesium.ClassificationType.BOTH,
    },
});
```

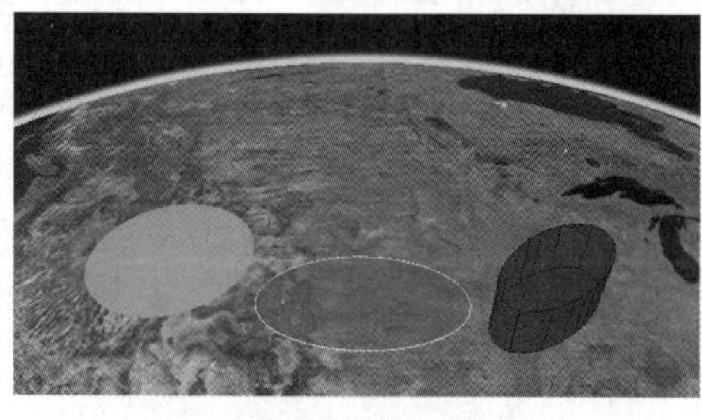

图 10.9 椭圆的效果

（6）椭球体（ellipsoid）：效果如图 10.10 所示，实现代码如下。

```
viewer.entities.add({
    name: "Ellipsoids",
    position: Cesium.Cartesian3.fromDegrees(128.61104, 26.46015, 300000.0),
    ellipsoid: {
        show: true,
        radii: new Cesium.Cartesian3(200000.0, 200000.0, 300000.0),      // 椭球体半径
        // innerRadii: new Cesium.Cartesian3(0.0, 0.0, 0.0),             // 椭球体内部半径
        minimumClock: 0.0,                                               // 最小时钟角度
        maximumClock: 2 * Math.PI,                                       // 最大时钟角度
        minimumCone: 0.0,                                                // 最小圆锥角
        maximumCone: Math.PI,                                            // 最大圆锥角
        heightReference: Cesium.HeightReference.NONE,
        fill: true,
        material: Cesium.Color.BLUE.withAlpha(0.5),
        outline: true,
        outlineColor: Cesium.Color.YELLOW,
        outlineWidth: 1.0,
        stackPartitions: 64,                                             // 沿纬度线切割的次数
        slicePartitions: 64,                                             // 沿经度线切割的次数
        subdivisions: 128,                           // 每个轮廓环的样本数，确定曲率的粒度
        shadows: Cesium.ShadowMode.DISABLED,
    },
});
```

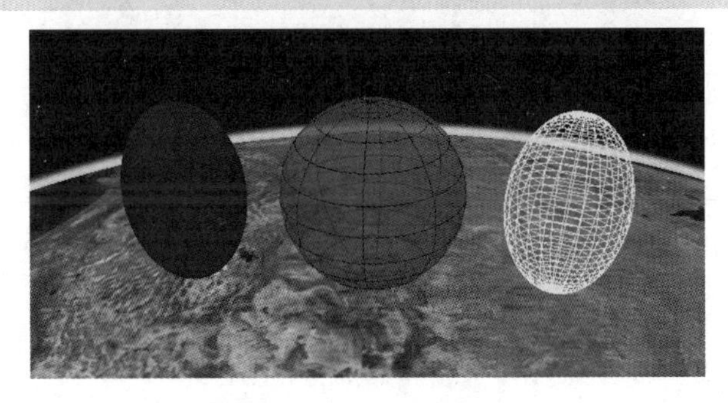

图 10.10　椭球体的效果

（7）标签（label）：效果如图 10.11 所示，实现代码如下。

```
viewer.entities.add({
    name: "label",
    position: Cesium.Cartesian3.fromDegrees(124.61104, 51.46015, 300000.0 ),
    label: {
        show: true,
        text: "label Test ",
        font: "24px Helvetica",
        // FILL 表示填充，OUTLINE 表示只显示边框，
        // FILL_AND_OUTLINE 表示既有填充又有边框
        style: Cesium.LabelStyle.FILL_AND_OUTLINE,
```

```
            scale: 1.0,
            showBackground: true,
            backgroundColor: Cesium.Color.BLUE,
            backgroundPadding: new Cesium.Cartesian2(7, 5),
            pixelOffset: Cesium.Cartesian2.ZERO,
            eyeOffset: Cesium.Cartesian3.ZERO,
            horizontalOrigin: Cesium.HorizontalOrigin.CENTER,
            verticalOrigin: Cesium.VerticalOrigin.CENTER,
            heightReference: Cesium.HeightReference.NONE,
            fillColor: Cesium.Color.SKYBLUE,
            outlineColor: Cesium.Color.BLACK,
            outlineWidth: 2,
            translucencyByDistance: new Cesium.NearFarScalar( 1.0e3,1.0,1.5e6,0.5),
            pixelOffsetScaleByDistance: new Cesium.NearFarScalar(1.0e3,1.0,1.5e6,0.0),
            scaleByDistance: new Cesium.NearFarScalar( 1.0e3, 2.0, 2.0e3, 1.0 ),
            disableDepthTestDistance: Number.POSITIVE_INFINITY,
        },
});
```

图 10.11　label 标签的效果

（8）平面（plane）：效果如图 10.12 所示，实现代码如下。

```
viewer.entities.add({
    name: "plane",
    position: Cesium.Cartesian3.fromDegrees(112.61104, 42.46015, 300000.0),
    plane: {
        show: true,
        plane: new Cesium.Plane(Cesium.Cartesian3.UNIT_X, 0.0),        // 指定平面的法线和距离
        dimensions: new Cesium.Cartesian2(400000.0, 300000.0),         // 指定平面的宽度和高度
        fill: true,
        material: Cesium.Color.BLUE,
        outline: false,
        outlineColor: Cesium.Color.BLACK,
        outlineWidth: 1.0,
        shadows: Cesium.ShadowMode.DISABLED,
    },
});
```

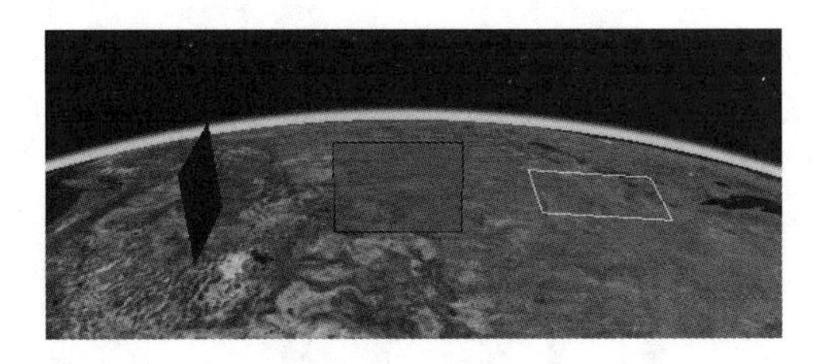

图 10.12　平面的效果

（9）点（point）：效果如图 10.13 所示，实现代码如下。

```
viewer.entities.add({
    position: Cesium.Cartesian3.fromDegrees(102.62104, 35.48015),
    point: {
        show: true,
        pixelSize: 10,                            // 像素大小
        heightReference: Cesium.HeightReference.NONE,
        color: Cesium.Color.YELLOW,
        outlineColor: Cesium.Color.BLACK,
        outlineWidth: 0,
        scaleByDistance: new Cesium.NearFarScalar(1.0e3, 10.0, 2.0e3, 1.0),
        translucencyByDistance: new Cesium.NearFarScalar( 1.0e3, 1.0, 1.5e6, 0.5 ),
        // 获取或设置与相机的距离，为 0 时应用深度测试，
        //为 POSITIVE_INFINITY 时不应用深度测试
        disableDepthTestDistance: Number.POSITIVE_INFINITY,
    },
});
```

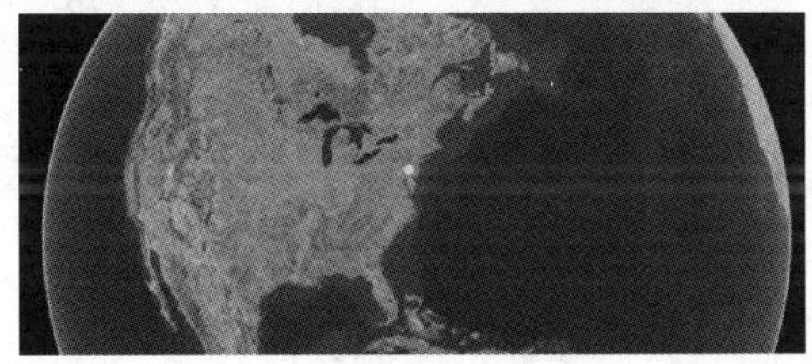

图 10.13　点的效果

（10）多边形（polygon）：效果如图 10.14 所示，实现代码如下。

```
viewer.entities.add({
    name: "polygon",
    polygon: {
        show: true,
        // 指定 PolygonHierarchy
        hierarchy: Cesium.Cartesian3.fromDegreesArray([ -115.0, 37.0, -115.0, 32.0, -107.0,
                                                        33.0, -102.0, 31.0, -102.0, 35.0 ]),
        height: 0,                                // 多边形相对于椭球面的高度
        heightReference: Cesium.HeightReference.NONE,
        // extrudedHeight: 0,                     // 多边形的凸出面相对于椭球面的高度
        // extrudedHeightReference: Cesium.HeightReference.NONE,
        stRotation: 0.0,                          // 多边形纹理旋转
```

```
            // 每个纬度和经度之间的角距离
            granularity: Cesium.Math.RADIANS_PER_DEGREE,
            fill: true,
            material: Cesium.Color.RED,
            outline: false,
            outlineColor: Cesium.Color.BLACK,
            outlineWidth: 1.0,
            perPositionHeight: false,        // 是否使用每个位置的高度
            closeTop: true,                  // 如果为 false，则将挤出的多边形顶部留空
            closeBottom: true,               // 如果为 false，则将多边形的底部保留为开放状态
            arcType: Cesium.ArcType.GEODESIC,     // 多边形边缘必须遵循的线型
            shadows: Cesium.ShadowMode.DISABLED,
            // 默认为 ClassificationType.BOTH，TERRAIN 表示仅对地形进行分类，
            // CESIUM_3D_TILE 表示仅对 3DTiles 进行分类，
            // BOTH 表示同时对 Terrain 和 3DTiles 进行分类
            classificationType: Cesium.ClassificationType.BOTH,
            // 指定地面几何形状的 z 索引，仅在多边形为常数且未指定高度或
            // 拉伸高度的情况下才有效
            zIndex: 0,
        },
});
```

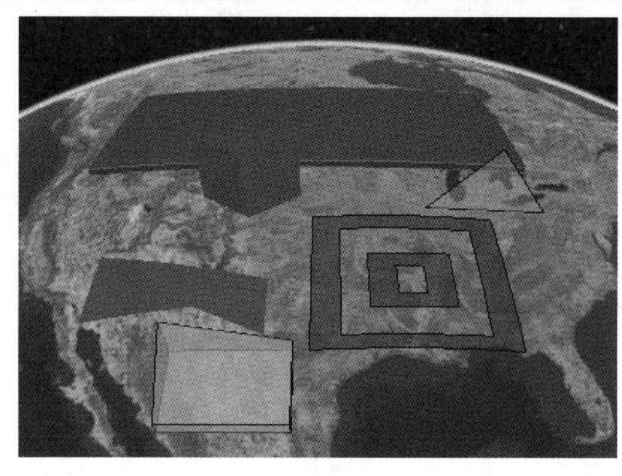

图 10.14　多边形的效果

（11）多线段（polyline）：效果如图 10.15 所示，实现代码如下。

```
viewer.entities.add({
    name: "line",
    polyline: {
        show: true,
        // 定义线条的位置数组
        positions: Cesium.Cartesian3.fromDegreesArray([-75, 35, -125, 35]),
        width: 5,
        // 如果 arcType 不是 ArcType.NONE，则指定每个纬度和经度之间的角距离
        // granularity: Cesium.Math.RADIANS_PER_DEGREE,
        material: Cesium.Color.RED,
        // 线低于地形时用于绘制折线的材质
        // depthFailMaterial: Cesium.Color.WHITE,
```

```
            // 折线必须遵循的线型
            // arcType: Cesium.ArcType.GEODESIC,
            clampToGround: true,                              // 是否贴地
            shadows: Cesium.ShadowMode.DISABLED,              // 折线是投射还是接收光源的阴影
            // 默认为 ClassificationType.BOTH，TERRAIN 表示仅对地形进行分，
            // CESIUM_3D_TILE 表示仅对 3DTiles 进行分类，
            // BOTH 表示同时对 Terrain 和 3DTiles 进行分类
            classificationType: Cesium.ClassificationType.BOTH,
            // 指定地面几何形状的 z 索引，仅在多边形为常数且未指定高度或
            // 拉伸高度的情况下才有效
            type:ConstantProperty
            // zIndex: 0,
        },
});
```

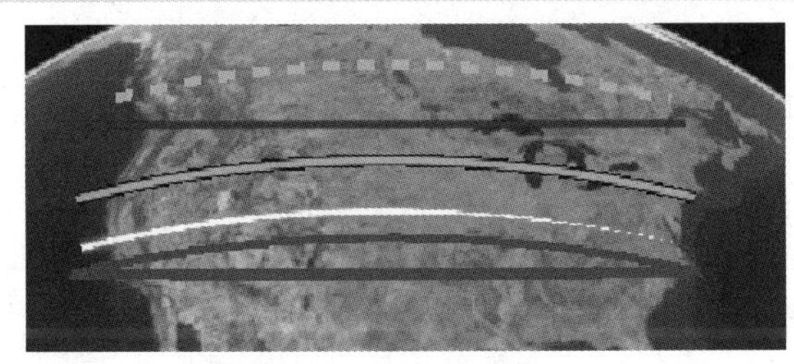

图 10.15　多线段的效果

（12）多线段柱体（polylineVolume）：效果如图 10.16 所示，实现代码如下。

```
viewer.entities.add({
        name: "Red tube with rounded corners",
        polylineVolume: {
            show: true,
            // 定义线带的位置数组
            positions: Cesium.Cartesian3.fromDegreesArray([-85, 32, -85, 36, -89, 36]),
            // 定义了要拉伸的形状
            shape: this.computeCircle(60000.0),
            // 拐角的样式，ROUNDED 表示拐角有光滑的边缘，
            // MITERED 表示拐角点是相邻边的交点，BEVELED 表示拐角被修剪
            cornerType: Cesium.CornerType.ROUNDED,
            // 如果 arcType 不是 ArcType.NONE，则指定每个纬度和经度之间的角距离
            // granularity: Cesium.Math.RADIANS_PER_DEGREE,
            fill: true,
            material: Cesium.Color.RED,
            outline: false,
            outlineColor: Cesium.Color.BLACK,
            outlineWidth: 1.0,
            shadows: Cesium.ShadowMode.DISABLED,              // 体积是投射还是接收光源的阴影
        },
});
```

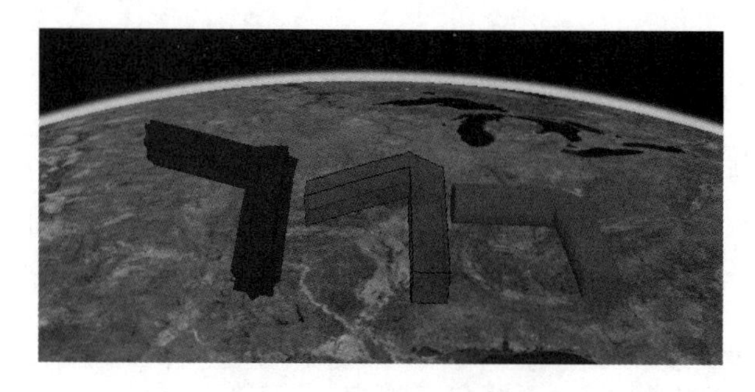

图 10.16　多线段柱体的效果

（13）矩形（rectangle）：效果如图 10.17 所示，实现代码如下。

```
viewer.entities.add({
    name: "rectangle",
    rectangle: {
        show: true,
        coordinates: Cesium.Rectangle.fromDegrees(-110.0, 20.0, -80.0, 25.0),
        // height: 0,                          // 矩形相对于椭球面的高度
        // heightReference: Cesium.HeightReference.NONE,
        // extrudedHeight: 0,                  // 矩形的拉伸面相对于椭球面的高度
        // extrudedHeightReference: Cesium.HeightReference.NONE,
        rotation: 0.0,                         // 矩形从北方按顺时针方向旋转
        stRotation: 0.0,                       // 矩形纹理从北方按逆时针方向旋转
        granularity: Cesium.Math.RADIANS_PER_DEGREE,  // 指定矩形上各点之间的角度距离
        fill: true,
        material: Cesium.Color.RED.withAlpha(0.5),
        outline: false,
        outlineColor: Cesium.Color.BLACK,
        outlineWidth: 1.0,
        shadows: Cesium.ShadowMode.DISABLED,
        // 默认为 ClassificationType.BOTH，TERRAIN 表示仅对地形进行分类，
        // CESIUM_3D_TILE 表示仅对 3DTiles 进行分类，
        // BOTH 表示同时对 Terrain 和 3DTiles 进行分类
        classificationType: Cesium.ClassificationType.BOTH,
        // 指定地面几何形状的 z 索引，仅在多边形为常数且未指定高度或
        // 拉伸高度的情况下才有效
        type:ConstantProperty
        zIndex: 0,
    },
});
```

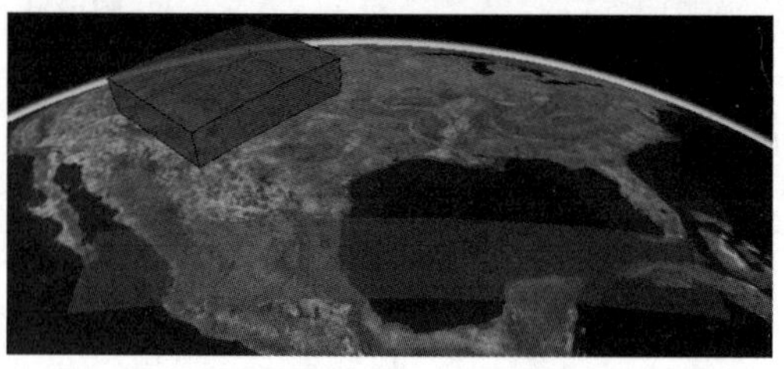

图 10.17　矩形的效果

（14）墙（wall）：效果如图 10.18 所示，实现代码如下。

```
viewer.entities.add({
    name: "wall",
    wall: {
        show: true,
        positions: Cesium.Cartesian3.fromDegreesArrayHeights([-115.0,44.0,200000.0,
                                                               -90.0,44.0,200000.0]),
        // 用于墙底而不是地球表面的高度数组
        minimumHeights: [100000.0, 100000.0],
        // 用于墙顶的高度数组，而不是每个位置的高度
        // maximumHeights: [],
        // 指定矩形上各点之间的角度距离
        granularity: Cesium.Math.RADIANS_PER_DEGREE,
        fill: true,
        material: Cesium.Color.RED,
        outline: false,
        outlineColor: Cesium.Color.BLACK,
        outlineWidth: 1.0,
        shadows: Cesium.ShadowMode.DISABLED,
    },
});
```

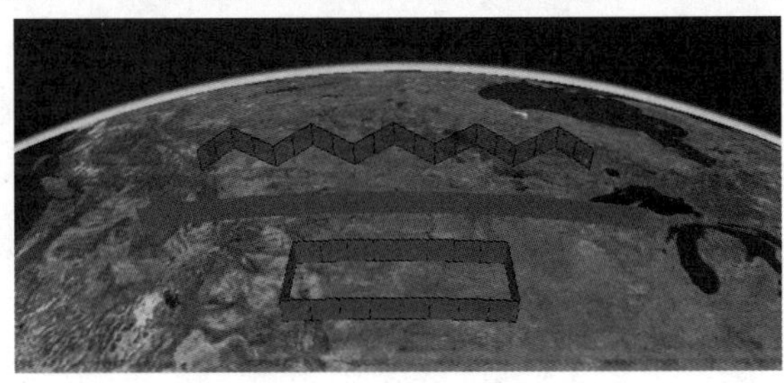

图 10.18　墙的效果

4．加载模型（glTF、3DTiles）

在三维模型数据方面，Cesium 支持三维模型文件 glTF，以及三维切片数据 3DTiles。

（1）glTF。glTF 是针对 GL（WebGL、OpenGL ES 以及 OpenGL）接口的三维模型格式，由澳大利亚的 Khronons 公司负责维护，并于 2017 年 6 月 5 日在 GitHub 上公布了 glTF 2.0 规范。glTF 通过提供高效、可扩展、可互操作的格式来传输和加载三维模型，填补了三维建模工具与现代图形应用程序之间的空白，它已成为 Web 上的三维模型通用标准。随着 glTF 的不断发展，glTF 形成了自己庞大的生态系统，同时受到了各行业的大力支持。

目前，glTF 三维模型的格式有两种：

- .gltf：基于 JSON 的文本文件，可使用文本编辑器轻松编辑，通常会引用外部文件，如纹理贴图、二进制网格数据等。
- .glb：是二进制格式的文件，通常文件较小且自包含所有资源，但不容易编辑。开发者既可以直接从三维建模程序中导出.glb 文件，也可以使用工具将 glTF 转换为.glb 文件。

glTF 模型可包括以下三部分内容（见图 10.19）：

- JSON 文件（.gltf）：包含完整的场景描述，并通过场景节点引用网格进行定义，包括节点层次结构、材质（外观）、相机（视锥体）、Mesh（网格）、动画（变换操作如选择、平移操作）、蒙皮（骨骼变换）等。
- .bin：包含几何和动画数据，以及其他基于缓冲区数据的二进制文件。
- 图像文件（.jpg、.png）：上述文件需要的纹理贴图。

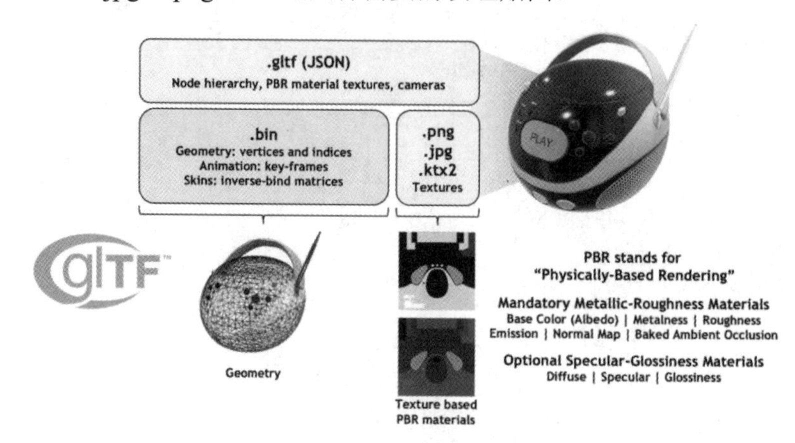

图 10.19　glTF 模型的组成

场景对象以数组的形式存储在 glTF 模型中的 JSON 文件中，可以使用数组中各个对象的索引来访问场景对象，示例代码如下：

```
"meshes" :
[
    { ... }
    { ... }
    ...
],
```

这些索引还可以用于定义对象之间的关系，节点可以使用网格索引引用任意网格对象，示例代码如下：

```
"nodes":
[
    { "mesh":  0,   ... },
    { "mesh":  5,   ... },
    ...
}
```

glTF 模型中 JSON 文件的部分顶级元素如图 10.20 所示。

- scene：glTF 格式的场景结构描述，通过引用 node 来定义场景图。
- node：层次中的节点，可以包含变换（如旋转或平移），也可以引用其他节点，还可以引用网格和相机，以及描述网格变换的蒙皮。
- camera：定义了用于渲染场景的视锥体配置。
- mesh：描述场景中几何对象实际数据。

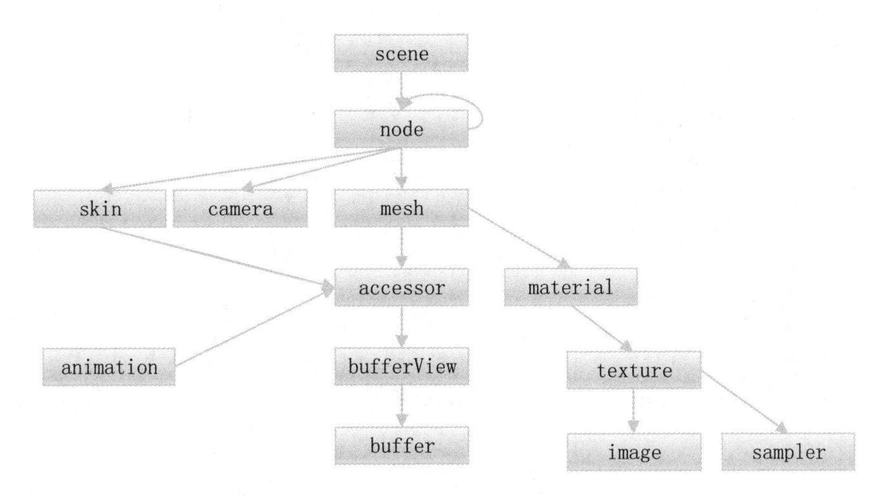

图 10.20　glTF 模型中 JSON 文件的部分顶级元素

- skin：定义蒙皮的参数，参数值通过 accessor 对象获得。
- animation：描述节点如何随时间进行变换（如旋转或平移）。
- accessor：访问任意数据的抽象数据源，被 mesh、skin 和 animation 元素用来提供几何数据、蒙皮参数和基于时间的动画值；通过引用 bufferView 对象，来引用实际的二进制数据。
- material：包含三维对象外观的参数，通常用于三维对象渲染的 texture 对象。
- texture：定义一个 sampler 对象和一个 image 对象。sampler 对象定义了 image 对象在三维对象上的张贴方式。

关于 glTF 模型的更多详情，可查阅 glTF 2.0 规范（见 https://github.com/KhronosGroup/glTF/tree/master/specification/2.0/），以及 glTF 官方教程（见 https://github.com/KhronosGroup/glTF-Tutorials/tree/master/gltfTutorial）。

Cesium 提供了两种加载 glTF 模型的方式，分别是通过 Entity API 和 Primitive API 实现的，核心代码如下：

```
//1、通过 Entity API 加载 glTF 模型
viewer.entities.add({
    name: "model",
    position: position,
    orientation: orientation,
    model: {
        show: true,
        uri: "./Cesium_Air.glb",
        scale: 1.0,
        minimumPixelSize: 128,              // 模型的最小像素大小，不考虑缩放
        maximumScale: 20000,                // 模型的最大比例尺大小，minimumPixelSize 的上限
        incrementallyLoadTextures: true,    // 确定在加载模型后纹理是否可以继续流入
        runAnimations: true,                // 是否在启动模型中指定的 glTF 动画
        clampAnimations: true,              // glTF 动画是否在持续时间内保持最后一个姿势
        shadows: Cesium.ShadowMode.DISABLED,
        heightReference: Cesium.HeightReference.NONE,
        silhouetteColor: Cesium.Color.RED,       // 轮廓的颜色
```

```
            silhouetteSize: 0.0,                    // 轮廓的宽度
            color: Cesium.Color.WHITE,              // 模型的颜色
            // 目标颜色和图元的源颜色之间混合的不同模式，HIGHLIGHT 表示源颜色乘以目标颜色，
            // REPLACE 表示源颜色替换为目标颜色，MIX 表示源颜色和目标颜色混合
            colorBlendMode: Cesium.ColorBlendMode.HIGHLIGHT,
            // 用于指定在 colorBlendMode 为 MIX 时的颜色强度，值 0.0 会产生模型的着色，
            // 值 1.0 会导致纯色，介于两者之间的任何值都会导致两者混合
            colorBlendAmount: 0.5,
            // 指定基于漫反射和镜面反射的图像照明
            imageBasedLightingFactor: new Cesium.Cartesian2(1.0, 1.0),
            lightColor: undefined,    // 在模型着色时指定浅色的属性，undefined 表示使用场景的浅色
        },
});

//2、通过 Primitive API 加载 glTF 模型
let origin = Cesium.Cartesian3.fromDegrees(114.61104, 30.46015, 0)
// 可以随时更改模型的 modelMatrix 属性以移动或旋转模型
let modelMatrix = Cesium.Transforms.eastNorthUpToFixedFrame(origin)
var model = viewer.scene.primitives.add(
    Cesium.Model.fromGltf({
        url: "./Cesium_Air.glb",
        modelMatrix: modelMatrix,
        minimumPixelSize: 128,
        maximumScale: 20000,
    })
)
```

加载 glTF 的效果如图 10.21 所示。

图 10.21　加载 glTF 的效果

（2）3DTiles。3DTiles 在 glTF 的基础上，加入了分层 LOD 的概念，可以把 3DTiles 简单地理解为带有 LOD 的 glTF。3DTiles 是专门为流式传输和渲染海量三维地理空间数据而设计的，如倾斜摄影、三维建筑、BIM/CAD、实例化要素集和点云。3DTiles 定义了一种数据分层结构和一组切片格式，用于渲染数据内容。3DTiles 也是 OGC 标准成员之一，可用于在桌面端、Web 端和移动端中实现海量异构三维地理空间数据的可视化和交互。

在 3DTiles 中，一个切片集（Tileset）是由一组切片（Tile）按照空间树状结构组织而成

的，它至少包含一个用于描述切片集的 JSON 文件，每个切片对象可以引用表 10.1 所示的格式渲染切片内容。

表 10.1　3DTiles 的格式

切 片 类 型	对应实际数据
b3dm	传统三维建模数据、BIM 数据、倾斜摄影数据
i3dm	一个模型多次渲染的数据，如灯塔、树木、道路等
pnts	点云数据
cmpt	前三种数据的复合（允许在一个 cmpt 文件内嵌多个其他类型的切片）

切片是一个二进制文件，具有特定格式，包括要素表（Feature Table）和批处理表（Batch Table），每个要素的位置和外观属性都存储在切片要素表中，用于特定程序的属性存储在批处理表中。客户端可在运行时选择要素，并检索要素的属性以进行可视化分析。

表 10.1 中的 b3dm 和 i3dm 格式是基于 glTF 构建的，它们的切片在二进制文件中嵌入了 glTF 资源，包含了模型的几何和纹理信息，而 pnts 格式没有嵌入 glTF 资源。

切片中的树状组织结合了层次细节模型的概念，以便最佳地渲染空间数据。在树状结构中，每个切片都有一个边界范围框属性，该边界范围框在空间中能够完全包围该切片和孩子节点的数据。图 10.22 所示为一种 3DTiles 边界范围框所形成的层次体系示例。

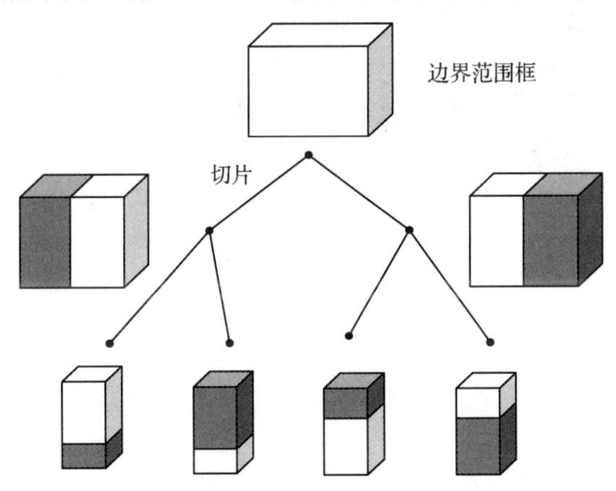

图 10.22　一种 3DTiles 边界范围框所形成的层次体系示例

切片集可以使用类似于二维空间的栅格切片方案和矢量切片方案（如 WMTS 或 XYZ 切片），在细节级别（或缩放级别）处提供预定义的切片。但是，由于切片集的内容通常是不一致的，很难在二维上进行组织，因此树状结构可以是具有一致性的任何空间数据结构，包括 k-d 树、四叉树、八叉树和网格。

3DTiles 的样式是可选的，可以将其应用于切片集。样式是由可计算的表达式定义的，用于修改每个要素的显示方式。

读者要想获取更多关于 3DTiles 的信息，可以查阅 3DTiles 的 GitHub 地址 https://github.com/CesiumGS/3d-tiles。下面主要介绍一下切片（Tiles）和切片集（Teleset）这两个核心概念。

切片集有 asset、properties、geometricError、root 四个属性，root 定义了根级切片，以下

代码表示切片集的结构。

```
//以下为切片集结构示例
{
    "asset" : {
        "version": "2.0",
        "tilesetVersion": "...",
    },
    "properties": {
        "Height": {
            "minimum": 1,
            "maximum": 300
        }
    },
    "geometricError":500,
    //以下为切片结构示例
    "root": {
        "boundingVolume": {
            "region": [-0.00056865, 0.898756, 0.000116459, 0.89906, 0, 241.6]
        },
        "geometricError": 300,
        "refine": "ADD",
        "content": {
            "uri": "0/0/0.b3dm",
            "boundingVolume": {
                "region": [-0.00040019, 0.897573, 0.000178716, 0.89897, 0, 241.6]
            }
        },
        "children": [..]
    }
}
```

① 切片（Tile）。切片包含元数据、对渲染内容的引用，以及任何子切片的数组。切片实际上也是一个 JSON 对象，它由以下属性组成（见图 10.23）。

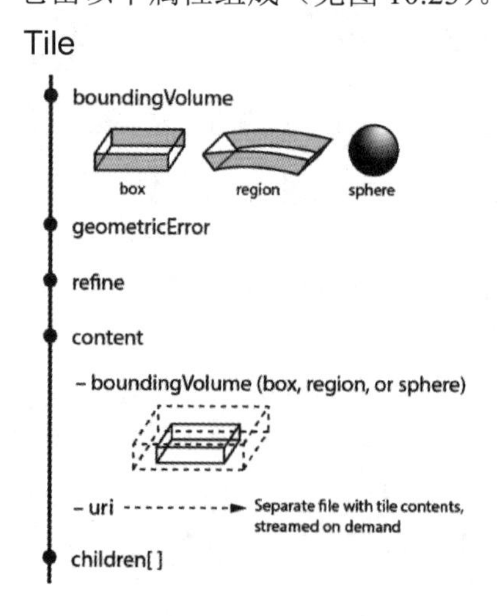

图 10.23 切片的属性组成

（a）boundingVolume（边界范围框）：定义了切片的最小边界范围，用于确定在运行时渲染哪个切片，有 region、box、sphere 三种形式。

（b）geometricError（几何误差）：是一个非负数。3DTiles 以米为单位定义了不同切片层级的几何误差，通过几何误差来计算以像素为单位的屏幕误差，从而确定不同缩放级别下应该调用哪个层级的切片。简单来说，切片的几何误差是用来确定切片切换层级，即控制 LOD 的。

（c）refine（细化方式）：确定切片从低级别 LOD 切换为高级别 LOD 的呈现过程，决定切换逻辑，其中包括替换和添加两种方式。替换就是直接把父级切片替换掉，添加则是在父级切片的基础增加细节部分，两种方式的效果如图 10.24 和图 10.25 所示。

图 10.24　替换方式的效果

图 10.25　添加方式的效果

refine 属性在根节点的切片中是必需的，在子节点的切片中是可选的。如果子节点中的切片没有定义，则继承父节点中切片的 refine 属性。

（d）content（内容）：content 属性指定了切片实际渲染的内容。content.uri 属性可以是一个指定二进制块（b3dm、i3dm、pnts、cmpt）的位置，也可以是指向另一个外部的 tileset.json。content.boundingVolume 属性定义了类似切片属性 boundingVolume 的边界范围框，但是 content.boundingVolume 是一个紧密贴合的边界范围框，仅包含切片的内容。该属性可以用来裁剪视锥体，只渲染视图范围内的内容。content 属性的示例效果如图 10.26 所示。

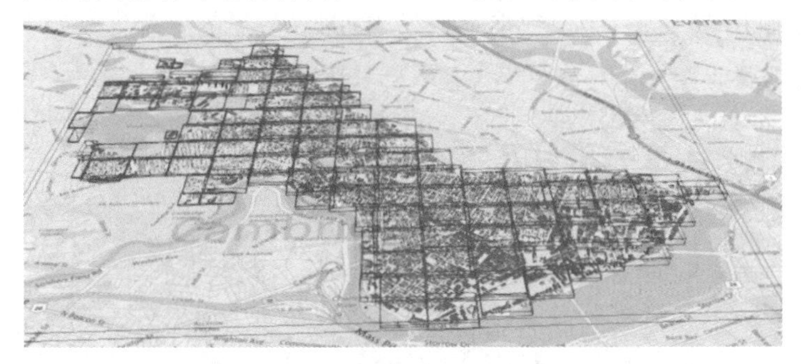

图 10.26　content 属性的示例效果

（e）children（子切片）：3DTiles 是分级别的，所以每个切片还会有子切片，分得越多，层级划分就越精细。

（f）viewerRequestVolume（可选，观察者请求体）：定义了一个边界范围，使用与 boundingVolume 相同的模式，只有当观察者处于其定义的范围内时才显示切片，从而精细控制个别切片的显示与否。

（g）transform（可选，位置变换矩阵）：定义了一个 4×4 的变换矩阵，通过此属性切片的坐标可以是自己的局部坐标系内的坐标，最后通过位置变换矩阵变换到父节点的坐标系。transform 会对切片的 content、boundingVolume、viewerRequestVolume 进行转换。

② 切片集（Tileset）。通常，一个 3DTiles 数据会使用一个主 tileset.json 文件作为定义切片集的入口。tileset.json 有四个属性：asset、properties、geometricError、root。

（a）asset：asset 包含整个切片集的元数据对象。asset.Version 属性用于定义 3DTiles 版本，版本指定了切片集的 JSON 模式和基本的切片集格式。tileVersion 属性是可选的，用于定义特定的应用程序的切片集。

（b）properties：properties 是一个对象，包含切片集中每个 Feature 属性的对象。properties 属性中每个对象的名称与每个要素属性的名称相对应，并且包含该要素的最大值和最小值，这些值可用于创建样式的颜色渐变。

（c）geometricError：geometricError 是一个非负数。3DTiles 是通过 geometricError 的值来计算屏幕误差的，确定切片集是否渲染。如果在渲染的过程中，当前屏幕误差大于 geometricError 确定的屏幕误差，切片集就不渲染。即根据屏幕误差来控制切片集中的 root 是否渲染。

（d）root：root 是一个 JSON 对象，定义了根级的切片。root 的数据组织方式与切片的数据组织方式是一样的。需要注意的是，root.geometricError 与切片集的顶级 geometricError 不同，切片集的 geometricError 根据屏幕误差来控制切片集中的 root 是否渲染，而 root 中的 geometricError 则用来控制切片中的子切片是否渲染。

root.children 是一个定义子切片的对象数组，每个切片还会有其子切片，这样就形成了递归的树状结构。每个子切片内容完全由其父切片的 boundingVolume 确定，通常子切片的 geometricError 小于父切片的 geometricError，因为越接近叶子节点，模型越精细，与原模型的几何误差就越小。对于叶子节点的切片（子切片），其数组长度为零或未定义子切片。为了创建树状结构，切片的 content.uri 也可以指向外部的切片集。

Cesium 虽然也可以通过两种方式（Entity API 和 Primitive API）来加载 3DTiles 数据，但因为多数情况下 3DTiles 数据都是成片区的数据，数据量比较大，所以为了保证性能，建议使用 Primitive API 加载 3DTiles 数据。加载 3DTiles 数据的关键代码如下：

```
//1.使用 Entity API 加载 3DTiles 数据
viewer.entities.add({
    id: '3DTiles ',
    name: "3DTiles ",
    tileset: {
        uri: '/BatchedColors/tileset.json',
    },
})
//2.使用 Primitive API 加载 3DTiles 数据
```

```
viewer.scene.primitives.add(
    new Cesium.Cesium3DTileset({
        url: 'BatchedColors/tileset.json'
    })
)
```

加载 3DTiles 数据后的效果如图 10.27 所示。

图 10.27　加载 3DTiles 数据后的效果

第 11 章 WebGIS 应用案例

本章主要介绍 WebGIS 应用案例——时空“一张图”。本章首先从项目需求分析、项目总体设计等方面简要阐述时空“一张图”，然后展示 WebGIS 在城市时空数据资源管理、二三维一体化展示、二维空间分析及辅助制图和三维空间分析的效果。

11.1 概述

WebGIS 作为一种通用基础技术，目前已经应用于众多行业的信息化建设中。在这些应用中，“一张图”系列最能反映 WebGIS 的专业能力。“一张图”是指通过 GIS 对行业数据进行统一整合，并通过网页展示出来，进而在可视化的环境进行各种空间分析和专业应用。“一张图”对数据的管理、展示、分析和挖掘充分发挥了 WebGIS 的赋能行业应用、创新工作模式的优势。本章以时空“一张图”为例，详细阐述基于 WebGIS 的行业应用系统的建设。

传统的时空“一张图”主要应用于自然资源和规划部门，以自然资源土地大调查所形成的遥感影像数据为基础，按照统一的标准规范，整合集成地形地貌、土地利用现状、矿产资源、规划红线、土地规划、矿产规划、地质灾害、社会、经济、人口等数据，形成含现状数据、规划管控数据、社会经济数据等的可持续更新的自然资源时空“一张图”数据体系。通过构建时空“一张图”分析展示平台，能够直观地呈现自然资源利用变化情况，为自然资源“批、供、用、补、查”等环节提供监管决策技术手段，推动管理方式的革新转变，促进精细化、高水平的自然资源管理。

智慧城市领域的时空“一张图”根据其服务对象不同又被赋予了新的使命，除了要具备传统空间数据整合能力，还需要从构建 CIM 底座的角度考虑系统总体架构，以及数据流和业务流。在数据整合上，以时空基础数据、物联感知数据、公共专题数据、资源调查数据、规划管控数据、城市三维模型数据为基础，结合智慧城市行业专题数据，形成坐标统一、多级整合、全面感知、上下贯通、动态更新的一张底图，借助配套的二三维一体化的可视化应用，为智慧城市各专项应用和城市大脑提供全套地理信息数据和应用能力支撑。

本章综合以上两种应用场景，从时空“一张图”的常用功能入手，梳理整合基于 WebGIS 的功能，以具体的应用场景来加深读者对 WebGIS 技术的理解，启发读者在学习和工作中的 WebGIS 应用思维。

11.2 项目需求分析

按照软件工程项目管理规范和当前政府投资类信息化系统建设的要求，项目需求分析一般包括用户需求分析、业务功能需求分析、信息资源建设需求分析、网络建设和部署需求分析、系统性能需求分析和网络安全建设需求分析。本节主要从用户需求分析和业务功能需求分析两个方面进行阐述。

11.2.1 用户需求分析

时空“一张图”的主要用户包括专业用户、政务用户和社会大众用户，呈现出了多专业、多部门、多层次等特点。

专业用户一般是指从事测绘、规划、地理信息相关的专业技术行业的相关科研院所等机构，该类用户主要基于时空“一张图”提供的各类数据，通过空间分析和统计，辅以基础的制图编图能力，在以 Web 为核心的模式下构建工作平台，满足诸如空间选址、合规性分析、辅助空间规划编制等业务需求。

政务用户一般指具有政府管理职能的用户，可以通过专网或政务外网访问系统，根据不同用户权限查看时空“一张图”中相应的数据信息。此类数据信息作为城市时空数据底座，为政务用户在城市发展规划、城市建设、城市安全管控等相关业务审批、辅助决策，提供时空数据和能力支撑。根据业务需求，政务用户主要分布于国家各部委、省（自治区）市的自然资源规划、城市建设、智慧城市管理和应急管理等部门。

随着 GIS 应用的普及，社会大众对时空“一张图”的数据和应用需求也越来越多。在保证各级数据安全前提下，通过共享服务平台和时空“一张图”将专业的时空数据和通用的 GIS 功能以便捷的渠道呈现出来，在应用数据的同时也可以基于数据做基础分析，达到数据可发现、功能拿来即用的效果。

11.2.2 业务功能需求分析

在梳理清楚用户群体的情况下，还需要基于各类用户对系统功能的要求，对业务流程进行梳理，以及对系统功能与业务需求进行转化分析。本节通过梳理当前各类用户对时空“一张图”的通用需求并进行解读，形成以下三类通用的业务功能需求，具体阐述如下。

1. 数据规范化组织管理需求

时空“一张图”的建设宗旨是整合多源异构的时空数据，从空间维度管理数据、应用数据，做到科学地用数据说话、用数据辅助决策。能否有效整理和规范数据组织，是时空“一张图”建设成败的关键。时空数据包括栅格数据、矢量数据、三维模型数据等格式各异、精度不同的多源异构数据，在数据组织过程中，需要在兼顾相关标准的前提下，对时空数据进行统一坐标、统一格式或动态兼容、编码等操作。同时，为了兼顾时空数据的海量性，还应考虑后期数据的快速查询、检索、统计分析等服务性能需求。在时空“一张图”建设之前需要数据规范先行。制定适合项目建设和后期运营管理的数据规范标准，在规范和标准的基础上，构建数据中心进行数据资源管理，可以保证数据在系统中高效规范的管理和应用。

2. 国土空间规划辅助支撑需求

针对国土空间规划行业提出的“建立统一的空间规划体系、限定城市发展边界、划定城市生态红线，遵循规律，加强城市规划与经济社会发展、主体功能区建设、国土资源利用、生态环境保护、基础设施建设等规划的相互衔接，一张蓝图干到底的目标”，各地都在推进城市规划与经济社会发展、主体功能区建设、国土资源利用、生态环境保护、基础设施建设等规划的相互衔接，即所谓的“多规合一”。

在国家“多规合一”的大背景下，时空“一张图”通过统筹空间数据，可辅助用户不仅实现对国土资源管理规划、审批、利用、补充、开发、执法等业务的在线化数据支撑，还实现国土资源开发利用的“天上看、网上管、地上查”的动态监管，发挥时空“一张图”在“批、供、用、补、查”的日常管理业务流程中的作用。此外，时空“一张图”通过自动建立各类事件的图档属性关联，可辅助用户实现对国土空间规划编制成果的辅助审查；通过占地分析查询，使土地用途扭转和权属变化能实时、清晰地反映在时空“一张图”上，可辅助用户对规划实施成果进行实时监测、定期评估和及时预警，有效提高行政管理效能。

为了更好地支持以上业务，时空“一张图”除了对数据进行汇总呈现，还构建了基于 Web 环境下的时空“一张图”业务应用，充分发挥了 GIS 的专业制图及分析能力，有针对性地提供分析工具和流程化的应用场景，让非专业人员也可以进行专业的制图和基于地图的统计分析应用。

3. 空间信息共享服务需求

为了推进国土空间数据深入参与服务城市各行各业，时空“一张图”需要面向国家各部委、省（自治区）市的自然资源规划部门、城市建设部门、智慧城市管理部门、科研机构以及社会大众等用户提供数据共享服务。通过建设时空“一张图”信息服务共享平台，对数据进行分类分级，在保障数据安全的前提下在政府部门、企事业单位之间共享数据。通过构建数据服务的注册、管理、发布、共享机制，以行业垂直领域场景应用为基础，打破数据孤岛，推进跨行业数据应用开发，实现行业数据的有效利用。

11.3 项目总体设计

时空“一张图”采用自顶向下的结构化设计方法，综合考虑信息系统建设的 5 层架构，在功能设计上首先根据时空“一张图”的目标和需求，将时空“一张图”划分为规模较小、功能较为简单的局部模块，并确立各模块之间的相互关系，然后继续将模块划分为子模块，直到得到规模合适的子模块为止。时空“一张图”建设以计算机网络为基础，遵照国家有关标准、规范，对相关时空数据进行科学的存储与管理，同时基于 GIS 平台的数据组织管理能力和时空数据分析能力，有效实现对上层应用的支撑。

时空“一张图”建设可以依托已有的软硬件基础设备提供的存储资源、网络资源、计算资源和数据服务资源。时空“一张图”的总体架构如图 11.1 所示。

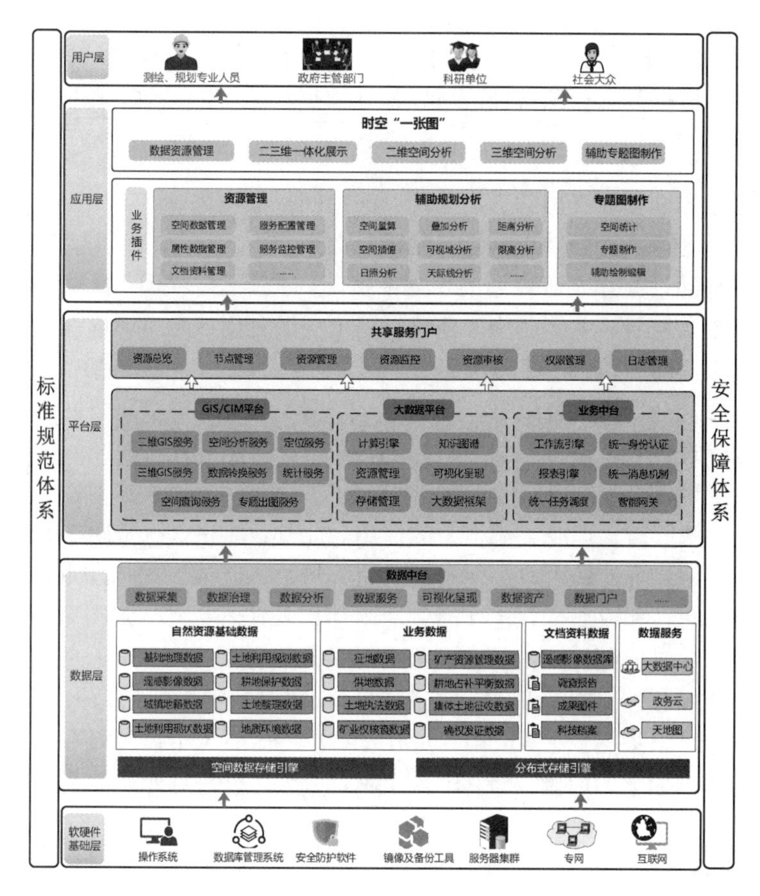

图 11.1　时空“一张图”的总体架构

1. 软硬件基础层

软硬件基础层主要包括信息系统建设所需要的各类软硬件基础设备，包括服务器、存储阵列、核心网络交换设备、防火墙、路由器、核心交换机、边界交换机、网闸等硬件设施以及部署在物理设备之上的存储系统、安全防护软件和专线网络等。这些软硬件基础设备都是时空“一张图”建设的基础保障。

2. 数据层

主要集成自然资源基础数据、业务数据和文档资料数据等智慧城市基础数据，包括现状数据、规划管控数据、社会经济数据、物联感知数据、公共专题数据、城市三维模型数据、综合管线数据等。在空间数据存储引擎和分布式存储引擎的支撑下，数据将以空间数据、属性数据、文档数据等形式分别存储在结构化或非结构化的数据库中，并最终通过数据中台进行统一集成管理，形成时空“一张图”基础数据库。

3. 平台层

平台层是实现底层数据和上层业务应用有效衔接的纽带，平台支撑能力是整个信息化平台建设的核心。平台层包括 GIS/CIM 平台、大数据平台和业务中台。平台层主要对各种基础引擎、框架、服务进行集成，具体包括报表引擎、工作流引擎、二维 GIS 服务、三维 GIS 服务、空间分析服务、计算引擎、统一身份认证、智能网关等，形成通用支撑能力；再基于时空“一张图”的业务架构，对常用的功能服务进行封装，通过共享服务门户向上层应用提供数据服务、功能服务、算法/模型服务、工具服务、接口服务等，并支持资源总览、节点管理、资源管理、资源监控、资源审核、权限管理和日志管理等平台管理功能。

4．应用层

系统应用主要是围绕时空“一张图”服务自然资源和城市建设领域的通用业务功能，以基础 GIS 数据管理、展示、分析等为支撑，形成资源管理、辅助规划分析和专题图制作等业务插件，构建符合国家、行业标准规范要求的时空“一张图”数据资源管理、二三维一体化展示、二维空间分析、三维空间分析和辅助专题图制作等行业应用。

5．用户层

根据业务应用系统内容，面向测绘、规划、地理信息专业人员，政府职能部门管理人员，科研人员和社会大众提供不同的业务应用。

11.4 效果展示

11.4.1　数据资源管理

数据资源管理模块针对各类数据资源进行集中展示，该模块承接平台发布的各类二维矢量数据、三维模型数据管理。

数据资源管理模块支持按照数据资源目录进行浏览、查询、定位等操作；支持对相关文本和图件进行浏览查看；满足多源数据的集成浏览展示与查询应用需求。用户可在平台上基于地图空间查看相应的空间数据及其版本信息，能够以列表的形式查看各类数据的元数据信息，以地图视图方式预览各类空间数据信息，并以相关数据为基础，对各个数据指标进行统计。

1．空间数据管理

空间数据管理模块采用目录树的管理方式，实现了对时空基础数据、物联感知数据、公共专题数据、资源调查数据、规划管控数据、城市三维模型数据等多个专题的空间数据的管理，并支持数据资源的扩展。该模块主要为用户提供时空“一张图”的地图服务管理功能，以及添加、修改、删除等操作。

基于 GIS 的通用功能，空间数据管理模块将时空数据和时空成果发布成标准的 OGC 服务，提供给时空“一张图”使用，实现时空数据的大融合。同时，该模块建立了空间数据基本信息表，为用户提供了地理坐标系、研究区范围、比例尺、图例基本信息，方便用户按照要求查询和使用空间数据。空间数据显示效果如图 11.2 所示。

2．属性数据管理

属性数据管理模块的作用是存储和空间数据有关联的属性表，方便和空间实体进行挂接，实现数据的级联查询，可提供属性数据在线添加、修改、批量上传、删除、查询、下载等功能。

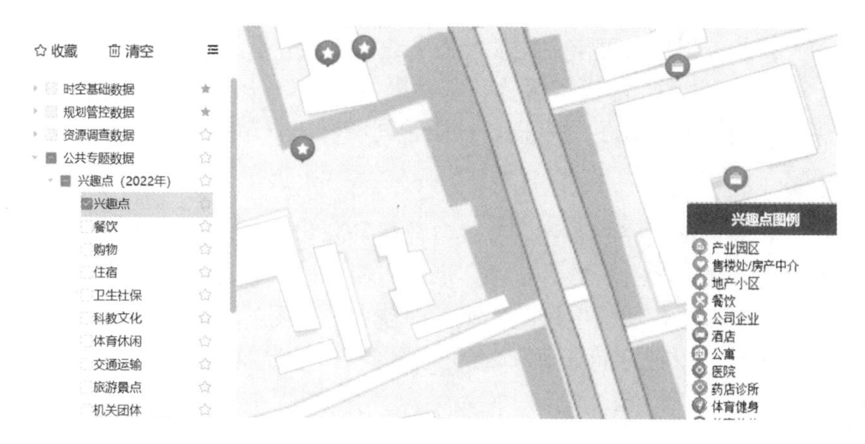

图 11.2　空间数据显示效果

3．文档资料管理

文档资料管理模块的作用是通过建立文档、图片、视频等原始数据以及各类专题成果图件的数据库，实现时空资料成果的集中管理。

4．空间数据查询统计

空间数据查询统计模块提供属性筛选查询、空间范围查询等查询方式，并可对查询结果按不同维度进行分类统计并输出统计结果，通过设定查询字段和查询信息，得到满足查询条件的结果，还能在地图上进行定位。

空间数据属性查询是对时空“一张图”内的图层数据根据属性进行的查询，一方面提供图层属性查看和绘制区域属性查看两种查看形式；另一方面显示对应的查询结果，并对查询结果进行分类统计和输出。空间数据查询统计示例如图 11.3 所示。

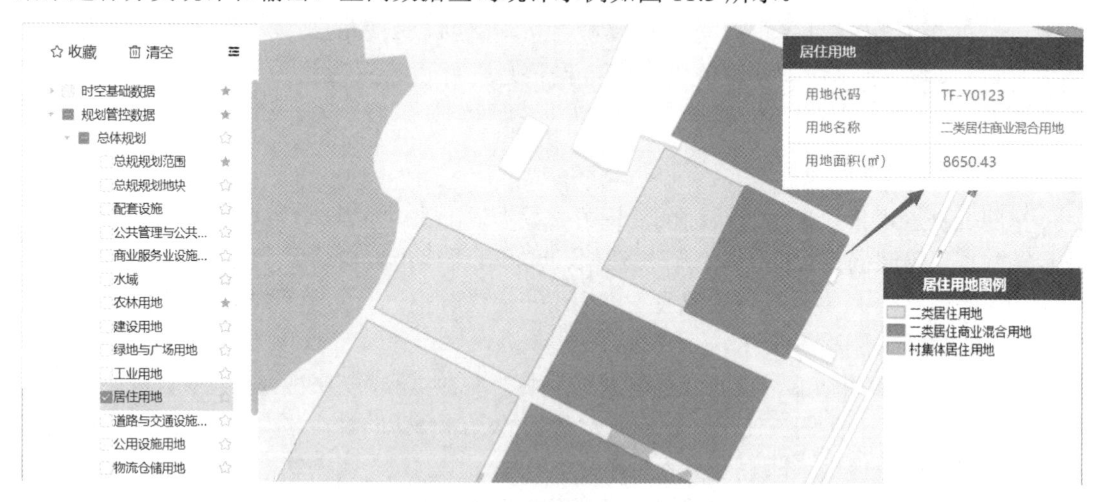

图 11.3　空间数据查询统计示例

空间要素一般都具有一些属性信息，可基于属性信息进行分类统计，并结合要素图层对统计图进行分类分级展示，形成特定的专题图。

5．数据大屏

时空“一张图”主要对空间数据或者和空间数据有直接关联的数据进行管理和应用，利用其管理的数据有很强的空间特征这一特点，可以结合地图进行各类数据的统计，并将不同维度的统计数据通过大屏呈现出来。结合 GIS 的空间分布展示能力，配合各种样式和专业统计图，实现数据、图表、地图的三者联动，并根据数据内容进行级联钻取，达到信息高度汇总和一屏展全貌的用户体验。数据大屏的效果如图 11.4 所示。

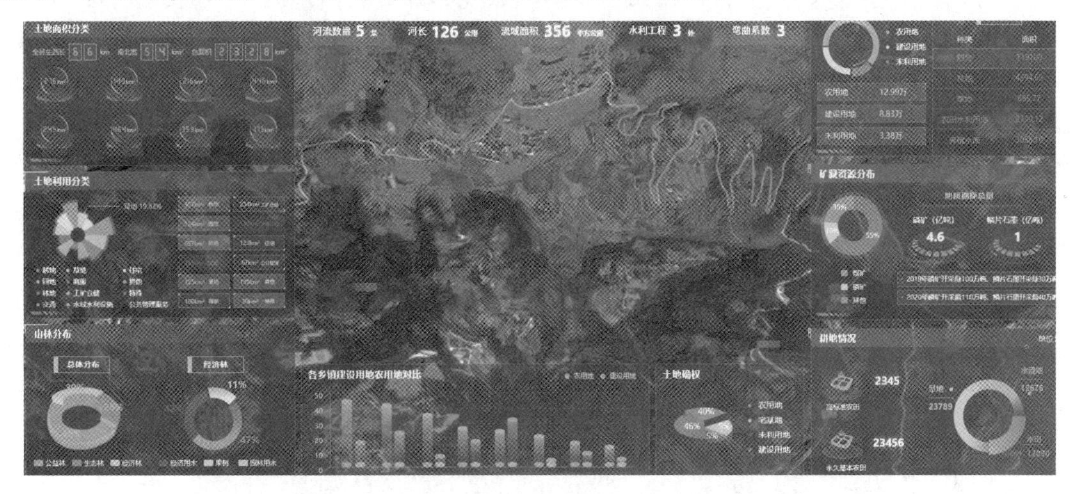

图 11.4　数据大屏的效果

11.4.2　二三维一体化展示

时空“一张图”基于国家统一的测绘基准和测绘系统（如 CGCS2000），在二三维数据成果的基础上，完善数据目录结构，同时针对不同专题、不同部门需求，实现了多种成果数据的集中展示。

1．规划成果数据展示

时空“一张图”的最大服务对象为规划部门，规划成果数据展示以服务城市规划管理为导向，对时空基础数据、物联感知数据、公共专题数据、资源调查数据、规划管控数据、城市三维模型数据等资源进行统一展示、查询。规划成果数据展示以时空“一张图”为基础，结合规划业务需求，提供了图件浏览、二三维一体化展示、统计查询、时空联动展示、特效管理、三维漫游、地图量测、书签管理、地图截屏、全屏展示、底图切换等通用基础功能。规划成果数据展示效果如图 11.5 所示。

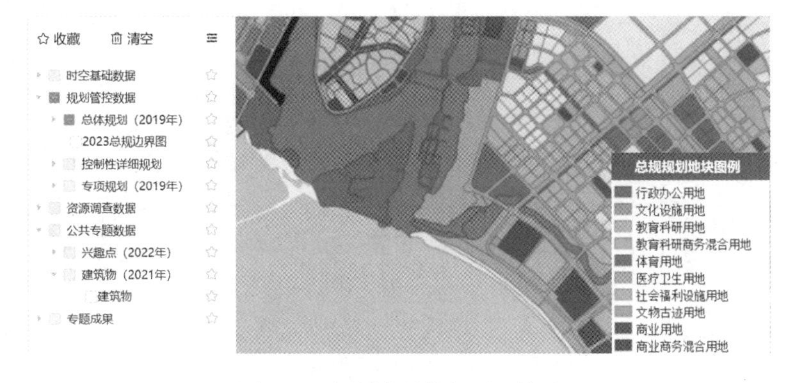

图 11.5　规划成果数据展示效果

2．数据融合展示

数据融合展示是指基于时空“一张图”中汇聚的各种空间数据，进行的二维、三维集成展示。数据源可以是由专业制图软件（如 ArcGIS、MapGIS、SuperMap 等）生成并发布的地图服务，也可以是目前主流的在线电子地图（高德地图、百度地图、腾讯地图等）。时空“一张图”不仅可管理地图服务、SHP、CAD、KML 等二维数据，还支持将倾斜摄影测量数据、三维模型数据、BIM 数据等直接加载到三维场景中作为图层进行管理。各图层可以灵活进行开启、关闭、调整顺序、透明化等设置，并支持在线注记、分屏展示，最终实现二维、三维一体化联动展示，二维、三维视图自由切换。数据融合展示效果如图 11.6 所示。

图 11.6　数据融合展示效果

3．时空联动展示

时空联动展示可对不同时期的数据进行分屏展示，实现时空数据联动展示，可设置分屏数量，以及需要分屏的数据图层信息，最终在时空“一张图”中显示多图层分屏的显示效果。时空联动展示效果如图 11.7 所示。

图 11.7　时空联动展示效果

4．三维漫游展示

三维漫游展示支持手动和自动两种漫游方式，用户可以利用键盘自由地进行漫游，也可以基于已设定的漫游参数（如路径、视点等）进行自动漫游。

5. 移动 GIS 数据展示与应用

在移动终端应用地图，体验随时随地的 GIS 数据查询和移动应用，逐渐成为移动 GIS 建设的一部分。时空“一张图”中的各种空间数据也可以加载到移动终端，基于移动终端的操作习惯来配置移动 GIS 功能，为自然资源调查、现场数据采集、外业调绘、内外业协同等应用提供移动地图支撑，实现桌面端与 Web 端协同。移动 GIS 数据展示与应用效果如图 11.8 所示。

图 11.8 移动 GIS 数据展示与应用效果

11.4.3 二维空间分析及辅助制图

空间分析是 GIS 区别于一般管理信息系统（Management Information System，MIS）的最大特征，也是大部分 GIS 应用的重点。基于 WebGIS 的二维空间分析，主要通过空间叠加分析、空间量测、空间插值等来满足大多数用户的基础空间分析应用需求，同时通过基于 WebGIS 的绘图编辑功能对分析结果进行编辑和整饰，使分析结果所表达的内容更加丰富和完整。

1. 叠加分析

叠加分析是二维空间分析中常用的功能，基于分析要素之间的空间位置关系，进行几何计算，如在建筑、道路、植被、水系、城垣、围墙、栅栏等二维地理信息数据的基础上，叠加用地规划、城市总体规划、控制性详细规划、修建性详细规划等数据，可以快速分析出超规超限的数据；也可以对要进行叠加分析的各要素赋予一定的权重，进行专业分析评价，得出评价分析专题图，如在采空区基础地质环境数据的基础上，叠加选址范围数据，可以对选址优劣进行分析（如分析用地适宜性、区域稳定性等指标），辅助用地选址。叠加分析效果如图 11.9 所示。

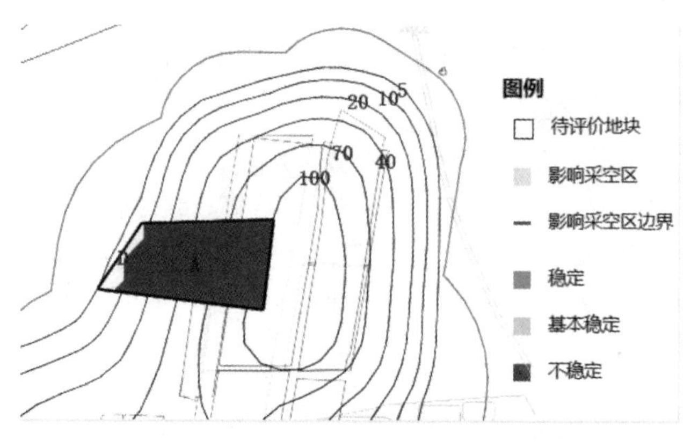

图 11.9 叠加分析效果

2. 量算工具

量算作为 GIS 的基础功能之一，可辅助用户在二维空间中进行准确的测量。基于二维空间的量算工具可实现距离量算、面积计算、角度计算等多种空间量算功能。量算工具条如图 11.10 所示，距离量算示例如图 11.11 所示。

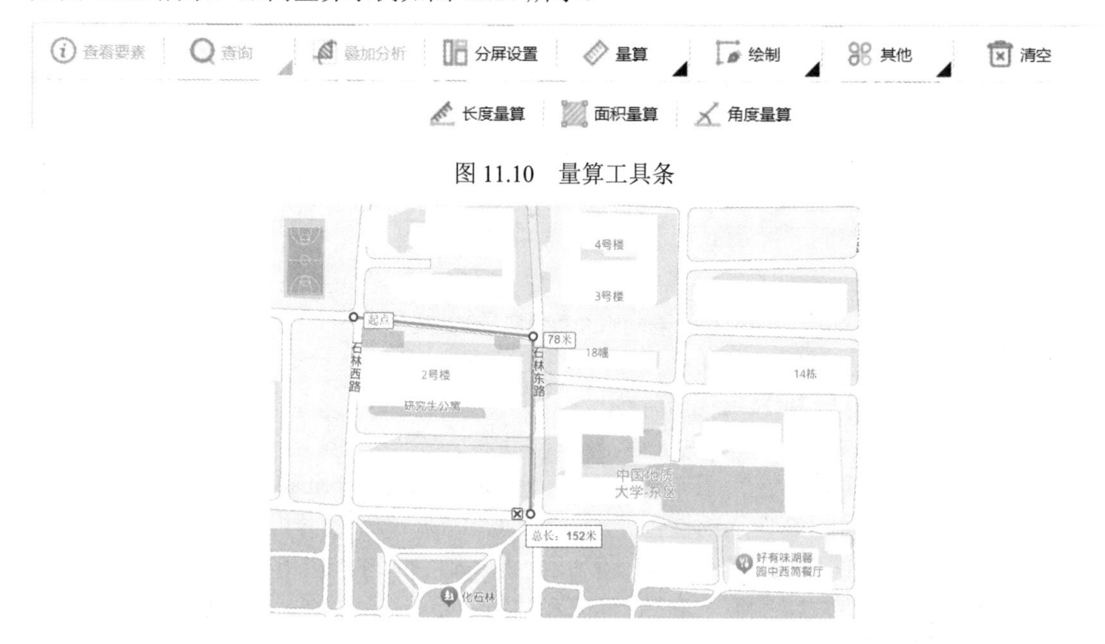

图 11.10 量算工具条

图 11.11 距离量算示例

3. 在线专题图制作

在线专题图制作是指通过在线的二维地图视窗直接访问、加载资源并在线制作自己的专题地图。在线专题图制作功能不仅可以添加二维 GIS 服务，还可以针对有分类属性字段的矢量数据，基于某个字段进行分类统计和展示，支持基于数值的等级划分，便于用户完成基于地图的统计制图，另外，该功能还支持将制作好的专题图保存到自己的账户下，方便下次打开查阅。分级专题图制作示意图如图 11.12 所示。

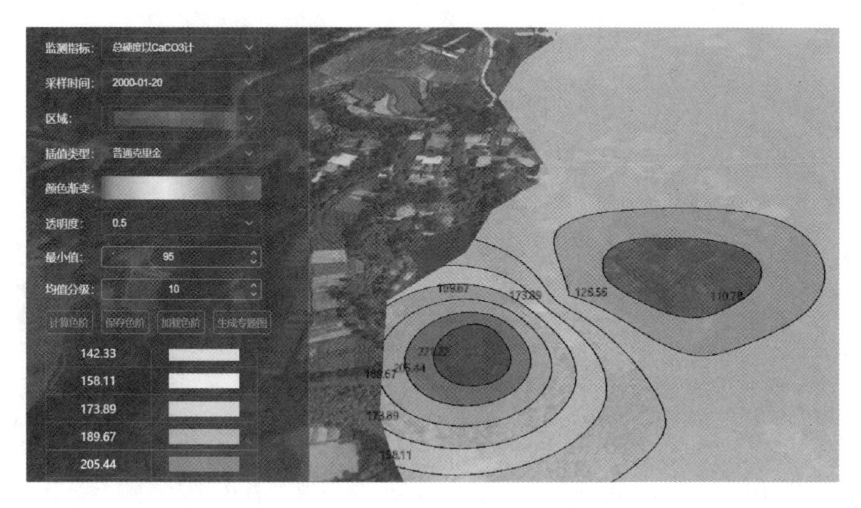

图 11.12　分级专题图制作示意图

4．在线辅助绘制编辑

在线辅助绘制编辑是指绘制基于空间地理坐标的空间实体，是 GIS 的基础功能之一。通过时空“一张图”，可在地图中绘制各种辅助图形，包括点、线、矩形、多边形、圆形、扇区和注记等，方便用户根据自己的业务需求灵活地管理 GIS 专题数据，丰富各类数据图层和分析成果的内容表达。在线辅助绘制编辑效果如图 11.13 所示。

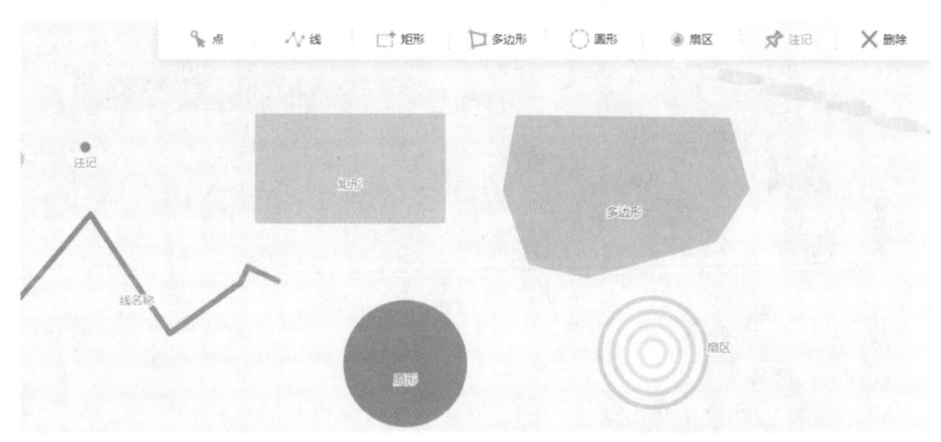

图 11.13　在线辅助绘制编辑效果

11.4.4　三维空间分析

1．可视域分析

可视域分析是三维空间分析中非常重要的一项功能，通过可视域分析可以得到三维空间中某个位置可视范围的分布情况。影响可视域分析的参数主要有观察点位置、观察方向、俯仰角度、观察距离、水平视场角、垂直视场角等，通过这些参数的共同作用可计算出可视域的分布范围。在时空“一张图”中，该功能模块通常用带有一定透明度的不同颜色区域来表示可视域和不可视域的分布情况，有助于辅助选址、评估房屋居住舒适性和三维监控辐射范围等实际问题。可视域分析的效果如图 11.14 所示。

图 11.14　可视域分析的效果（深色框为不可视范围，浅色框为可视范围）

2. 日照分析

随着城市化进程的日益加快，城市建筑物的高度和密度也在随之增加，这种现象导致楼幢之间对日照的需求与日照被遮挡的矛盾日益尖锐。为了有效、科学地管控建筑物对日照、采光的影响，规划部门基于城市建筑日照分析的理论、模型、数据和技术，形成了一套科学指导楼层高度和楼层间距的标准规范。基于二三维一体化的可视化环境，结合日照分析模型，呈现高度仿真的推演模拟效果，直观、科学、便捷、精确地赋能城市规划业务。日照分析效果如图 11.15 所示。

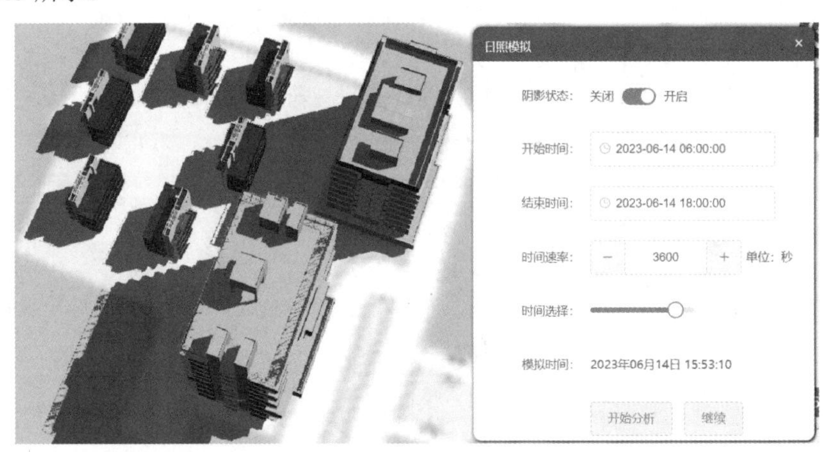

图 11.15　日照分析效果

3. 天际线分析

天际线是指天地相连的交界线，也被称为城市轮廓或全景。天际线是由城市中的高楼大厦构成的整体结构，是由许多大厦构成的局部景观，是城市给人的独特印象，反映了城市的文化内涵和经济发展水平。基于三维数字地球技术，结合 DEM 数据、城市建筑模型数据，采用交互式视角，天际线分析功能可进行多源空间三维模型的外包轮廓分析，并将结果进行组合呈现。天际线分析功能提供一种能够全方位显示天际线与真实地表环境的空间关系，并且能在加载大量城市模型的三维场景中快速显示和提取天际线。天际线分析效果如图 11.16 所示。

图 11.16　天际线分析效果

4. 限高分析

近年来，城市中的高层建筑物越来越多，如不对其进行规范管理，势必会给建筑物抗震性能和城市景观规划等带来不良影响。因此，在城市规划中，高层建筑的高度限制也成为一项重要的关注指标，在城市规划中应当使城市中建筑物的高度保持在一个合理的水平。

限高分析是指分析建筑物是否超过城市规划中目标建筑所在区域规定的限制高度，并在超出限制高度的情况下提取相关的信息进行反馈。限高分析模块通过规划业务人员输入的限制高度对控规用地的二维面要素进行垂直方向上的拉伸，将二维地理要素转换成三维地理要素，形成三维限高体，利用三维限高体与三维城市模型进行对比，可得到直观的限高分析结果。限高分析效果如图 11.17 所示。

图 11.17　限高分析效果

5. 淹没分析

基于 GIS 的淹没分析通常以 DEM 为基础背景数据，在高精度 DEM 的支持下，考虑地域的连通性和坡度的大小，按照洪水顺着相邻的区域漫延、坡度越陡越容易被先淹没的原则对视域范围内的区域逐级填洼，辅以时间轴来模拟整个淹没过程。这种方法比较适合自然环境下的理想化分析，如果要对城市区域进行淹没分析，就要综合考虑水文过程、城市排涝过程、河道汇流过程以及城市海绵工程影响等因素。淹没分析效果如图 11.18 所示。

图 11.18　淹没分析效果

第 12 章
未来展望与研究热点

万维网改变了人们的生活方式和工作方式，其普及速度与电话和电视等发明相比，有过之而无不及。WebGIS 开辟了许多新的研究领域，为很多现有的研究方向提供了新的方法，受到了政府部门、科研机构和社会大众的关注。

本章首先对 WebGIS 的未来进行展望；然后介绍与 GIS 相关的研究热点，主要包括大数据与 GIS，AI 与 GIS，元宇宙与 GIS，AR、VR 与 GIS，传感器网络、物联网与 GIS，云计算与 GIS、游戏引擎与 GIS 等；最后提出了处不在的 WebGIS 的理念，并介绍了大模型助力 WebGIS。

12.1 未来展望

展望未来，下一代互联网将更快、更具移动性。未来的 WebGIS 将更注重用户体验、更友好、更社交化和智能化，WebGIS 应用也将继续蓬勃发展，无处不在。

1．更快更具移动性

许多国家都在积极研究如何改进互联网，如美国的下一代互联网（NGI）、全球网络创新环境（GENI）、未来互联网设计（FIND），日本的下一代网络（NXGN）和新一代网络（NWGN），欧洲的未来互联网研究与实验（FIRE），中国的下一代互联网示范工程等研究项目。

未来网络将具有更高的传输速率和更多的 IP 地址。IPv6 将有助于物联网、智慧城市和智慧地球的实现，智能手机、汽车、冰箱和传感器网络等所有移动设备和传感器，每个物体都可以有一个唯一的 IP 地址，便于它们接入互联网，并便于人们对它们进行远程控制。在移动通信领域，5G 的上传和下载速率得到了巨大提升；在空间覆盖率方面，无线网络的覆盖面积也将进一步扩大，卫星通信的收费将逐步降低到社会大众所能接受的范围，即使人们在偏远的山区和浩瀚的大海，都能获得稳定和快速的互联网连接。这些技术进步和发展将为 WebGIS 的应用提供更快、更便捷的应用服务。

2．更加注重用户体验

WebGIS 新技术的应用在用户体验和服务上更具人性化和智慧化，同时也更具安全性。下一代 WebGIS 将融入区块链、数字版权等技术，大大加强 GIS 数据在网络上的安全性、可控制性和可管理性，提供给用户的不仅仅是数字化的界面、影像、多媒体等，还具有界面美观、操作流畅、傻瓜式等特点，让用户感到能用、好用、想用、易用、有用，还能解决实际问题。

3．提供沉浸式应用场景

随着物联网、虚拟现实、增强现实、数字孪生和元宇宙技术的进一步发展，AR、VR 等可穿戴设备将与 WebGIS 进行融合，这在基于三维模型和实景现实环境的规划、追踪、查找、控制、显示和管理等方面都有重要的价值，将有助于实现智能化的智慧城市应用和个人用户的沉浸式应用享受。

4．更加社交化、智能化

用户不再仅是单纯地接收来自网站的信息，更可以发表自己的“声音”。用户可以发朋友圈、微博、评论，对地图进行标注等。一些 WebGIS 采用“众包”的方式，鼓励用户参与，积累数据资源，并以此来吸引更多用户，发展 WebGIS 应用。

未来的 WebGIS 更社交化，和抖音、快手、微信和微博等把老师、同学、同事、家人、朋友和业务伙伴等联系起来一样，WebGIS 将形成一个社会人际网络，人们以此联络感情、促进合作，能够以比传统媒体更快捷的速度向更广泛的受众传播信息。

未来的 WebGIS 更智能化。未来的 WebGIS 融合了语义网和人工智能技术，能够理解网络上的人类自然语言。在语义网中，词语的意思（语义）是被预先标识过的，因此可以由机器来理解和处理，其实现方法之一是给网页上的词语加上语义标签，软件可以准确地理解万维网中每个词语的意思，并可对其进行自动化的智能处理。

5．虚拟与现实融合更加广泛

WebGIS 可以把现实世界构建在虚拟地球上，用户可以在虚拟的环境中完成真实的工作。如今的在线虚拟地球中有详细的地面影像和街道地图，用户可以在其中添加三维建筑和其他地物。如果在虚拟地球中可以添加用户的化身以及化身之间的行为规则，并且化身能与虚拟地球进行交互、融合，那么虚拟地球将会拥有无限的机遇。例如，应急人员可以在与真实城市场景极为相似的、虚拟的交通事故和大规模爆炸中进行灾害应对的演习，坐在办公室里就能模拟驾驶直升机去参加营救，真实体验事故现场的情形，与其他同事进行协同；用户坐在家里，就可以漫游世界，在虚拟而又真实的城市里穿梭，进入一个又一个虚拟的购物广场，浏览和购买商品，敲开朋友家的房门，如同面对面一样地与他们交谈，通过带有反作用力的手套与他们握手和拥抱。这些在 WebGIS 应用领域中都充满了潜力。

6．“无所不能”的 WebGIS

未来的 WebGIS 将更普及，连接更多人，不管他们在家中、办公室中或旅途中，还是在繁华的城市或宁静的乡村。在大数据、云计算、人工智能、移动互联网、区块链和元宇宙技术的支持下，WebGIS 的应用将会无所不在，融合的数据类型以及承载的介质都会更加社会化和生活化，如人们可以用声音来上网、与网上的 WebGIS 应用程序进行交互。

12.2 研究热点

12.2.1 大数据与 GIS

大数据具备体量大、变化快、种类多和价值密度低等特征。大数据区别于单纯海量数据的根本在于：大数据是指随着互联网、物联网等高新技术的发展，能够自动化获取的数据，如手机信令数据、导航定位数据、搜索引擎数据等。我们能够从这些数据中分析挖掘出有价值的信息和规律，从而帮助我们在各个行业的应用中辅助决策，甚至预测未来。

大数据 GIS 是指在大数据浪潮下，GIS 从传统迈向大数据时代的一次变革。大数据 GIS 能为空间大数据的存储、分析和可视化提供更先进的理论方法和软件平台，促进了传统 GIS 的产业升级，为地理信息产业发展提供新的渠道和动力。

大数据 GIS 对大数据技术与 GIS 技术进行深度融合，把 GIS 的核心能力嵌入到大数据基础框架之内，并打造出完整的大数据 GIS 技术体系。大数据 GIS 扩展了 GIS 所管理空间数据的边界，除了传统的基础空间数据（如矢量、栅格等），大数据 GIS 还能管理实时发生的流数据，以及存档下来的空间大数据，这不仅为空间大数据的挖掘和应用提供了有效的工具，也扩展了传统 GIS 的技术边界。通过与大数据的融合，极大地提升了 GIS 对超大规模空间数据的存储能力、计算能力和渲染能力。

大数据 GIS 已经成为连接空间大数据与行业应用的桥梁，许多行业和领域（如自然资源、城市规划、城市综合管理、公安、气象、水利、环保、军事等）都在对大数据 GIS 能力与当前的业务平台或系统进行融合，实现 GIS 行业大数据平台的升级和扩展。未来，随着硬件配置的进一步提高，以及云计算等技术的普及，大数据 GIS 技术也会不断进步。空间大数据的存储技术与分析技术将向着处理量更大、效率更高的方向发展，所能承载的数据也更复杂、多变、实时。内置分布式技术和流数据技术的大数据 GIS 将取代传统 GIS，成为 GIS 软件的新标配。

12.2.2 AI 与 GIS

人工智能（AI）和地理信息系统（GIS）是两个不同的技术领域，但它们之间有很多交叉点和互补性。GIS 是一种用于收集、存储、分析和展示地理空间数据的技术；AI 是一种模拟人类智能的技术，可以用于自动化决策、模式识别和预测等任务。将这两种技术结合起来，可以实现更高效、准确和智能的地理信息处理和分析。

一方面，AI 可以用于地图的自动化制作、地理数据的分析和预测、GIS 的优化和改进等方面。例如，AI 可以通过图像自动识别技术，快速准确地识别和分类地图上的地物，从而提高地图制作的效率和准确性。AI 还可以通过机器学习算法，对大量的地理数据进行分析和预测，帮助用户更好地理解和预测地理现象的发展趋势。

另一方面，GIS 也可以为 AI 提供重要的数据支持和应用场景。GIS 中包含了大量的地理空间数据，这些数据可以用于训练 AI 模型，提高模型的准确性和泛化能力。同时，GIS 中也存在着大量的应用场景，如城市规划、环境监测、交通管理等，这些场景可以为 AI 提供实际的应用场景，帮助 AI 更好地服务社会。

AI 和 GIS 的结合，可以为地理信息的处理和分析带来更高效、准确和智能的解决方案，同时也可以为 AI 提供更多的数据和应用场景支持。未来，随着 AI 和 GIS 技术的不断发展，它们之间的融合将会越来越紧密，为用户带来更多的创新和发展机会。

12.2.3 元宇宙与 GIS

元宇宙场景需要一个虚拟的、孪生的世界，这就需要把真实的地理空间映射到虚拟空间，三维 GIS 可实现地理空间映射。可以说，三维 GIS 是元宇宙的地理空间映射基础，三维 GIS 和游戏引擎（如 Unity 和 Unreal Engine）的技术融合，是元宇宙在地理空间映射的一个抓手，可以打造数字元宇宙系统，建立虚拟现实世界。三维 GIS+游戏引擎可动态加载大规模、多源异构的 GIS 数据，包括手工建模数据、BIM 数据、地质模型数据、倾斜摄影数据等，为游戏引擎提供具备真实地理坐标的三维地理底图，不仅可以在游戏引擎中查询真实地物的属性信息，还可以进行模型的实时剖切分析和开挖分析。另外，基于游戏引擎可以扩展 GIS 分析工具，如通视分析、可视域分析等，通过这些实用的数据处理和操作工具，可为城市规划、智慧城市、数字孪生城市等提供决策支持。

12.2.4 AR、VR 与 GIS

虚拟现实（Virtual Reality，VR）是一种让用户与计算机模拟的环境进行交互的技术，计算机模拟的环境可以是对真实世界的模拟，也可以是虚拟的世界。早期的 VR 需要高端的显卡和高端的计算机。现今，大多数计算机都具备了运行一定 VR 软件的能力，VR 文件标准也从虚拟现实建模语言发展到可扩展的三维语言。现在，许多 VR 应用程序都能够在 Web 浏览器和手机客户端中流畅地运行，形成在线虚拟现实，例如：

（1）在线虚拟地球：用户可以从不同方位和高度观察地球的三维表面，这可以说是一种比较基本的在线虚拟现实。

（2）用户能够进入三维物体内部的虚拟环境：用户不仅可以观察虚拟环境的外部，还可以进入和参观三维建筑、管道和房屋的内部。

（3）高端专用虚拟现实：这些虚拟现实同时调动多重感觉，如视觉、听觉和触觉；使用者通过佩戴特殊的眼镜、头盔和手套，可达到更逼真的沉浸效果，如飞行、军事训练和多军种实战演习系统。

在线增强现实（Augmented Reality，AR）与 VR、三维 GIS、互联网及移动互联网上的应用密切相关。虚拟的地理环境可以是全球、区域或社区级别的。虚拟的地理环境需要高程数据、地面影像数据、地理要素数据和三维模型数据，这些数据在服务器中经过预处理后能够通过网络下载到客户端。万维网不仅将虚拟现实软件和数据从服务器传输到客户端，它还是用户建立虚拟社会、进行协同和交互的平台。例如，成千上万的用户注册了虚拟世界，用户可以在其中进行交互，并与其他用户发生社会关系，这是虚拟世界最具吸引力之处。在线 AR 与 VR 在社会学、心理学、商业、市场营销、娱乐教育及军事等领域，具有巨大的应用潜力。

12.2.5 BIM、CIM 与 GIS

1. BIM 与 GIS

建筑信息模型（Building Information Modeling，BIM）从建筑的设计、施工、运作直到终结的建筑全生命周期，将各类信息整合在一个三维模型信息数据库中。

在市政领域中，BIM 技术通常用于道路、桥梁和隧道等设施，用来整合和管理设施本身全生命周期各个阶段的信息，侧重于精细化管理，在宏观信息管理能力和周边环境整体展示能力方面存在不足。GIS 技术侧重于地理空间环境信息的宏观表达，能够处理海量的地形数据。集成地图视觉效果与地理信息的分析，能够完善城市级 BIM 大场景展示，用于整合和管理设施的外部环境信息，但不能创建精细化内部微观模型。利用 BIM 这个高度集成的三维模型，可极大地提高建筑工程的信息化水平，为建筑工程项目涉及的各方工作人员提供一个工程信息交换和共享的平台。

兴起于工程建筑领域的 BIM 技术如今已得到普遍的认同和应用，它让建筑施工变得更高效、绿色、安全，总体成本更低。但 BIM 在提供精准的地理位置、建筑物周边环境总体展现和空间地理信息分析上存在不足，三维 GIS 恰好可以对这些不足进行补充，实现建筑物的地理位置定位及周边环境空间分析，健全大场景的展现，促使信息更完善及全面。通过 BIM 技术和 GIS 技术的融合，可以使 BIM 的应用范畴从单一化建筑物扩展到建筑群、道路、隧道、铁路、港口、水电等工程领域。

BIM+GIS 在城市和景观规划、智慧城市建设、城市微环境分析、市政管网管理、建筑设计、灾害管理、室内外导航等诸多领域提供了预测规划、仿真推演和决策支撑，可提高资源整合能力，实现项目的全生命周期管理。

2. CIM 与 GIS

BIM 整合的是城市建筑物的总体信息，而 GIS 可以整合及管理建筑物的外部环境信息，BIM 和 GIS 的融合建立了一个包含城市海量信息的虚拟城市模型，从而引出了 CIM 的概念。

城市信息模型（City Information Model，CIM）是以城市信息数据为基础建立的三维城市空间模型和城市信息的有机综合体。可以说，CIM 是大场景的 GIS 数据、小场景的 BIM 数据和物联网（IoT）的有机结合。CIM 是一个跨度很大的概念，涉及规划、国土、交通、水利、安防、人防、环保、文物保护、能源燃气等各行业，以及和智慧城市相关的领域。基于 BIM 和 GIS 的融合，CIM 将数据颗粒度精准到城市建筑物内部的单独模块，将静态的传统式数字城市加强为可感知的、实时动态的、虚实交互的智慧城市，为城市综合管理和精细化治理提供了关键的数据支撑。

BIM+GIS 的应用已在多个行业得到了广泛应用，CIM+GIS 的应用也正在开展。在 CIM 中，GIS 可以提供四个方面的能力：

- 提供二维和三维一体化的基础底图和统一坐标系的能力；
- 提供各 BIM 单体之间连接网络管理能力，如道路、地下管廊与管线等；
- 提供管理和空间分析能力；
- 大规模建筑群的 BIM 数据管理能力。

前三个是 GIS 擅长的能力，而且已得到成熟的发展；最后一个是 GIS 在 CIM 领域的新挑战。在 CIM 层面上，管理对象是一个地区甚至于一个城市的 BIM 数据。BIM 的数据量是非常庞大的，单独一个建筑物的 BIM 数据就高达一两百吉字节，由几百万个三维组件组成。城市级的数据量更是无法想象。经过近几年的发展，GIS 软件不但实现了对接访问 BIM 相关软件的数据格式，而且实现了管理规模性建筑物 BIM 数据的能力。

GIS 的特点主要体现在管理全局数据、整合和管理建筑外部环境信息、为城市的建设和管理提供基础框架这三个方面。BIM 用来整合和管理建筑物全生命周期的信息，侧重于局部单体建筑的精细表达，以及为城市建设和管理提供单栋建筑的精确信息模型。CIM 的实现离不开 BIM 提供的城市基础信息（包括建筑模型、建筑个体、交通、土地等信息），建筑内部信息（主要是建筑内部结构和对应的建筑部件信息，如材质、建造年限、造价、运维等信息）。

CIM 可根据使用者的权限提供安防、运维等服务，BIM、CIM、GIS 三者可以说是相辅相成、相对应呼应而生的。

3．从 CIM 到数字孪生

数字孪生是指充分利用物理模型数据、传感器更新数据、运行历史数据等，集成多学科、多物理量、多尺度、多概率的仿真过程，在虚拟空间中完成映射，从而反映相对应的实体装备的全生命周期过程。2021 年，我国将数字孪生技术写入“十四五”规划，指出“探索建设数字孪生城市”“加快数字化发展，建设数字中国”，把数字孪生作为建设数字中国的重要发展方向。各地纷纷建设数字孪生应用，例如，上海市提出“面向数字时代的城市功能定位，加强软硬协同的数字化公共供给，加快推动城市形态向数字孪生演进”；浙江省发布数字孪生建设首批试点清单，将数字孪生技术应用于地铁安全管理、大型交通枢纽安全管理等十大领域；深圳市构建可视化城市空间数字平台，探索“数字孪生城市”。

近些年来在城市建设的过程中，CIM 通过 BIM、三维 GIS、大数据、云计算、IoT 等智能化、先进数字技术，同步生成与实体城市孪生的数字城市，实现城市从规划、建设到管理的全流程、全要素、全方位的数字化、在线化和智能化，更新城市面貌，重塑城市基础设施。

可以从三个层面去理解 CIM 的组成：①BIM 数据是城市单个实体的数据，是城市的细胞；②GIS 作为所有数据的承载，对数据进行整合；③通过 IoT 为 CIM 平台带来实时展现，展现客观世界全部的状态，这就是“数字孪生城市”的概念。CIM 是数字孪生城市的基础核心，通过 CIM 的可扩展性可以连接人口、房屋、住户水电燃气信息、安防警务数据、交通信息旅游资源信息、公共医疗等众多城市公共系统的信息资源，实现跨系统应用集成、跨部门信息共享，支撑数字孪生城市的决策分析。通过数字孪生城市的技术，在虚拟空间塑造城市的一个“复本”，作为现实城市的镜像、映射、仿真与辅助，可以为智慧城市规划、建设、运行管理提供统一基础支撑。

12.2.6 传感器网络、物联网与 GIS

传感器网络有多种定义。根据 OGC 的定义，传感器网络就是一个由众多传感器及其所测量的数据所构成的，可以通过万维网和应用程序接口来查找和访问的网络。另一个定义是美国国家航空航天局（National Aeronautics and Space Administration，NASA）提出的：传感器网络是一个由众多的分布在不同地方的传感器组成的环境监测网，这些传感器可以直接通过无线网络进行通信，一个传感器采集到的信息可以被其他的传感器共享，传感器网络具有自我推理能力，它可以进行智能的自主操作，并进行自动诊断和恢复。

传感器网络的主要研究内容包括：

（1）利用位置、观测值等参数，迅速找出所需的传感器及其观测数据。

（2）能够以标准格式获取传感器的实时和历史数据，并对这些数据进行处理。

（3）对传感器进行模型编程，以增加其智能性，满足特定的需求。

（4）发布、订阅和接收由传感器发出的提醒和警报。

物联网是指“物物相连的互联网”。物联网把传感器装备到电网、道路、桥梁、收费站、建筑、供水系统、大坝、油气管道、冰箱和汽车等各种物体中，并且把它们连接起来，与现有的互联网特别是移动网络进行通信，实现网上数字地球与人类社会和物理系统的整合。在此基础上，人们能够以更加精细和动态的方式管理生产和生活，从而达到“智慧”状态。GIS 技术为物联网提供了基础地理信息平台，辅助物联网的规划，如传感器的部署，把物联对象整合到统一的空间平台上，从而可以直观、生动、快速地对物联对象进行定位追踪查找、控制、显示和管理，与物联对象进行交互，根据物联对象的位置和状态进行空间分析并能根据环境或事态的变化自动做出反应，实现智能化的物联网，构建智慧地球、智慧城市、智慧社区和智慧家庭。

12.2.7　云计算与 GIS

云计算是指一种信息技术资源交付和使用模式，它提供了一个方便的、按需使用的、可配置的计算资源池（如网络带宽、服务器、存储、应用程序和服务等），这些资源可根据使用量而进行伸缩，不需要租用者过多地干预。

云计算具有以下五项基本特征：

（1）按需自助服务：用户可以根据自己的应用需求自行部署资源，如服务器和网络存储等。

（2）广泛的网络访问：用户可利用 PC、平板电脑或智能手机等多种客户端通过网络来获取云计算资源。

（3）与地理位置无关的资源池：云计算供应商的资源被虚拟化和池化，能被众多用户租用。这些资源包括存储、内存、网络带宽和虚拟计算机等。

（4）快速弹性伸缩：用户可以随时增加和减少云计算资源的购买数量，云中心可以快速扩展和缩减资源，能适应用户需求的波动。

（5）服务计费：云计算系统能自动监测和控制资源的利用情况，便于云计算供应商和用户查询，以便他们按照使用量收费和付费。

云计算可以提供一种或多种模式的服务，如：

（1）软件即服务（SaaS）：以网站和 Web 服务等形式向用户提供应用程序，用户可以通过 Web 浏览器、智能手机和其他客户端来使用这些服务。

（2）平台即服务（PaaS）：提供应用程序运行环境、开发接口和开发工具。

（3）设施即服务（IaaS）：为用户提供计算能力、存储空间和网络带宽等资源。

云 GIS 是指通过云计算技术提供 GIS 功能。可以将云 GIS 理解为互联网上某处的一个大型计算机中心，它为 Web 用户提供 GIS 功能。类似于云计算，云 GIS 也具有上述五个基本特征和三种服务模式。云 GIS 可提供多种形式的产品，如：

（1）部署在云中的 GIS 服务器：专供在云计算环境中安装 GIS 服务器的计算机映像。购买这个产品的用户会得到一个软件许可，用户对此平台有完全而灵活的控制权限，可以把自己的 GIS 数据上传到 GIS 服务器，并发布自己的地理 Web 服务，创建和部署自己的 WebGIS 应用。

（2）云 GIS 兼具 PaaS、IaaS 和 SaaS 三种模式。云 GIS 提供了丰富的数据和服务资源，包括多种底图、专题图和地理处理服务，还包括众多用户自己的多源数据、地图和其他类型的 Web 服务。用户不需要本地的 GIS 软件，只需要 Web 浏览器就可以把这些数据文件上传到云 GIS 中，并发布成应用或服务。

（3）云 GIS 可以提供集 GIS 资源整合、搜索、共享和管理于一体的 GIS 门户软件平台，具备零代码快速建站、多源异构服务注册、多源服务权限控制等能力，提供了丰富的 Web 端应用，可以进行专题图制作、三维可视化、分布式空间分析、数据科学分析、大屏创建与展示等操作，旨在打造 GIS 基础平台产品的在线应用新模式，提供 GIS 数据智能服务，共创在线 GIS 应用生态。

12.2.8 游戏引擎与 GIS

游戏中的可视化元素可以帮助玩家更好地探索游戏世界，将游戏级的可视化效果引入 GIS，将会是怎样的体验呢？在数字化城市治理中实现城市大场景、超真实感渲染和空间分析，需要怎样的技术内核？如何在数字孪生应用场景中直接展示三维统计图表，让多源数据的呈现方式更直观？

随着数字孪生时代的到来，以及对相关技术的探索，游戏引擎凭借强大的场景渲染能力成为数字孪生场景渲染的重要支撑技术，各大厂家基于游戏引擎进行了多元化的案例探索。数字孪生将真实物理世界数字化映射到虚拟世界，借助大数据、云计算、5G、移动互联网、IoT 等技术使得静态世界“动”起来。由此可见，技术的重点在于虚实结合，现实场景为虚拟场景提供了真实数据支撑，虚拟场景为现实场景的推演、决策提供了技术论证依据，实现了真正的数据驱动模型。

在三维 GIS 中应用游戏引擎可解决数字世界加载和渲染问题，可以基于强大的三维地理空间分析能力，实现游戏级的渲染效果，让 GIS 场景更真实、更炫、更酷。例如，可以将三维 GIS 的数据可视化、数据处理和数据分析能力扩展至三维游戏引擎（如 Unreal Engine 和 Unity）。基于数字地球内核，采用 Web 零客户端（Zero Client）与 WebGL 2.0 技术，深度融合 GIS 技术与游戏引擎技术，可以利用三维 GIS 内置的空间分析工具集，支持海量三维数据的流畅加载与渲染，提供多样的时空数据统计图表。在游戏引擎中实时动态加载本地、在线的三维空间数据，可以实现各种三维空间分析和空间查询能力，满足数字孪生对 GIS 和可视化的双重需求。

12.3 无处不在的 WebGIS

WebGIS 起源之初，人们不可能或很难想象到那些简陋的原型能具有这么大的实际应用价值，取得如此大的成功。同样，我们现在也很难准确预测 WebGIS 在未来能发展到什么程度。但可以肯定的是，WebGIS 将被进一步广泛应用，通过有线网络、无线网络、大数据、人工智能、云计算和普适计算，借助计算机、智能手机、平板电脑、数字大屏、可穿戴设备和将来出现的其他设备，与我们形影相随，把你、我、他，把人类与传感器网络、物联网联系起来，把地理空间信息无缝地融入政府、商业和其他所有组织的运行与决策中，融入人们的生活和工作中，让任何人、在任何时候、任何地点用 WebGIS 来解决与地理空间有关的问题，实现真正的无时无地的 WebGIS。

12.4 大模型助力 WebGIS

人工智能（AI）越来越多地融入科学发现中，以增强和加速研究，帮助科学家提出假设、设计实验、收集和解释大型数据集，并可得到仅使用传统科学方法可能无法得到的见解。大数据和人工智能的发展正在变革科研范式，激发科学智能的巨大潜能，加速科技创新与科学重大发现。2021 年 DeepMind 团队公布了其与数学领域顶级科学家的合作研究成果，验证了 AI 在发现数学猜想和定理方面有着巨大潜力；2023 年 OpenAI 发布了人工智能语言模型 ChatGPT-4，该模型拥有强大的语言理解能力，能接收图像和文本输入，并输出高质量的文本。以 ChatGPT 为代表的大语言模型，对科学研究再次产生了巨大的影响。大模型通过从已有经验和知识中再学习、再实践，加速了新知识和新经验的获取速度。

大模型正在地学知识发现方面发挥着重要作用，激发知识涌现能力，促进地理科学研究、技术和方法的创新发展及范式变革，如空间特征和模式提取能力、利用时间序列进行因果关系推理能力、整合高度相关的时空信息能力和预测地球系统动态发展能力等。然而 AI 和大模型驱动地学知识发现仍然面临着很多挑战：

（1）缺乏可解释性。目前的 AI 和大模型尚未实现自我可解释性建模，发现地球观测数据之间因果关系也很困难，限制了其可解释性。

（2）缺乏物理一致性。深度学习模型可以很好地拟合观测结果，但由于外推或观测偏差等原因，预测结果可能与实际不符，缺乏物理约束。

（3）数据的复杂和不确定性。需要采用深度学习方法来应对更高维数据，面向多种模态、不同尺度数据中的误差不确定性，继续提高模型的鲁棒性。

（4）标注数据难以获取。大量标注数据的获取难度大，需要发展从观测数据中自动获取标注数据的能力，并利用半监督、自监督、迁移学习等方式扩大标注数据量。

目前地学科研人员在大模型促进地学研究和 WebGIS 发展方面开展了一系列研究，取得了一定的成果。例如，通过大模型辅助地学规律再发现，通过海量文献探寻人类活动引起气候变化的全球证据与归因；研究覆盖近 40 年来 10 万篇气候变化研究论文，通过机器学习自动读取文献目标信息，勾画出当前气候变化研究的热点区域、引起变化的原因和后果；研究大语言模型的数据集内容形成时间和空间的理解能力，AI 辅助检索论文、阅读论文能力，证实 ChatGPT 能显著提高科研生产力、提升写作水平；用 ChatGPT 加速数据处理和编程，基于大语言模型生成指令与代码，统一数据格式、通过模型引擎驱动专业模型的交互耦合，无须代码即可实现专业模型的调用与集成耦合。

在通用地理大模型研究方面，融合 AI 与地学领域，构建一个便于交互的通用地理 AI 大模型，可根据输入的简单自然语言描述和提示，帮助科研人员进行假设提出、实验设计、数据收集和分析等一系列科研任务。同时，在地学这个垂直领域建立地学大语言模型，设计地学领域的微调数据，用于解决回答地学领域的专业问题；从大量文本数据中提取地学信息、模式和趋势，进行地学规律的再发现与深入理解，实现地学领域的知识图谱构建和地学文献的自动分析。例如，通过遥感大模型，对异源影像进行时空融合、自监督学习、模型适配、参数微调等研究，用于预测气候变化、洪水监测、跟踪森林砍伐、作物精细分类等。

WebGIS 在地学大模型研究和实践中扮演重要的角色，将融合人工智能和大模型技术，在地学数据处理、深度学习、垂直领域模型构建、研究结果二三维可视化、行业科学问题研究评价和预测等方面发挥独特的优势。同时将在多模态地学大模型科学大工程中，融合大地学、大设施、大数据、大产业和大企业，在规模化算力、高效率算法和高质量数据的支撑下，建设丰富的应用场景，实现多模态地学大模型发展的闭环模式。

今天，人类创新越来越依赖于组织化，发明与发现依赖于跨学科跨行业的组织，基础研究、应用开发、产业进步相互依存的生态系统越来越显示其先进性，最终在科学研究上驱动地学变革，在技术实现上掌控核心技术，在工程应用上解决国家需求，在应用推广上涌现新的产业。

附录 A 缩略词

缩 略 语	英 文	中 文
Ajax	Asynchronous JavaScript and XML	异步的 JavaScript 和 XML
AR	Augmented Reality	增强现实
ARP	Address Resolution Protocol	地址解析协议
ccTLDs	country code Top-Level Domains	国家代码顶级域名
CIM	City Information Model	城市信息模型
CRM	Customer Relationship Management	客户关系管理
CRS	Coordinate Reference System	坐标参考系统
CSS	Cascading Style Sheets	层叠样式表
CSW	Catalog Service for Web	Web 目录服务
DCOM	Distributed Common Object Model	分布式组件对象模型
DEM	Digital Elevation Model	数字高程模型
DNS	Domain Name System	域名系统
DOM	Document Object Model	文档对象模型
EGM	Earth Gravitational Model	地球重力场
EPSG	European Petroleum Survey Group	欧洲石油调查小组
FIND	Future Internet Design	未来互联网设计
FIRE	Future Internet Research and Experimentation	欧洲的未来互联网研究与实验
FTP	File Transfer Protocol	文件传输协议
GENI	Global Environment for Network Innovations	全球网络创新环境
GeoRSS	Geographically Encoded Objects for RSS	地理编码对象聚合
GIS	Geographic Information System	地理信息系统
GLTF	Graphics Language Transmission Format	图形语言传输格式
GML	Geographic Markup Language	地理标记语言
GNSS	Global Navigation Satellite System	全球导航卫星系统
GPX	GPS eXchange Format	GPS 交换格式
GRASS	Geographic Resources Analysis Support System	地理资源分析支持系统
GTRN	Global Terabyte Research Network	全球万亿字节研究网络
HTML	Hypertext Markup Language	超文本标记语言

续表

缩　略　语	英　　文	中　　文
HTTP	Hypertext Transfer Protocol	超文本传输协议
IaaS	Infrastructure as a Service	设施即服务
ICMP	Internet Control Message Protocol	互联网控制报文协议
IGMP	Internet Group Management Protocol	互联网组管理协议
IIS	Internet Information Server	互联网信息服务
IM	Instant Message	即时通信
IoT	Internet of Things	物联网
IP	Internet Protocol	互联网互联协议
IRC	Internet Relay Chat	互联网中继聊天
ISAPI	Intranet Server API	服务器扩展
iTDs	international Top-level Domains	国际顶级域名
JSON	JavaScript Object Notation	JS 对象简谱
KML	Keyhole Markup Language	Keyhole 标记语言
LBS	Location Based Service	基于位置的服务
LOD	Level of Detail	层次细节模型
MGIS	Mobile GIS	移动地理信息系统
MVT	Mapbox Vector Tile	Mapbox 矢量切片
NGI	Next Generation Internet	下一代互联网
nTLDs	national Top-Level Domains	国家顶级域名
NWGN	New Generation Network	新一代网络
NXGN	Next Generation Network	下一代网络
OLE	Object Linking and Embedding	对象链接与嵌入
OGC	Open Geospatial Consortium	开放地理空间信息联盟
OpenLS	Open Location Service	开放位置服务
OSI/RM	Open System Interconnection/Reference Model	OSI/RM 模型
P2P	Peer To Peer	点对点或对等
PaaS	Platform as a Service	平台即服务
POI	Point of Interest	兴趣点
POP3	Post Office Protocol - Version 3	邮局协议版本 3
QoS	Quality of Service	Web 服务质量
RARP	Reverse Address Resolution Protocol	逆地址解析协议
REST	Representational State Transfer	表达性状态传递
ROA	Resources-Oriented Architecture	面向资源的架构
RPC	Remote Procedure Call	远程过程调用
RSS	Really Simple Syndication	简单对象聚合
SaaS	Software as a Service	软件即服务

续表

缩 略 语	英 文	中 文
SDE	Spatial Database Engine	空间数据库引擎
SDK	Software Development Kit	软件开发工具包
SMTP	Simple Mail Transfer Protocol	简单邮件传输协议
SOAP	Simple Object Access Protocol	简单对象访问协议
SRID	Spatial Reference System Identifier	OGC 标准中的空间参考系统标识码
SVG	Scalable Vector Graphics	可伸缩矢量图层
TCP	Transmission Control Protocol	传输控制协议
TLS	Transport Layer Security	传输层安全协议
UDP	User Datagram Protocol	用户数据报协议
URI	Uniform Resource Identifier	统一资源标识符
URL	Uniform Resource Locator	统一资源定位符
VML	Vector Markup Language	矢量标记语言
VR	Virtual Reality	虚拟现实
VRML	Virtual Reality Modeling Language	虚拟现实建模语言
W3C	World Wide Web Consortium	万维网联盟
WCS	Web Coverage Service	网络覆盖服务
WFS	Web Feature Service	网络要素服务
WKB	Well Known Binary	熟知文本的二进制格式
WKID	Well-Known Identifier	ArcGIS 中的坐标参考系统标识码
WKT	Well-Known Text	熟知文本
WLAN	Wireless Local Area Networks	无线局域网
WMS	Web Map Service	网络地图服务
WMTS	Web Map Tile Service	网络地图切片服务
WPS	Web Processing Service	网络处理服务
WWW	World Wide Web	万维网
XML	Extensible Markup Language	可扩展标记语言

参考文献

[1] 吴信才，郑贵洲，张发勇，等．地理信息系统设计与实现[M]．3 版．北京：电子工业出版社，2015．

[2] 吴信才，吴亮，万波．地理信息系统原理与方法[M]．4 版．北京：电子工业出版社，2022．

[3] 付品德，孙九龄．Web GIS——原理与应用[M]．北京：高等教育出版社，2012.

[4] 马林兵，张新长．WebGIS 技术原理与应用开发[M]．3 版．北京：科学出版社，2019.

[5] 刘光，曾敬文，曾庆丰．WebGIS 从基础到开发实践（基于 ArcGIS API for JavaScript）[M]．北京：清华大学出版社，2015．

[6] 孙晨龙．基于矢量瓦片的矢量数据组织方法研究[D]．北京：北京建筑大学，2016.

[7] 梁汝鹏，李宏伟，李文娟，等．基于 GML 3.2 的对象化空间数据组织与关系表达研究[J]．测绘科学，2010，35（2）：102-105．